21世纪高等教育计算机规划教材

案例式C语言程序设计教程

许薇 武青海 李丹 主编
单继芳 薄小永 副主编

21st Century University
Planned Textbooks of Computer Science

人民邮电出版社

北 京

图书在版编目（ＣＩＰ）数据

案例式C语言程序设计教程 / 许薇，武青海，李丹主编. -- 北京：人民邮电出版社，2015.12
21世纪高等教育计算机规划教材
ISBN 978-7-115-41447-2

Ⅰ. ①案… Ⅱ. ①许… ②武… ③李… Ⅲ. ①C语言-- 程序设计－高等学校－教材 Ⅳ. ①TP312

中国版本图书馆CIP数据核字(2016)第017410号

内 容 提 要

本书涵盖了教育部考试中心制定的《全国计算机考试二级考试大纲》中有关 C 语言程序设计的知识点，内容主要包括 Visual C++ 6.0 基础知识、C 语言的各种数据类型和运算符、表达式、语句结构、函数、指针、数组、结构体及共用体、文件等。

本书选材新颖，内容丰富，理论联系实际、深入浅出、循序渐进，注重培养读者的程序设计能力，以便读者养成良好的程序设计习惯。

为了配合本书的学习，作者还编写了与本书配套的《案例式 C 语言程序设计教程实验指导》一书，可供读者学习时参考使用。

本书可作为高等院校计算机程序设计的入门教材，也可作为全国计算机等级考试及各类培训班的培训教材，还可作为软件开发人员的自学参考书。

◆ 主　　编　许　薇　武青海　李　丹
　　副 主 编　单继芳　薄小永
　　责任编辑　武恩玉
　　责任印制　沈　蓉　彭志环

◆ 人民邮电出版社出版发行　　北京市丰台区成寿寺路 11 号
　　邮编　100164　电子邮件　315@ptpress.com.cn
　　网址　http://www.ptpress.com.cn
　　三河市潮河印业有限公司印刷

◆ 开本：787×1092　1/16
　　印张：20.75　　　　　2015 年 12 月第 1 版
　　字数：548 千字　　　2015 年 12 月河北第 1 次印刷

定价：49.80 元

读者服务热线：(010)81055256　印装质量热线：(010)81055316
反盗版热线：(010)81055315

前　言

随着计算机科学技术的发展，程序设计已经成为很多计算机爱好者的研究方向。C 语言适合程序设计者作为入门语言。它是一种理想的结构化程序设计语言，具有功能丰富、使用灵活方便、应用面广等特点。C 语言课程在高等院校专业课中能起到桥梁的作用。

《案例式 C 语言程序设计教程》具有理论和实践并重的特征，因此学这门课程不仅要掌握理论基础知识，而且还得具备运用理论知识处理实际问题的技能。在学习过程中涉及的知识点和语法规则比较多，使大多数学生感觉到学习有些困难，所以，在编写的过程中，编者按照认知规律进行编写，对每章知识点的讲解从案例出发，通过给出的案例，让读者对应用场景有初步认识，然后逐步引出相关知识点。本书在编写的过程中紧扣教育部考试中心 C 语言考试大纲的要求，将本书分为 13 章。

第 1 章为 C 语言概述。主要内容包括：C 语言的产生与发展、C 语言的特点、编制简单的 C 语言程序、Visual C++6.0 简介、算法及算法表示等。

第 2 章介绍 C 程序设计的基本知识。主要内容包括：C 语言的数据类型，标识符、常量与变量，算术运算符和算术表达式，关系运算和逻辑运算表达式，赋值运算符和赋值表达式，逗号运算符和逗号表达式，自加、自减运算符等。

第 3 章介绍顺序结构。主要内容包括：C 语言的基本语句、格式输入/输出函数、字符数据的输入/输出函数、程序举例等。

第 4 章介绍选择结构。主要内容包括：if 语句、switch 语句、条件表达式构成的选择结构、程序举例。

第 5 章介绍循环结构。主要内容包括：while 循环结构、do-while 循环结构和 for 循环结构等。

第 6 章介绍函数。主要内容包括：函数定义和返回值、函数的调用、函数的嵌套调用和函数的递归调用、局部变量和全局变量等。

第 7 章介绍数组。主要内容包括：一维数组的定义和一维数组元素的引用、函数之间对数组和数组元素的引用、二维数组的定义和二维数组元素的引用、字符数组等。

第 8 章介绍地址和指针。主要内容包括：地址和指针的概念、指针变量、指向函数的指针、对指针变量的操作、函数之间地址值的传递等。

第 9 章介绍编译预处理和动态存储分配。主要内容包括：编译预处理、动态存储分配等。

第 10 章介绍结构体、共用体和枚举。主要内容包括：概述、结构体数组的定义及初始化、指向结构体类型变量的指针、用指针处理链表、共用体、枚举类型等。

第 11 章介绍位运算。主要内容包括：位运算符的基本概念法、位运算符的运算功能举例等。

第 12 章介绍文件。主要内容包括：C 语言文件的概念、文件访问的步骤、文件的打开与关闭、非标准文件的读写和文件定位函数等。

第 13 章介绍程序的综合设计。主要内容包括：程序举例、综合设计。

本书具有如下特点。

（1）内容丰富。涵盖教育部考试中心 C 语言考试大纲的所有知识点，实例与知识点结合恰当，习题安排合理。

（2）图文并茂。在讲解 Visual C++6.0 的知识点过程中配有丰富的图解说明，语言通俗、流畅，有很强的实用性和可操作性。

（3）配有 PPT 和实验指导。电子教案，用 PowerPoint 制作，方便教师在上课时根据需要进行修改。为配合读者学习，编者编写了《案例式 C 语言程序设计实验教程》一书作为本书的配套参考书，供读者复习和检查学习效果时使用。

本书是编者根据多年从事 C 语言及计算机专业相关课程的教学实践，在多次编写讲义、教材的基础上编写而成的，内容充实，循序渐进，书中所有例题都在 Visual C++6.0 环境中上机调试通过。

本书编写分工为：许薇编写第 1 章、第 2 章、第 3 章；薄小永编写第 4 章、第 5 章；单继芳编写第 6 章、第 12 章及附录 D～附录 E；武青海编写第 7 章、第 8 章、第 9 章及附录 A～附录 C；李丹编写第 10 章、第 11 章、第 13 章。全书由许薇、武青海两位老师进行统稿。本书在编写过程中，参考了国内许多正式和非正式出版的相关著作，在此向这些作者们致以衷心的谢意！

希望本书的出版能够给读者学好程序设计课程带来启迪和帮助。本书的出版也是一部应用型转型的教材，限于编者水平，书中难免存在疏漏和不足之处，恳请广大读者批评指正。

编者

2015 年 11 月

目 录

第 1 章
C 语言概述

学习目标

通过本章的学习，读者能够了解 C 语言的产生和发展，并对 C 语言的特点有初步的认识。通过引入案例，初步了解使用 Visual C++ 6.0 开发环境运行 C 程序的具体过程，了解与 C 语言程序设计密切相关的算法的概念、算法的特性以及算法的表示。

学习要求

- 了解 C 语言的产生和发展。
- 了解 C 语言的特点。
- 了解 Visual C++ 6.0 开发环境及运行简单的 C 语言程序的方法。
- 了解 C 语言算法的概念及表示方法。

1.1 C 语言的产生与发展

C 语言是近年来应用比较广泛的一种计算机语言。它功能丰富，表达能力强，使用灵活方便，应用面广，目标程序效率高，而且可以在不同的操作系统下执行，可移植性好，既具有高级语言的特点，又具有低级语言的许多特点。所以，C 语言通常适合编写系统软件。现在比较流行的嵌入式系统通常也用 C 语言来编写。由于 C 语言的特点，现在 C 语言已经不仅仅限于计算机专业工作者使用，更多的非计算机专业出身的人也都非常喜爱和使用这门语言。

C 语言不是最早的计算机语言，它有着一定的发展历程。Fortran 语言是历史上的第一门计算机高级语言，它主要用于科学计算。随着 Fortran 语言的出现和使用，越来越多的计算机专家和工程师们对高级语言的研究、设计和使用产生了浓厚的兴趣。诞生于 20 世纪 60 年代的 Algol 60 是一门结构良好、逻辑严谨、简明易学的算法语言，但由于它应用范围较窄，离硬件远，不适合用来编写系统软件，所以没有得到很好的推广。1967 年，英国剑桥大学的 Matin Richards 在 Algol 60 的基础上推出了比较接近于硬件的基本组合程序设计语言（Basic Combined Programming Language，BCPL），1970 年，美国贝尔实验室的 Ken Thompson 以 BCPL 为基础设计出简单而又很接近硬件的 B 语言，并用 B 语言写出 UNIX 操作系统初版。20 世纪 70 年代初期，美国出现的 Pascal 语言是第一门反映结构化程序设计的高级程序设计语言，得到了较广泛的推广，最初计算机专业的人员都把 Pascal 语言作为计算机专业的入门语言。几乎在 Pascal 语言诞生的同时，C 语

1

言在美国著名的贝尔实验室中酝酿并诞生了。1973 年，贝尔实验室 Dennis M. Ritchie 在 B 语言的基础上设计出了 C 语言，它既保留了 B 语言简洁和接近硬件的特点，又克服了它过于简单、无数据类型的缺点。后来，Ken Thompson 和 Dennis M. Ritchie 合作，进一步改写 UNIX 操作系统。与 Fortran、Algol 和 Pascal 语言不同，C 语言诞生之时并没有什么研制报告和语言报告，而是在设计 UNIX 操作系统时不断得到更新和完善。1978 年，C 语言已经在大、中、小及微型计算机上广泛使用。

1978 年，Brian W. Kernighan 和 Dennis M. Ritchie 合作编著了 The C Programming Language，建立了所谓 C 语言的 K&R 标准，这本书成为后来 C 语言的基础，称为标准 C。后来，美国国家标准学会（American National Standard Institute，ANSI）又推出新的标准 C，它比原来的标准 C 又有较大的发展。

C 语言从产生到现在，自身也在不断地发展。20 世纪 80 年代中期，出现了面向对象程序设计的概念，贝尔实验室的 B. Stroustrup 博士借鉴了类的概念，将面向对象的语言成功引入 C 语言中，设计出了 C++语言。C++语言赢得了广大程序员的喜爱，不同的机器、不同的操作系统几乎都支持 C++语言。同时，C++语言也得到了国际标准化组织（ISO）的认可，为此，国际标准化组织对 C/C++语言实现标准化。C/C++语言对新语言的形成影响力也较大。20 世纪 90 年代中期以来，随着 Internet 的日益普及，用于开发 Internet 的 Java 语言成为人们掌握的热门语言。事实上，Java 语言与 C++语言极为相似，2002 年，微软公司正式推出了 C#语言，该语言与 C/C++也有密切的联系，它已成为.NET 环境的重要编程语言。

随着信息化、智能化、网络化的发展以及嵌入式系统技术的发展，C 语言的地位也会越来越高，C 语言将在云计算、物联网、移动互联、智能家居等未来信息技术中发挥重要作用。

1.2　C 语言的特点

C 语言是一种通用的、面向工程的程序设计语言，它之所以能够存在和发展，并具有强有力的生命力，与其不同于其他语言的特点有关。

C 语言的主要特点如下。

1. 语言简洁，使用方便灵活

用 C 语言编写的源程序往往比用其他语言编写的源程序短，使得程序输入工作量减少。C 语言一共有 32 个关键字，9 种控制语句，程序书写形式自由，主要用小写字母表示，压缩了一切不必要的成分；C 语言的运算符丰富，共有 34 种，它把括号、赋值、强制类型等都作为运算符处理，从而使 C 的运算类型极其丰富，表达式类型多样化；数据结构丰富，具有现代化语言的数据结构。

2. 结构化程序设计

具有结构化的控制语句，以函数作为程序设计的基本单位，具有自定义函数的功能，便于实现程序模块化；语法限制不太严格，程序设计自由度较大。

3. 既具有高级语言的功能，又具有低级语言的许多功能

C 语言能直接访问物理地址和端口，并且能够进行位操作，因此能实现汇编语言的大部分功能，可以直接对硬件进行操作，可用来编写系统软件。C 语言的这种双重性，使它既是成功的系统描述语言，又是通用的程序设计语言。有人把 C 语言称为"高级语言中的低级语言"或"中级

语言"，意味着它兼有高级和低级语言的特点。

4．用途广泛

C 语言的应用几乎遍及了程序设计的各个领域，如科学计算、系统程序设计、字处理软件和电子表格软件的开发、信息管理、计算机辅助设计、图形图像处理、数据采集、实时控制、嵌入式系统开发、网络通信、Internet 应用和人工智能等。

5．可移植性好

若程序员在书写程序时严格遵循 ANSI C 标准，则其代码可不做修改，即可用于各种型号的计算机和各种操作系统，因此，C 语言具有良好的可移植性。

以上只介绍了 C 语言最容易理解的一般特点，至于 C 语言内部的其他特点将结合后续各章的内容进行具体介绍。由于 C 语言的可移植性好和硬件控制能力高，表达和运算能力强，许多软件都用 C 语言来编写，以前只能用汇编语言处理的问题，现在可以改用 C 语言来处理了。

1.3　编制简单的 C 语言程序

1.3.1　简单的程序设计

在计算机尚未诞生之前，就有了"程序"的概念，所谓程序就是事情进行的先后次序。那么什么是"计算机程序"？计算机程序是指为了让计算机完成一项任务，而在计算机中存放的一系列计算机可以识别的指令。

程序可以简单，也可以复杂。简单的程序就几条指令，而复杂的程序有成千上万条指令。程序的规模越大，内容越复杂，所需要的程序指令就越多，程序的结构也越复杂。人们把完成某种任务而编写的一系列指令（或程序）交由计算机去执行，这个过程叫作程序设计。程序设计要求编写程序的人首先对需要完成的任务有一个比较清晰的认识，然后按照计算机可以识别的方式来组织这些指令以形成程序，最后将描述这个任务的程序交由计算机去执行，从而完成这个任务。由于任务的复杂性和多样性，使得程序设计不可能一次就达到要求，需要在程序的设计过程中不断地修改完善，最终满足任务的需求，这个过程叫作程序的调试和测试。

人类的语言是由语法和词汇构成的，同样，计算机语言也是由语法和词汇构成的。所谓语法就是规则的集合，规定什么是允许的，什么是不允许的，什么是正确的，什么是错误的；词汇也就是符号，它是语言的构成要素。计算机所能识别的语言只有一种，这就是机器语言。机器语言是由 0 和 1 组成的指令序列。由于人们对二进制数据书写和理解都存在一定的困难，因而产生了多种高级语言，这些高级语言比较接近人们日常使用的自然语言，但又都有一定的语法规则，才能让计算机识别和执行。懂得了一定的语法规则，我们就可以设计自己想设计的程序，让计算机为人类做事，计算机语言是人与计算机进行对话的工具。

程序设计实际就是人们用计算机语言来描述问题的解决方案，所以想让计算机帮我们解决问题，同样需要完成以下 4 个步骤：分析问题，寻找解决问题的方法和步骤，用程序语言来描述解决过程，最后让计算机来执行这个过程以完成任务。如何完成，需要程序员编写程序告诉计算机应该做什么、怎么做，这就需要计算机语言的支持。

每种语言都有语法规则，C 语言也不例外，在这里先介绍几个 C 语言的小程序，然后从中分析编制 C 语言程序的过程以及语法规则。

【例 1-1】 从键盘上输入两个整数，求两个数的和，并将结果输出。

```
#include <stdio.h>
main()                              /*主函数*/
{                                   /*函数体*/
    int a , b , sum ;               /*变量声明*/
    printf("Enter two numbers:") ;  /*输出*/
    scanf("%d %d", &a , &b ) ;
    sum=a+b ;
    printf("sum=%d",sum);
}
```

程序的运行结果如下。

```
Enter two numbers: 5  8
sum =13
```

本程序的作用是从键盘上任意输入两个整数，求两个数之和。其中#include <stdio.h>是编译预处理命令，在 C 语言中不能直接进行输入、输出操作，所以要用到"scanf( )、printf( )"两个函数来完成数据的输入与输出，这两个函数包含在 stdio.h 文件中。本教材所选用的环境为 VC++6.0，因此在程序的开头要加上此句，如用 Turbo c 编写程序，只用到 scanf( )、printf( )两个函数而没有其他函数，#include <stdio.h>语句可以省略。main( )是主函数，每一个 C 语言程序必须有且只能有一个主函数。一个 C 语言程序的执行总是从主函数开始，需要注意的是 main 后的"( )"是不能省略的。/*……*/表示注释部分，为便于理解，通常用来解释程序，可以用汉字，也可以用英文，对程序的编译和执行并不产生影响。"{……}"是函数体部分，此部分又包括说明部分和执行部分两大部分，int 是 C 语言的关键字，表示整数类型；"%d"是输入/输出的"格式字符串"，用来指定输入、输出时的数据类型和格式；"%d"表示"十进制整数类型"。";"是一条语句结束的标志。"&a, &b"其中的"&"表示的是"取地址"运算符，将从键盘上输入的两个整数分别放在 a、b 两个存储单元中，至于两个单元确切的位置我们不需要知道，在声明 a、b 为整型变量的时候，计算机就在内存中为 a、b 开辟了两个存储单元，当从键盘输入数据的时候，计算机自动找到这两个存储单元，把数据放入存储单元中。printf( )函数表示的是在屏幕上输出，scanf( )函数表示从键盘输入。

【例 1-2】 从键盘上输入两个数，输出它们的最大数。

```
#include <stdio.h>
main()
{
    int a , b , max ;
    printf("Enter two numbers:") ;
    scanf("%d %d", &a , &b ) ;
    if (a>b)
      max=a;
    else
      max=b;
    printf("max=%d",max);
}
```

程序的运行结果如下。

```
Enter two numbers: 100  200
max=200
```

从本例中可以看出，在声明变量的时候，用 max 来表示存储两个数中的最大数的变量，max 在英文中的意思是"最大值/最大"。"if"英文中是"如果"的意思，在这里是判断 a、b 的大小。因为 a、b 都有可能是最大的，所以要进行判断。如果 a>b，那么 a 是最大的，否则 b 是最大的。

程序的其他部分与上例相同，在此不再加以说明。

通过以上两个例子，我们可以清楚地看到 C 语言的结构和各个组成部分的作用。

1. C 语言程序是由函数构成的

一个 C 语言源程序包含一个 main( ) 函数，也可以包含若干个其他函数（此部分内容将在第 6 章中介绍）。因此，函数是 C 语言程序设计的基本单位。

2. 函数的组成

（1）函数的首部。函数的首部即函数的第 1 行，如"main( )"，它包括函数名、函数类型、函数参数名和参数类型。一个函数名后面必须跟一对圆括弧，函数类型、函数参数名和参数类型可以省略，但圆括弧不能省略。

（2）函数体。即函数首部下面的大括弧"{……}"内的部分。如果一个函数内有多个大括弧，则最外层的一对为函数体的范围。

函数体一般包括声明部分和执行部分。

① 声明部分：在这部分中定义所用到的变量，如"int　a, b, max；"。

② 执行部分：这部分由若干条语句构成，这是整个函数所要完成的功能。当然，在某些情况下也可以没有声明部分，甚至可以既没有声明部分，也没有执行部分。

如：

```
aa( )
{    }
```

就是一个既没有声明部分，又没有执行部分的一个用户自定义函数，我们称为空语句，它是合法的。

（3）一个 C 语言程序总是从 main( ) 函数开始执行的，而不论 main( ) 函数在整个程序中的位置。

（4）C 语言程序书写格式自由。一行可以写几个语句，一个语句也可以分写在多行上。C 语言程序没有行号，也不像某些语言那样严格规定书写格式。

（5）每个语句和数据定义的最后必须跟有一个分号。分号是 C 语句的必要组成部分，分号不可以少，即使是程序中最后一个语句也应包含分号。

（6）C 语言本身没有输入、输出语句。输入和输出的操作是由库函数来完成的，如 printf( )、scanf( ) 等。C 语言对输入、输出实行"函数化"。由于输入、输出操作涉及具体的计算机设备，把输入、输出操作放在函数中处理，就可以使 C 语言本身的规模较小，编译程序简单，很容易在各种机器上实现，程序具有可移植性。当然，不同的计算机系统需要对函数库中的函数进行不同的处理。不同计算机系统除了提供函数库中的标准函数外，还要按照硬件的情况提供一些专门的函数。因此，不同计算机系统中所提供的函数个数和功能可能有所不同。

（7）可以用/*……*/对 C 语言程序中的任何部分进行注释。一个好的、有使用价值的源程序都应当加上必要的注释，以增加程序的可读性。

3. 编译预处理命令

C 语言程序的开头一般可以看到有些程序行以"#"符号开头，这些程序行就是编译预处理命令。C 语言提供 3 类编译预处理命令：文件包含、宏定义、条件编译（第 9 章介绍），如例题中的"#include <stdio.h>"。其中，stdio.h 是一个头文件，也称标准输入、输出头文件。由于程序中要用到 printf( )、scanf( ) 两个函数，而这两个函数的定义和说明，系统已经存放在头文件 stdio.h 中，因此要包含该头文件。所谓包含，就是把头文件代码引入程序中，由于这个工作是在编译程序前完成的，所以称为编译预处理命令。

1.3.2　C 程序的编辑、编译和连接

C 语言是一种高级程序设计语言，通常把这种用高级语言来编写的程序称为源程序。用 C 语言编写的源程序，它的扩展名为.c。通常用 C 语言书写的程序是不能直接运行的，它必须生成与之对应的可执行程序，也就是我们通常说的要经过编译和连接后才能执行。

具体过程如下。

（1）编辑源程序，完成后将源程序以扩展名为.c 保存。

（2）对源程序进行编译。源程序通过编译程序（也称编译器）编译以后生成二进制的目标文件，通常其扩展名为.obj，此二进制代码不能运行。若源程序有错，必须予以修改，然后重新编译。

（3）对编译生成的目标文件进行连接。C 语言程序中可能包含几个目标文件和库文件（扩展名为.lib），它们都是二进制文件，应把它们连接起来，生成一个完整的可执行文件，这个连接工作由专门的软件——连接程序（又称连接器）来完成。连接过程中，可能出现未定义的函数等错误，为此，必须修改源程序，重新编译和连接。

（4）执行生成的可执行文件。连接后，系统生成可执行程序文件，文件的扩展名为.exe，所以也称为 exe 文件。源程序通过编译和连接后产生一个可执行文件，这个过程一般来说不可能一次成功，必须修改源程序，重新编译和连接，有一个反复调试的过程。如果执行后能得到正确结果，则整个编辑、编译、连接、运行过程顺利结束。

从编辑源程序开始一直到产生一个可执行文件，一般都在一个集成开发环境中完成，这个开发环境集编辑、编译和连接于一体，在编辑与连接过程中，根据是否有出错信息来决定是否要重新编辑或修改源程序。

C 语言的运行环境版本较多，本书将采用 Visual 作为开发环境。Visual++6.0 不仅功能强大，而且字符串和注释可用中文，但该环境对初学者学习有一定的难度，还希望读者及时掌握。

1.4　Visual C++ 6.0 简介

1.4.1　Visual C++ 6.0 简介

Visual C++ 6.0（简称 VC++ 6.0）是开发运行于 Microsoft Windows NT 环境下的 Win32 应用程序，由于它为软件开发人员提供了完整的编辑、编译和调试工具，而成为可视化编程工具中最重要的成员之一。

VC++ 6.0 是建立在全面封装了 Win32 API（Application Programming Interface）的 MFC（Microsoft Foundation Class Library）基础类库上的，从而有效地缩短了 Windows 应用程序的开发周期。Windows 操作系统本身大部分是使用 C/C++语言编写的，而 Visual ++ 6.0 正是使用了 C/C++语言的 Win32 应用程序的开发，因此，使用 Visual ++ 6.0 来进行 Windows 应用程序的开发有着得天独厚的优势。

1．VC++ 6.0 的版本

VC++ 6.0 是 Microsoft 公司于 1998 年 6 月最新推出的 VC++编译器，它包括 3 个版本。

（1）学习版：除了代码优化、剖析程序（一种分析程序运行时行为的开发工具）和到 MPC 库静态链接外，VC++ 6.0 学习版还提供了专业版的所有功能。学习版的价格要比专业版低很多，这是为了让使用 VC++ 6.0 来学习 C++语言的个人也可以负担得起。但不能使用 VC++ 6.0 学习版来公开发布软件，其授权协议明确禁止这种做法。

（2）专业版：VC++ 6.0 可用来开发 Win32 应用程序、服务和控件，在这些应用程序、服务和控件中可使用由操作系统提供的图形用户界面或控制 API。

（3）企业版：可用来开发和调试为 Internet 或企业内网设计的客户服务器应用程序，在该版本中还包括开发和调试 SQL 数据库应用程序和简化小组开发的开发工具。

2. VC++ 6.0 集成开发环境

VC++ 6.0 是 Microsoft 公司提供的在 Windows 环境下进行应用程序开发的 C/C++编译器。相比其他的编程工具而言，VC++ 6.0 在提供可视化的编程方法的同时，也适用于编写直接对系统进行底层操作的程序。随 VC++ 6.0 一起提供的 Microsoft 基础类库（Microsoft Foundation Class Library，MFC）对 Windows 9x/NT/2000 等所用的 Win32 应用程序接口（Win32 Application Programming Interface）进行了彻底封装，使得 Windows 9x/NT 应用程序的开发可以使用完全面向对象的方法来进行，从而大大缩短了应用程序的开发周期，降低了开发成本，也使得 Windows 程序员从大量的复杂劳动中解脱出来，并没有因为获得这种方便而牺牲应用程序的高效性和简洁性。

VC++ 6.0 是 Microsoft 公司出品的基于 Windows 的 C/C++开发工具，它是 Microsoft Visual Studio 套装软件的一个有机组成部分，在以前版本的基础上又增加了许多新特性。VC++ 6.0 在以前版本的 Visual 工作平台基础上，做了进一步的发展，从而更好地体现了可视化编程的特点。VC++ 6.0 软件包含了许多单独的组件，以及各种各样为开发 Microsoft Windows 下的 C/C++ 程序而设计的工具，它还包含了一个名为 Developer Studio 的开发环境。

为了学习和使用 VC++ 6.0，需要一台运行 Windows 95/98 或 Windows NT 的计算机作为工作平台，要求有足够的内存和其他资源以支持各种工具。在绝大多数情况下，计算机的最低配置应该是 Pentium 166MHz、64MB 内存，至少 1GB 的硬盘空间。

（1）新特性。Microsoft Developer Studio 用于 Visual J++1.1、Visual C++6.0、Visual InterDev 和 MSDN。新增 Developer Studio 包括以下新特性。

① 自动化和宏。可以使用 Visual Basic 脚本来自动操纵例行的和重复的任务。可以将 Visual Studio 及其组件当作对象来操纵，还可以使用 Developer Studio 查看 Internet 上的 World Wide Web 页。

② Class View。使用文件夹来组织 C++和 Java 中的类，包括使用 MFC、ATL 创建或自定义的新类。

③ 可定制的工具条和菜单。工具条和菜单可按用户的要求自己定制。

④ 调试器。可连接到正在运行的程序并对其进行调试，还可以使用宏语言来自动操作调试器。

⑤ 项目工作区和文件。可以在一个工作空间中包括多个不同类型的工程，工作空间文件使用扩展名.dsw 来代替过去的扩展名.mdp，工程文件使用扩展名.dsp 来代替过去的扩展名.mak。

⑥ 改进的资源编辑器。在 VC++ 6.0 中，可以使用 WizarBad 将程序同可视化元素联系起来。使用快捷键、二进制、对话框和字符串编辑器对 ASCII 字符串、十六进制字符串、控件 ID 和标签以及指定字符串的 Find 命令一次修改多项。

⑦ 改进的文本编辑器。可以使用正确的句法着色设置来显示无扩展名的文件，可以定制选定页边距的颜色更好地区分同一源代码窗口的控件和文本区域，Find in Files 命令支持两个单独的窗格。

⑧ 改进的 WizardBar。可用于 Visual J++程序的编写。在 VC++ 6.0 中，集成环境有了更大的用处，在 Visual Studio 中，不仅可以进行 VC++程序的编写，而且也可在其中编写 Visual J++程序。

⑨ 便捷的类库提示。相信使用过 Visual Basic（简称 VB）的读者一定会注意到在 VB 中便捷的函数提示。在 VC++ 6.0 中，输入时在线的丰富提示也实现了。这使得程序员从记忆众多的函数参数中解脱出来，从而极大地提高了编程效率。

⑩ 上下文相关的 What's This 帮助。上下文帮助信息，为初学者提供了学习的平台，初学者可以通过帮助更好地了解 VC++ 6.0 各工具的使用及菜单中各子菜单的作用。

（2）用户界面。从 Visual Studio 的光盘中运行 VC++ 6.0 安装程序（Setup.exe），安装完成之后，就可以从【开始】菜单中运行 VC++ 6.0，如图 1-1 所示。通常，VC++ 6.0 的外观如图 1-2 所示。

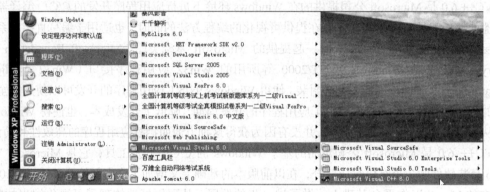

图 1-1　启动 VC++ 6.0 界面

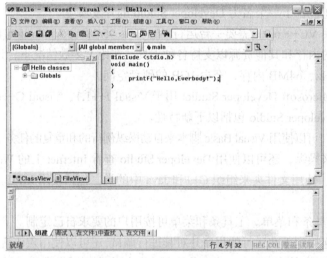

图 1-2　VC++ 6.0 的环境界面

VC++ 6.0 带有一个预先定义好的工具栏集，单击便可以访问它们。如果需要更多的工具按钮，可以自己设计和定制工具栏来增大工具栏集。

图 1-2 所示为 "Standard" 和 "Wizardbar" 工具栏定位在 VC++ 6.0 窗口的顶端时的界面。工具栏的安排可以在窗口的四边任意位置，可以在屏幕四周移动工具栏，通过拖曳边框来调整它们的矩形大小，也可以使任何工具栏可见或隐藏。例如，默认设置中，"Debug" 工具栏只在调试过程中才可见。当鼠标停留在工具栏按钮的上面时，按钮会凸起，主窗口中的状态栏显示了该按钮

的描述；如果光标停留时间长一些，就会出现一个下拉的弹出式"工具提示"窗口，它包含了按钮的名字。

VC++ 6.0 菜单栏有一种特殊形式的工具栏，只有在全屏幕模式下才能隐藏，在其他情况下，它只是一个普通的工具栏。当鼠标停留在 VC++ 6.0 的菜单栏上时，菜单名像工具栏一样呈凸起状。当单击菜单名下拉菜单时，菜单名会呈现凹进外观。菜单打开后，将鼠标从一个菜单名移动到另一个菜单名时会弹出另一个下拉菜单。

VC++ 6.0 环境几乎总是会响应鼠标右键的单击。当单击鼠标右键时，通常是显示一个与当前鼠标所指向位置相关的弹出式菜单，也称上下文相关菜单。当 VC++ 6.0 没有打开窗口时，在空白区单击鼠标右键也会产生一个菜单，其中包括窗口可见和调整工具栏开或关的命令。在工具栏上除标题栏以外的任何地方单击鼠标右键，可打开同样的菜单。编写程序时，单击鼠标右键，总会弹出与当前环境相关的弹出菜单。

除一般对话框外，VC++ 6.0 显示两种类型的窗口，即文档窗口和停靠窗口。文档窗口是带边框的子窗口，其中含有源代码文本和图形文档。【Windows】（窗口）菜单中列出了在屏幕上以平铺方式还是以层叠方式显示文档窗口的命令。其他的 VC++ 6.0 窗口，包括工具栏甚至菜单栏，都是停靠窗口。

开发环境有两个主要的停靠窗口：Workspace（工作空间）窗口和 Output（输出窗口），它们通过【查看】菜单中的命令变成可见窗口。停靠窗口可以固定在 VC++ 6.0 用户区的顶端、底端或侧面，或者浮动在屏幕上任何地方。停靠窗口不论是浮动还是固定总是出现在文档窗口的上面。

在屏幕上移动一个停靠窗口时，窗口总是固执地紧贴着 VC++ 6.0 主窗口的某一边或者它碰到的任何定位窗口。有两个办法可防止这种情况发生。

① 在移动窗口时按住【Ctrl】键，来暂时禁止它的停靠特征。

② 这个办法只对停靠窗口有效，对工具栏无效，就是禁止窗口的停靠功能，直到再次使它生效。在窗口内部单击鼠标右键，从其上下文菜单中选择【Docking View】（停靠视图）命令来关掉复选标志。如果关掉了窗口的停靠功能，将影响窗口的外观。VC++ 6.0 在停靠的 Workspace 和 Output 窗口中显示项目的有关信息，如图 1-3 所示。

在整个软件开发过程中，我们一直要使用这些重要窗口，特别是 Workpace 窗口。要使 Workspace 或 Output 窗口可见，在【查看】菜单中单击它们的名字即可。窗口也可以通过 Standard 工具栏上的按钮来激活，单击这些按钮会使窗口可见或消失。

Workspace 窗口通常包含 3 个页面，分别显示项目各个方面的信息，C 语言程序通常只有 2 个页面。在窗口底端单击相应图标标签可在这些页面之间进行切换，分别显示项目中的类信息、资源信息和文件信息，C 语言程序一般没有资源信息页面。在窗口中单击小的加号（+）或减号（-）来展开或折叠列表。双击列表开头靠近文件或书本图标的文字，与单击表头的加号或减号有同样的效果。

Workspace 窗口中显示的 3 个页面功能如下。

① ClassView（类视图）：列出项目中的类以及类的成员。要在 VC++6.0 文本编辑器中打开类的源文件，双击列表中的要打开的类或者函数名即可。

② ResourceView（资源视图）：列出项目的资源数据，如对话框和位图，同 ClassView 一样，双击 Resource View 列表中的数据项会打开合适的编辑器并加载相应资源，C 语言程序用不到此项。

③ FileView（文件视图）：列出项目中的所有源文件。把源文件复制到项目文件夹中，软件不会自动把文件添加到 FileView 窗格的列表中，必须用【工程】菜单中的【添加到工程】命令。

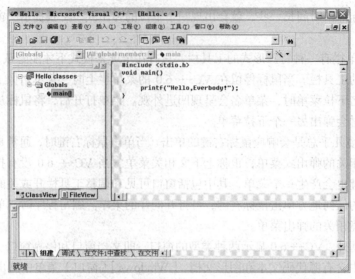

图 1-3　VC++ 6.0 在停靠的 Workspace 和 Output 窗口中显示项目的有关信息

在 Workspace 窗口的某一项上单击鼠标右键，会显示一个含有常用命令的上下文相关菜单。菜单中的命令取决于单击在哪一项上，如在 Fileview 中右键单击某一个源文件名，会显示一个快速打开或编译文件的上下文相关菜单。也可打开某个 Workspace 页面，在 Workspace 窗口底端的标签上右键单击鼠标来显示上下文相关菜单，然后从弹出的快捷键菜单中选择有关命令来使页面可见或消失。

Output 窗口有多个页面：组建、调试、在文件 1 中查找、在文件 2 中查找等。

组建页面显示编译器、链接器和其他工具的状态消息。

调试页面用于通知来自调试器的提示，这些提示对诸如未处理的异常和内存异常之类的情况提出警告。应用程序通过 API 函数 output debug string 或 afxdump 类库产生的消息，也将显示在【调试】选项卡中。默认情况下，在文件中查找搜索结果显示在 Output 窗口的【在文件 1 中查找】页面中，但【在文件中查找】对话框中有一个复选项，允许用户把结果转移到【在文件 2 中查找】页面。

3. VC++ 6.0 中的常用命令

这里只介绍最常用的和 C 语言程序设计相关的工具按钮，便于应用 VC++ 6.0 编写 C 语言程序，常用的工具栏按钮如图 1-4 和图 1-5 所示。

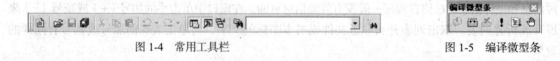

图 1-4　常用工具栏　　　　　　　　　　　　　　　　图 1-5　编译微型条

图 1-4 中从左至右各个按钮说明如下。

（1）新建一个文本文件。

（2）打开一个文件。

（3）保存当前编辑文件。

（4）保存所有文件。

（5）显示/隐藏 Workspace 窗口。

（6）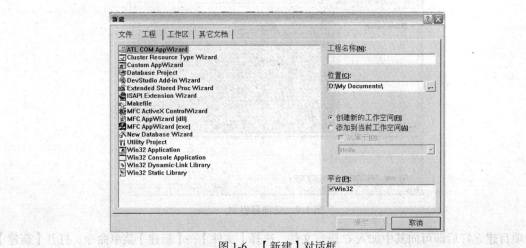显示/隐藏 Output 窗口。

（7）列出所有打开的窗口。

（8）在文件中查找。

（9）　　　　　　　查找输入框。

图 1-5 从左至右中各个按钮的含义如下。

（1）编译项目。

（2）构建项目。

（3）停止构建项目。

（4）！执行程序。

（5）Go 命令，调试状态下的运行（Go）。

（6）插入/删除断点。

其他命令可参阅 MSDN 在线帮助。另外，一些常用编辑命令和 Office 办公软件类似，这里不再一一介绍。

1.4.2　运行 C 程序的方法和步骤

在 VC++ 6.0 中，开发的任何软件都是利用项目来管理的，所以，不论是 Windows 程序还是 DOS 控制台程序，编写一个程序首先都需要建立一个项目。

对于 DOS 控制台程序，常用的有 2 种建立方法，下面分别介绍。

1. 从建立项目开始

选择【文件】→【新建】菜单命令，弹出【新建】对话框，如图 1-6 所示，其中共有 4 个选项卡。默认为【工程】选项卡，其中列出 VC++ 6.0 可以建立的项目类型，从中选择 Win32 Console Application（Win32 控制台应用程序）。在【工程名称】文本框中为项目取名字"hello"，在【位置】文本框中为项目制定存放位置，单击【确定】按钮进入下一步。接下来弹出一个对话框，如图 1-7 所示，在这里建立应用程序的类型，通常选择默认选项——【一个空工程】，然后单击【完成】按钮，进入最后一步。

弹出【新建工程信息】对话框，如图 1-8 所示，单击【确定】按钮，整个项目就建好了。图 1-9 所示为一个空的项目界面。

图 1-6　【新建】对话框

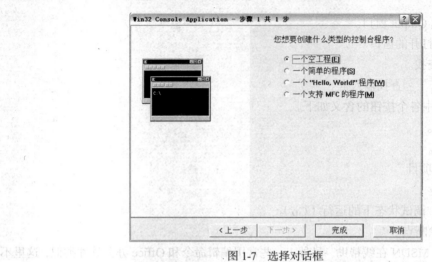

图 1-7 选择对话框

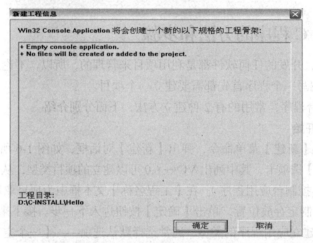

图 1-8 【新建工程信息】对话框

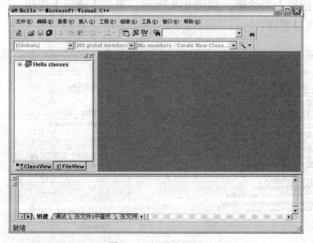

图 1-9 空项目界面

项目建立好后即可向其中加入 C 语言文件。选择【文件】→【新建】菜单命令，打开【新建】对话框，单击【文件】选项卡，如图 1-10 所示。选择【C++ Source File】（C++源文件）选项，同时选中【添加到工程】复选框，并在【文件名】文本框中输入文件名，如"Hello.C"，注意一定要写上扩展名.C，因为 VC++ 6.0 默认情况下创建的是 C++文件。

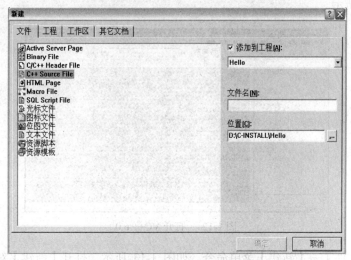

图 1-10　打开【文件】选项卡

　　单击【确定】按钮，在编辑器中打开新建的 C 语言文件，如图 1-11 所示。接下来就可以在其中输入代码，进行编辑和调试了。

2．从建立 C 语言文件开始

　　选择【文件】→【新建】菜单命令，在弹出的【新建】对话框中打开【文件】选项卡，和方法 1 中的添加 C 语言文件到项目的步骤类似，建立一个 C 语言文件直接编辑保存。由于此时没有项目文件，所以不能直接运行，需要先编译让系统自动生成一个默认的项目，然后才能运行。

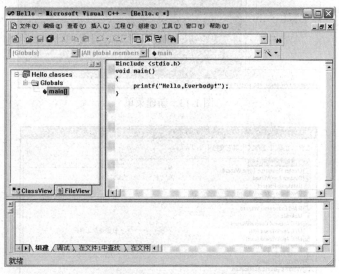

图 1-11　输入代码运行调试

　　由于本书只需要 VC++ 6.0 的运行环境，具体的工具、菜单等创建步骤，只作为一般掌握就可以，因此本书需要掌握上机操作的一般步骤就可以了，并且要学会看编译、连接后的错误提示，并能够独立更正错误。

上机操作步骤如下。

（1）打开 VC++ 6.0 界面，单击【开始】→【程序】，在【程序】的下拉菜单中找到 VC++ 6.0，打开后如图 1-12 所示。

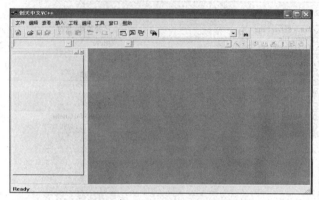

图 1-12　打开 VC++ 6.0

（2）单击【文件】→【新建】菜单命令，如图 1-13 所示，打开【新建】对话框，如图 1-14 所示。

（3）打开【文件】选项卡，选择【C++ Source File】选项，如图 1-15 所示。

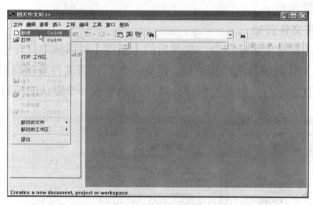

图 1-13　新建菜单

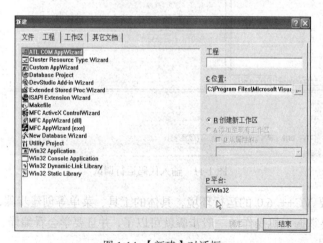

图 1-14　【新建】对话框

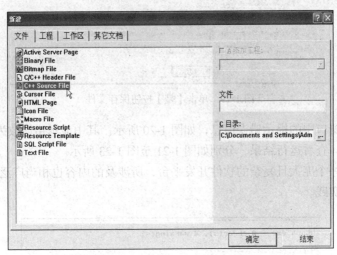

图 1-15　打开【文件】选项卡

（4）录入程序后，单击【编译】按钮，编译程序、保存文件等相关操作，如图 1-16 至图 1-19 所示。

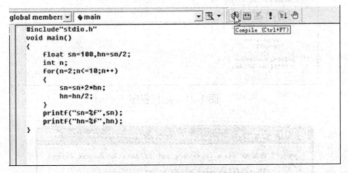

图 1-16　编译程序

图 1-17　编译程序提示对话框

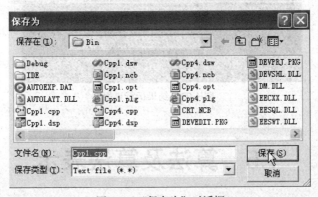

图 1-18　"保存为"对话框

图 1-19　单击【是】按钮保存文件

（5）查看编译窗口中的提示错误信息，如图 1-20 所示。其中显示错误数为 0，警告为 0。

（6）运行程序，查看运行结果，分别如图 1-21 至图 1-23 所示。

由于 VC++是一个庞大且复杂的软件开发平台，所涉及的内容也相当广泛，因此真正掌握还需要不断地学习和实践。

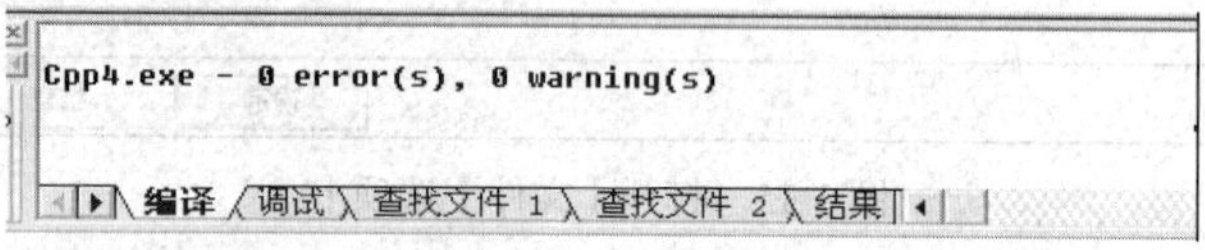

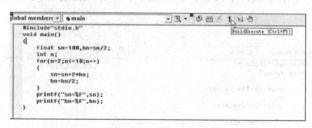

图 1-20　查看编译窗口中的提示信息

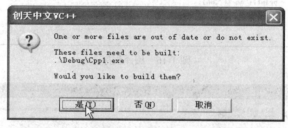

图 1-21　运行程序

图 1-22　确认对话框

图 1-23　结果运行界面

1.5　算法及算法表示

广义地说，算法是求解问题（如求最大公约数）的一个过程及过程中操作的步骤和顺序，该过程和步骤是有限的，通常还涉及重复的操作。

算法是人们解决问题的方法的过程化表示，根据具体实施算法时的主体不同，算法中所涉及的元素有所不同，这些元素的关系也不同，完成任务的操作等都有所不同。学习 C 语言程序设计的目的是让学习者掌握一种语言来编写应用程序，完成人与计算机之间的信息交流，让计算机按设计者的想法来完成任务。设计一个程序应包括以下两方面内容。

（1）对数据的描述：在程序中要指定数据的类型和数据的组织形式，即数据结构。

（2）对操作的描述：即操作步骤，也就是我们通常所说的算法。

数据是操作的对象，操作的目的是对数据进行加工处理，以得到预期的结果。作为一名程序设计人员，必须认真考虑和设计数据结构和算法。因此，著名计算机科学家沃思提出一个公式：

$$程序 = 数据结构 + 算法$$

实际上，一个程序除了以上两个主要要素外，还应当采用结构化设计和面向对象的程序设计方法进行程序设计，并且用某一种计算机语言来表示，因此可以这样表示程序：

$$程序 = 算法 + 数据结构 + 程序设计方法 + 语言工具和环境$$

也就是说，在设计程序时要综合运用几方面的知识。在这里算法是灵魂，数据结构是操作的对象，语言是工具，编程需要采用合适的方法。算法是解决"做什么"和"怎么做"的问题。程序中的操作语句，实际上就是算法的体现。很显然，如果一个程序设计人员对算法不了解，就根本谈不上程序设计。由于算法在程序设计中十分重要，因此在学习 C 语言程序之前，首先介绍有关算法的基本概念及算法的特性，并简单介绍几种比较典型的算法。

1.5.1 算法的概念

算法是对特定问题求解步骤的一种描述，它是指令的有限序列，每一条指令表示一个或多个操作。概括起来也可这样定义：算法是规则的有限集合，是为解决特定问题而规定的一系列操作。

计算机的算法可分为如下两大类。

1. 数值运算算法

数值运算的目的是求数值解，如已知三角形的 3 个边长，求面积；求一元二次方程的两个根等。要让计算机来完成此项任务，需要我们编写程序，通过程序让计算机来解决问题。

2. 非数值运算算法

非数值运算算法包括的内容十分广泛，如人事管理、图书检索等。

由于数据运算有现成的模型，可以运用数值分析方法，因此对数值运算的算法研究比较深入，算法比较成熟。对各种数值运算都有比较成熟的算法可供选用。非数值运算算法还有很大的发展空间，需要我们进一步地完善和发展。

1.5.2 算法的特性与设计要求

1. 算法的特性

（1）有穷性。算法必须总是在执行有穷步骤之后结束，而且每一步都可在有穷的时间内完成。有穷的概念不是纯数学的，而是合理的、可接受的。如果让计算机完成一个历时 100 年才能结束的算法，这虽然是有穷的，但超过了合理的限度，人们也不把它当作是有效的算法。那究竟什么是最好的算法，需要根据具体的情况而定，并没有严格的标准。

（2）确定性。算法中每一条指令必须有确切的含义，读者理解时不会产生二义性。并且，在任何条件下，算法只有唯一的一条执行路径，即对于相同的输入只能得出相同的输出。算法中的每一个步骤都应当是确定的，而不应当是含糊的、模棱两可的。算法的含义应当是唯一的，而不应当产生歧义。

（3）可行性。一个算法是可行的，算法中描述的操作都是可以通过已经实现的基本运算执行有限次来实现的，算法中的每一个步骤都应当能有效地执行，并得到确定的结果。

（4）有零个或多个输入。所谓输入是指在执行算法时需要从外界取得必要的信息。例如，在例 1-1 中提到的，从键盘上输入两个整数，求出它们的和。这个程序在执行过程中，需要在键盘上输入两个数据，这样程序才能继续向下执行。一个算法也可以没有输入，如通过程序来判断 5 是否比 3 大，这时不需要从键盘上获取数据，也就是没有输入的情况。

（5）有一个或多个输出。一个算法有一个或多个输出，这些输出是同输入有着某些特定关系的量。算法的目的是为了求解，"解"就是输出。一个算法得到的结果就是算法的输出，没有输出的算法是没有意义的。

有些算法是通用的，如数据的排序、查找等，这些算法可以直接套用。但由于问题的复杂性和特殊性，总会有一些算法要靠程序员去设计。

2. 算法设计的要求

设计一个好的算法，应符合以下要求。

（1）正确性。算法应当满足具体问题的需求。通常一个大型问题的需求，要以特定的规格说明方式给出，而一个练习问题，往往就不那么严格。目前，多数情况下是用自然语言描述需求，它至少应当包括对于输入、输出、加工处理等明确的、无歧义性的描述。设计或选择的算法能正确反映这种需求，否则，算法的正确与否的衡量准则就不存在了。

（2）可读性。算法主要是为了人的阅读与交流，其次才是机器执行。可读性好有助于人们对算法的理解。

（3）健壮性。当输入数据非法时，算法也能适当地做出反应或进行处理，而不会产生莫名其妙的输出结果。

（4）效率与低存储量需求。通俗地说，效率指的是算法执行的时间。对于同一个问题，如果有多个算法能解决，执行时间短的算法效率高。存储量需求是指算法执行过程中所需要的最大存储空间。效率与低存储量需求这两者都与问题的规模有关。

1.5.3 算法的表示和举例

1. 算法的表示

为了表示一个算法，可以用不同的方法，常用的方法有自然语言、传统流程图、N-S 流程图、伪代码和 PAD 图等。

（1）用自然语言表示算法。自然语言就是人们日常使用的语言，可以是汉语、英语或其他语言。用自然语言表示通俗易懂，但文字冗长，容易出现"歧义"。自然语言表示的含义往往不严格，要根据上下文才能判断其正确含义。此外，用自然语言描述包含分支和循环的算法，不是很方便。因此，除极特殊情况外，一般不使用自然语言来描述算法。

（2）用传统流程图表示算法。传统流程图是用一些图框表示各种操作，如图 1-24 所示。用图形表示算法，直观形象，易于理解掌握。美国标准化协会（ANSI）规定了一些常用的流程图符号，已为世界各国程序工作者普遍使用。

结构化程序由 3 种基本结构组成（这里我们省去"开始"部分，读者在画流程图的时候一定将开始部分画上，以示完整性）。

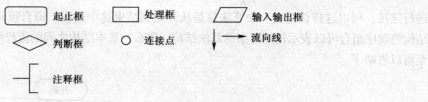

图 1-24　传统流程图

① 顺序结构：顺序结构就是当执行到程序时，将按这些语句在程序中的书写顺序逐条执行，没有分支，没有转移，如图 1-25 所示。

② 选择结构：选择结构又叫分支结构，是指程序执行到这些语句时，将根据不同的条件去执行不同分支中的语句，如图 1-26 所示。

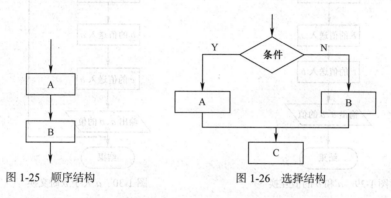

图 1-25　顺序结构　　　　图 1-26　选择结构

③ 循环结构：它将根据各自的条件，使用同一条（或几条）语句重复执行多次或一次也不执行，这种重复执行的一条或多条语句我们称其为循环体。其中，循环又分为当型循环和直到型循环两种，分别如图 1-27 和图 1-28 所示。当型循环是当条件满足的时候执行循环体，条件不满足的时候退出循环；直到型循环是当条件满足的时候退出循环，条件不满足的时候执行循环体。

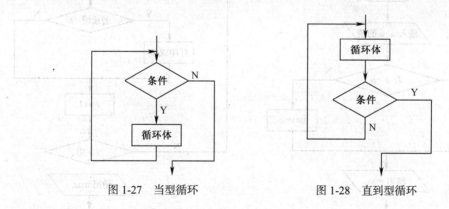

图 1-27　当型循环　　　　图 1-28　直到型循环

【例 1-3】用传统流程图描述以下问题的算法。

① 将 a 的值与 b 的值互换，如图 1-29 所示。

② 如果 $a>b$，将 a 的值与 b 的值互换，如图 1-30 所示。

【例 1-4】将例 1-2 所示的算法用传统流程图表示，如图 1-31 所示。

【例 1-5】输入 50 名学生的成绩，输出成绩大于 90 分的成绩，如图 1-32 所示。

（3）用 N-S 流程图表示算法。传统流程图是用基本图形来表示各种操作，它们之间用流程线进行连接。可以这样认为：一个算法总是从开始到结束这个过程，即自顶向下执行，既然用基本结构的顺序组合可以表示任何复杂的算法结构，那么，基本结构之间的流程线就显得不很主要，甚至可以省略了。

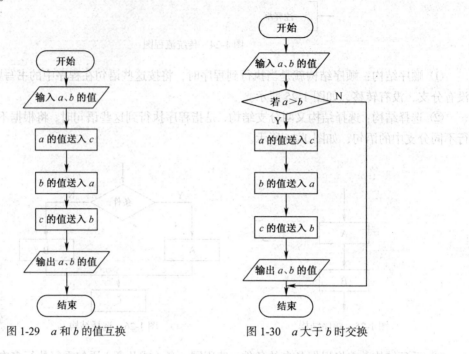

图 1-29　*a* 和 *b* 的值互换　　　　　　图 1-30　*a* 大于 *b* 时交换

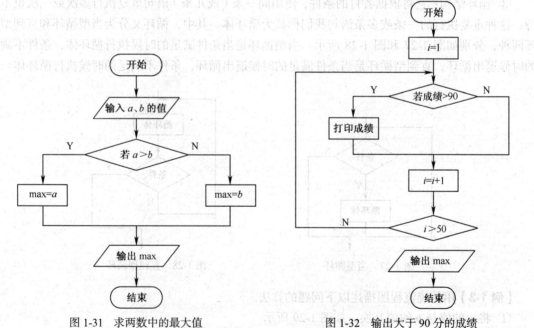

图 1-31　求两数中的最大值　　　　　　图 1-32　输出大于 90 分的成绩

　　1973 年，美国学者 I.Nassi 和 B.Shneiderman 提出了一种新的流程图形式。在这种流程图中，完全去掉了带箭头的流程线。全部算法都写在一个矩形框内，在该框内还可以包含其他的从属于它的框，或者说，由一些基本的框组成一个大的框。这种流程图又称为 N-S 流程图（N 和 S 分别是两位美国学者的英文姓名的第一个字母）。这种流程图适于结构化程序设计，所以又称为 N-S

结构化流程。

N-S 流程图有以下 4 种流程图符号。

① 顺序结构，如图 1-33 所示，它表示执行完任务 A 后，再执行任务 B，按书写顺序依次执行。

② 选择结构，如图 1-34 所示。

图 1-33　顺序结构

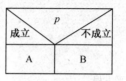

图 1-34　选择结构

③ 循环结构，如图 1-35 和图 1-36 所示。

图 1-35　当型循环

图 1-36　直到型循环

以上 4 种 N-S 流程图可以相互组合成复杂的 N-S 流程图，以表示算法。

【例 1-6】从键盘上输入两个整数，判断其中的最大数并将其输出。用 N-S 流程图表示算法，如图 1-37 所示。

【例 1-7】将 50 名学生中成绩高于 90 分的学号和成绩输出，用 N-S 流程图表法算法，如图 1-38 所示。

图 1-37　判断两数中的最大数

图 1-38　N-S 流程图

通过上面两个例子可以看出，用 N-S 流程图表示算法的优点是它比文字描述直观、形象、易于理解，而且结构清楚，比传统的流程图紧凑易画，尤其是它废除了流程线，整个算法结构是由各个基本结构按顺序组成的。这个顺序就是程序执行的顺序，即图中上面的先执行，下面的后执行，写算法或看算法的时候只需从上向下依次读就可以了，十分方便。

（4）用伪代码表示算法。用传统的流程图和 N-S 流程图表示算法，直观易懂，但画起来比较费事，在设计一个算法时，可能要反复修改，而修改起来也比较麻烦。因此，流程图适合表示一个算法，但在设计算法过程中使用不是很方便，特别是当算法比较复杂，需要反复修改时，就显得更加麻烦了。为了解决这一问题，常用一种称为伪代码的工具。

伪代码是用介于自然语言和计算机语言之间的文字和符号来描述算法。它如同一篇文章，自上而下写下来，每一行或几行表示一个基本操作。它不用图形符号，它像一个英文句子一样，也可以使用汉字，更可以中、英文混合，因此书写方便，格式紧凑，而且也比较容易看懂，便于向计算机语言过渡。对于初学者来说，程序容易书写。例如，求一个数的平方根可以用伪代码这样表示：

① 英文表示。

```
input x
if x is positive then
  sqrt(x)
else
no answer
```

② 汉字表示。

输入一个数 x

如果 x>0，则求其平方根

否则没有答案

③ 中、英文混合使用表示算法。

输入 x

if x 为正数

求平方根

else

没结果

从上面的算法表示中可以看出，伪代码这种表示算法的方法简单，而且可以使用汉字，计算机语言中具有的关键字还可以用英文表示，以便于书写和阅读。用伪代码表示算法无固定的、严格的语法规则，只要能把意思表达明确就可以了。但要求最好把格式书写清楚，这样便于阅读，为以后用计算机语言来表示程序打下基础。用伪代码来表示算法比较接近于计算机语言，使书写程序更加方便。

【例 1-8】输入某一年，判断这一年是否为闰年，用伪代码表示。

```
开始
输入年份放入变量 x 中
  if x<0 then
  请重新输入年
else
    if x 能被 4 整除不能被 100 整除  then
    print x 是闰年
    else
    print x 不是闰年
    if x 能被 400 整除  then
    print x 是闰年
    else
    print x 不是闰年
结束
```

从以上例子中可以看出，用伪代码书写格式比较自由，只要能把意思表示清楚就可以了，而且容易修改。但对于初学者来说，各种表示算法的方法都应该掌握，这样才能不断提高处理问题的能力。如果只会用一种方法，在阅读其他资料时也会产生困难。

（5）PAD 图。问题分析图（Problem Analysis Diagram，PAD）也是一种算法描述的图形工具，它没有流程线，并且有规则地安排了二维关系：从上到下表示执行顺序，从左到右表示层次关系。图 1-39、图 1-40 和图 1-41 分别为 PAD 图描述算法的 3 种基本控制结构。

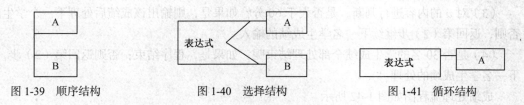

图 1-39   顺序结构   图 1-40   选择结构   图 1-41   循环结构

（6）机器语言表示算法。要完成一件工作，包括设计算法和实现算法两个部分。到目前为止，我们只是描述算法，即用不同的形式表示操作的步骤，而要得到运算结果，必须实现算法。算法的实现可以用人工心算，可以用笔算，也可以借助其他工具，但编辑程序是让计算机来帮助我们得出算法结果，而我们需要做的任务是告诉计算机怎么做，也就是要用计算机实现算法。计算机是无法识别流程图和伪代码的，只有用计算机语言编写的程序才能被计算机执行。因此，在用流程图或伪代码描述一个算法后，还需要将它转换成计算机语言程序。

用计算机语言表示算法必须严格遵循所用语言的语法规则，而且不同的语言都有其独有的语法规则，只有遵循了这些语法规则，编写的程序才能被计算机识别，计算机才能按编程者的意图完成任务。将前面的判断某一年是否为闰年的算法用 C 语言的语法规则来表示，如例 1-9 所示。

【例 1-9】输入年，判断是否是闰年。

```
#include  "stdio.h"
main()
{
  int  x ;
  printf("请输入年：");
  scanf("%d",&x);
  if (x<0)
    printf("输入错误，请重新输入");
  else
     if (x%4==0 && x%100!=0)
       printf("%d 是闰年",x);
     else
       printf("%d 不是闰年",x);
     if (x%400==0)
        printf("%d 是闰年",x);
      else
       printf("%d 不是闰年",x);
}
```

在这里不再具体说明各符号的含义以及具体细节，在后续各章的学习过程中将会介绍。应当强调的是，虽然我们根据 C 语言的语法规则写出了程序，但仍然是描述了算法，并未真正实现算法，要想真正的实现算法，还需要在计算机上运行程序。可以这样说，用计算机语言表示的算法是计算机能够执行的算法，所以这也是一种表示算法的方法。

2. 算法举例

【例 1-10】考试成绩处理：要求输出全班及格学生的成绩（全班共 30 名学生）。

该例需要通过键盘输入学生的成绩，然后对该成绩进行判断，判断其是否大于 60 分，如果大于 60 分，则输出该成绩，否则处理下一个学生的成绩。

算法如下。

（1）设置变量 a。

（2）输入第一名学生的成绩到 a 中。

（3）对 a 的内容进行判断，是否大于 60 分？如果是，则输出该成绩后处理下一个学生成绩；否则，返回第（2）步继续下一名学生成绩的输入。

（4）是否 30 名的学生成绩全部处理结束呢？如果是，程序结束；否则返回第（2）步，继续下一名学生成绩的处理。

成绩处理流程图如图 1-42 所示。

【例 1-11】百鸡百钱问题。N-S 算法流程图如图 1-43 所示。

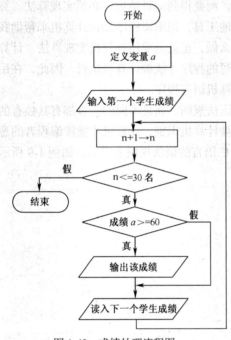

图 1-42　成绩处理流程图

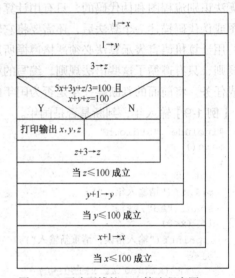

图 1-43　百鸡百钱的 N-S 算法程序图

【例 1-12】$ax^2+bx+c=0$。求解一元二次方程两根的 N-S 算法流程图如图 1-44 所示，其传统流程图如图 1-45 所示。

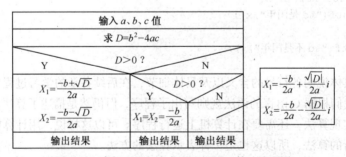

图 1-44　求解一元二次方程两根 N-S 算法流程图

【例 1-13】对从键盘上输入的 n 个数进行排序，按从小到大的顺序输出，算法如图 1-46 所示。

分析：

① 有 n 个数（存放在数组 $a(n)$ 中），第 1 趟将每相邻两个数比较，小的调到前头，经 $n-1$ 次两两相邻比较后，最大的数已"沉底"，放在最后一个位置，小数上升"浮起"。

② 第 2 趟对余下的 $n-1$ 个数（最大的数已"沉底"）按上法比较，经 $n-2$ 次两两相邻比较后得次大的数。

③ 依此类推，n 个数共进行 $n-1$ 趟比较，在第 j 趟中要进行 $n-j$ 次两两比较。

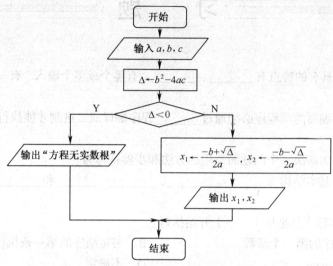

图 1-45 求解一元二次方程两根的传统流程图

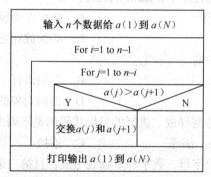

图 1-46 对 N 个数进行排序

本章小结

  本章内容十分重要，是学习后面知识的基础。学习程序设计的目的不只是学习一种特定的语言，而是学习进行程序设计的一般方法。掌握了算法就是掌握了程序设计的灵魂，再学习有关的计算机语言知识，就能够顺利地编写出任何一种语言的程序。脱离具体的语言去学习程序设计是困难的。但是，学习语言只是为了设计程序，它本身绝不是目的。世界上的高级语言多种多样，每种语言也都在不断地发展，因而不能只拘泥于一种具体语言，而应能举一反三。设计程序的关键就是设计算法，有了正确的算法后，可以用任何语言进行编程，只要掌握各种语言的语法规则就可以了。本章只初步介绍有关算法的知识，并没有深入介绍各种典型算法，在学习后续章节内容时，还要对一些比较典型的算法进行讲解。算法就是解决问题的步骤和方法，即为解决某个特定问题而采用的确定且有限的步骤。算法包括两大要素：操作和控制结构。算法的描述方法有多种，最常用的有自然语言、流程图、N-S 图、PAD 图和伪代码等。

习　　题

一、填空题

1. 一个算法应具有的特点有＿＿＿＿＿、＿＿＿＿＿、有零个或多个输入、有一个或多个输出、有效性。

2. 用高级语言编写的源程序必须通过＿＿＿＿＿程序翻译成二进制才能执行，这个二进制程序称为＿＿＿＿＿程序。

3. 广义地说，为解决一个问题而采用的方法和步骤就称为＿＿＿＿＿。

4. 程序的 3 种基本结构为＿＿＿＿＿＿＿＿、＿＿＿＿＿＿＿＿和＿＿＿＿＿＿＿＿。

二、选择题

1. 一个 C 语言程序总是从（　　　）开始执行。

    A. 书写顺序的第一个函数   B. 书写顺序的第一条执行语句

    C. 主函数 main   D. 不确定

2. C 语言规定，在一个源程序中，main 函数的位置＿＿＿＿＿。

    A. 必须作为第一个函数   B. 必须作为最后一个函数

    C. 可以任意   D. 必须放在它所调用的函数之后

3. C 语言属于下列语言中的（　　　）。

    A. 机器语言   B. 汇编语言

    C. 面向过程的语言   D. 面向对象的程序设计语言

4. 把已经编辑好的源程序翻译成二进制的目标代码的是下列中的（　　　）步骤。

    A. 编辑   B. 编译   C. 连接   D. 执行

5. C 语言的标识符只能由字母、数字和下画线组成，且第一个字符（　　　）。

    A. 必须为字母索   B. 必须为下画线

    C. 必须为字母或下画线   D. 可以是字母、数字或下画线中的任一种

三、问答题及简单程序设计题

1. 用自己的语言描述一个完整的 C 语言程序的基本结构。

2. 什么是算法？算法有哪些特性？

四、上机改错题（VC++6.0 作为本书的上机环境）

1. 程序代码如下，请改错。

```
#include "stdio.h";
main (): /*/*r is radius*/,/* s is area of circular*/*/
r=5.0 ;
s=3.14 159*r*r;
printf("%f\n",s)
```

2. 请指出以下 C 语言程序的错误所在。

```
#include "stdio.h"
main  /* main function */
{ float a,b,c are sides, v is volume of cube*/
a=2.0 : b=3.0 :c=4.0
v=a*b*c;
printf("%f\n",v)
}
```

第2章
C语言程序设计的基本知识

学习目标

通过对本章的 C 语言的基本知识，包括 C 语言的数据类型、常量、变量及运算符的学习，读者可掌握算术运算符、赋值运算符、逗号运算符、自加、自减运算符以及关系运算符的使用方法，学会使用相应运算符的表达式的应用及优先级和使用技巧。

学习要求

- 掌握 C 语言的数据类型、标识符、常量与变量。
- 掌握算术运算符和算术表达式、赋值运算符和赋值表达式。
- 了解逗号运算符和逗号表达式、自加、自减运算符。
- 掌握关系运算与逻辑运算。

2.1　C 语言的数据类型

在第 1 章中，我们已经提到过算法处理的对象是数据，而数据是以某种特定的形式存在的，处理数据的过程就是对对象进行抽象的过程，抽象的过程是让计算机能够识别。数据是计算机加工的对象。学习编写计算机程序时，应首先了解所学语言是如何进行数据描述的。

C 语言的数据类型十分丰富，主要分为 5 大类。第 1 类是系统已经定义好的基本类型，如整型、实型、字符型和枚举类型（enum）。其中整型又包括短整型（short）、整型（int）和长整型（long）；实型包括单精度型（float）和双精度型（double）。第 2 类是构造类型，包括数组、结构体（struct）和共用体（union）3 种。第 3 类是指针类型。第 4 类是空类型（void）。第 5 类是用户自定义类型（typedef）。图 2-1 所示为 C 语言的数据类型，其中明确地给出了 C 语言的 5 大类数据类型及其说明符号。

在 C 语言程序设计的过程中，除字符串外，其他语句是不能使用汉字的。C 语言通过数据类型定义变量，如在编写程序的时候，定义整型变量，"int a，b，sum;"，说明 a、b 和 sum 都是整型的。特别强调一下，在程序设计过程中，对所用到的数据必须指定其数据类型。本章我们只学习 C 语言数据类型中的基本类型，其他类型将在后续章节中介绍。

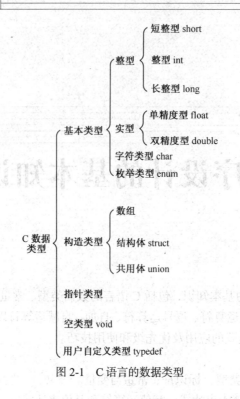

图 2-1　C 语言的数据类型

2.2　标识符、常量与变量

C 语言是一种程序设计语言，由 C 语言书写的程序是由各种不同的词法记号构成的。所谓词法记号是指程序中具有独立含义的不可进一步分割的单位。具体地说，C 语言的词法记号可分成 5 类：关键词、标识符、常量、运算符和分隔符。例如，整型用 "int a;"，int 在 C 语言中是关键词，而 a 则是标识符。本节主要对标识符、常量与变量进行讲解。

2.2.1　标识符

1. 标识符

在编程过程中，经常需要定义一些符号来标记一些名称。标识符是用户自行定义的符号，用来标识常量、变量和标号等。简单地说，标识符就是一个名字，C 语言要求所有符号必须先定义。在 C 语言中标识符的命名需要遵循一些规范，ANSI C 具体规定如下。

- 标识符是由字母、数字或下画线组成，标识符的开头必须是字母或下画线。
- 标识符不能以数字作为第一个字符。
- 标识符不能使用关键字。
- 标识符区分大小写字母。
- 尽量做到 "见名知意"，增加程序的可读性，如 name 表示名称，age 表示年龄等。
- 虽然规定中没有长度的限制，但是建议标识符的长度不超过 8 个字符。

上述规定中除了后面两个条件外，其他的命名规定必须遵守，否则程序就会出错。

例如，下列标识符都是合法的。

```
i_123   num1  count  round2  sum  Class  mouth  lotus_1_2
```
下列标识符是不合法的。
```
88htmp  b-c  round-2  %cont  #12  6D
```
在给标识符起名时，最好选择相应的英文单词或汉语拼音或它们的缩写，这样可以增加程序的可读性。

> 在 C 语言中，大写字母和小写字母被认为是两个不同的字符，因此 a 和 A 是两个不同的标识符。一般情况下，变量名用小写字母表示，常量用大写字母表示，这与人们日常习惯一致，以增加可读性。

2．关键字

关键字是 C 语言中预定义的符号，它们都有固定的含义，用户定义的任何名字不得与它们冲突。C 语言程序中包含的 32 个关键字如下。

```
int   auto  break  char  case   const   default  return  double  continue  do
enum  for   extern float goto   long    register short   signed  else      if
void  static struct switch sizeof typedef union            unsigned volatile while
```

上面列举的关键字都有特殊的作用，例如，int 用于声明一个整型的变量，char 用于声明一个字符类型的变量，书中的各章节将会逐步对这些关键字进行讲解。

3．预定义标识符

有些标识符在 C 语言中有特定的含义，如 C 语言提供的库函数的名字（如 printf）和预编译处理命令（如 define）等。C 语言语法允许用户把这类标识符另做它用，但这将使这些标识符失去系统规定的原意。鉴于目前各种计算机系统的 C 语言都把这类标识符作为固定的库函数名可预编译处理中的专门命令使用，因此为了避免误解，建议用户不要把这些预定义标识符另做他用。

2.2.2　常量

常量又称常数，是指在程序运行过程中其值不能被改变的量。C 语言中的常量可分为整型常量、实型常量、字符型常量、符号常量和字符串常量。下面将针对这些常量分别进行讲解。

1．整型常量

整型常量又称为整数。为了书写和使用方便，在 C 语言中，整型常量可以用十进制、八进制和十六进制 3 种形式表示，具体如下。

（1）十进制整数：C 语言规定十进制整数以非 0 开头，如 100、200、−89、−2 等。

（2）八进制整数：C 语言规定八进制整数以 0 开头，如 075、063、055 等。

（3）十六进制整数：C 语言规定十六进制整数以 0x 或 0X 开头，如 0X16、0x53、0XA8 等。

在对数据进行操作的时候应当注意：十进制整数各个位上的数字由 0～9 共 10 个数字表示；八进制数各个位上的数字由 0～7 共 8 个数字组成；而十六进制数各个位上的数字由 0～9 和字母 A～F 或 a～f 组成。

十进制整数常量可以有正负之分，由于整数在内存中占有 4 个字节，共 32 个二进制位，所以整型常量的取值范围为−65536～65535。

在 VC++ 6.0 中整型与长整型占用相同的空间，在 Turbo c 中整型与短整型占用相同的空间。所以在 VC++ 6.0 中整型常量能表示的数的范围更大，读者在学习过程中注意两者区别，程序代码不需大的改动即可运行。

八进制或十六进制的整数常量只能表示无符号的整型常量。所谓的无符号即没有正、负数之分，它的最高位不是符号位而是确定的数值。

2. 实型常量

实型常量也称为实数或浮点数，也就是在数学中用到的小数。在 C 语言中，实型常量采用十进制表示，它有两种形式：十进制小数形式和指数形式。

十进制小数形式：由数字和小数点组成（必须有小数点），如 12.3、-45.6 等。

指数形式：又称科学计数法，用字母 E 或 e 表示以 10 为底的指数，如 12.34e3 表示 12.34 $\times$ 10^3。注意：E 或 e 前后必须有数值，且后面的指数必须是整数。

3. 字符常量

在 C 语言中，一个字符常量代表 ASCII 字符集中的一个字符，在程序中用单引号把一个字符括起来作为字符常量。有普通字符和转义字符两种形式的字符常量。

（1）普通字符：用单引号括起来的单个字符，例如：例如，作为字符常量的小写字母'a'，在程序中如果写成'a'，这不同于我们定义变量所用到的标识符 a，这里用单号引起来称为字符常量，它们都有自己的 ASCII 值。在附录 A 中可以查到，'a'的 ASCII 码值为 97，而'A'的 ASCII 值为 65，小写与大写正好相差 32。'0'的 ASCII 值为 48。由此可以推出'b'的 ASCII 值为 98、'B'的 ASCII 值为 66 等。因此，只要用单引号引起来的单个字符，都称其为字符常量，如'#''3''S''f'和'!'等都是合法的字符常量。

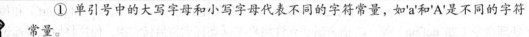

① 单引号中的大写字母和小写字母代表不同的字符常量，如'a'和'A'是不同的字符常量。

② 单引号中的空格符' '，也是一个字符常量，但不能写成两个连续单引号。

③ 字符常量只能包含一个字符，因此 'abc' 就是非法的。

在 C 语言中，字符常量可参与任何整数运算。

例如：'C'-'A'==67-65==2   'a'+1==97+1==98=='b'   '0'+5==48+5==53

符号 "==" 表示等价的意思。以上表达式中的 67、66、97、48 都是十进制数，它们分别是字母 C、A、a、0 的 ASCII 值。

运算时可把大写字母转换成小写字母，或把小写字母转化成大写字母。小写字母和大写字母 ASCII 值相差 32，例如：

'A'+32==65+32==97=='a'   'b' -32==98-32==66=='B'

可以通过算术运算符把数字字符转换为整数值或把一位整数转换成数字字符。

例如：

'9' - '0'==57-48==9   9+'0'==9+48==57=='9'

在 C 语言中，字符常量也可以进行关系运算。在进行关系运算的时候，只判断它们的 ASCII 值的大小，来决定关系运算的真伪。

例如：

'a'<'b'结果为真

'b'>'c'结果为假

'A'>'a'结果为假

（2）转义字符：转义字符又称反斜线字符，这些字符常量总是以一个反斜线开头后跟一个特定的字符，用来代表某一个特定的 ASCII 字符，这些字符常量也必须括在一对单引号内。例如，\n'代表换行符；'\''代表一个单引号。表 2-1 所示为 C 语言中的转义字符及其含义。

表 2-1　　　　　　　　　　　　　　转义字符及其含义

字符形式	含义	ASCII 值
\n	回车换行	10
\t	横向跳若干（代表 Tab 键）	9
\v	竖向跳格	11
\r	回车符	13
\f	换页符	12
\b	退格符（代表 Bsckspace 键）	8
\\	一个反斜杠字符 "\"	92
'	单引号字符	39
"	双引号字符	34
\ddd	三位八进制数代表一个 ASCII 字符	
\xhh	二位十六进制数代表的一个 ASCII 字符	
\0	空值	0

① 转义字符常量如'\n'、'\101'、'\141'只代表一个字符。

② 反斜线后的八进制数可以不用 0 开头，如'\101'代表字符常量'A'，也就是说在一对单引号内，可以用反斜线后跟一个八进制数来表示一个 ASCII 字符。

③ 反斜线后的十六进制数据只可由小写字母 x 开头，不允许用大写字母 X，也不能用 0x 开头，如'\x41'代表字符常量'A'；在一对单引号内，也可以用反斜线后跟一个十六进制数来表示一个 ASCII 字符。

4. 符号常量

在 C 语言中，也可以用一个标识符代表一个常量，这种标识符叫作符号常量。

【例 2-1】符号常量的使用。

```
#define  PI  3.1415
#include  "stdio.h"
main()
{
  float  r,s;
  r=10;
  s=PI*r*r;
  printf("s=%f",s);
}
```

程序中#define 命令行定义 PI 代表常数 3.141 5，此后凡在程序中出现的 PI 都代表实型数据 3.141 5，可以和常量一样进行运算，所以程序的运行结果为

```
s=314.150000
```

关于#define 在第 9 章中还会学到。在这里只强调这种用一个标识符代表一个常量，我们称为符号常量，即标识符形式的常量。它的值在其作用域内不能改变，也不能被再次赋值。符号常量不同于变量，习惯上，符号常量名用大写字母表示，变量名用小写字母表示，以示区别。

使用符号常量的好处如下。

（1）含义清楚。定义符号常量时应考虑"见名知意"。在一个规范的程序中不提倡使用很多的

常数，以免给程序检查带来麻烦。

（2）能做到"一改全改"。在对程序进行改动时，只需要改动一处，其他的部分会自动更改。

5. 字符串常量

字符常量指的是用单引号括起来的单个字符；而字符串常量（简称字符串）是用一对双引号括起来的字符序列，如"hello""How are you! ""I am a student. "等。当字符串一行写不下时，可用续行符反斜线\，例如：

```
"Hello!\
every one. "
```

在使用续行符时，系统会忽略续行符本身以及后面的换行符，输出连续的字符串"Hello!every one. "。字符串常量可以包含空格符、转义字符和其他字符。字符串常量中的字符在内存中按先后顺序依次存放，C 语言使用空字符'\0'作为字符串常量的结束标志。所以每个字符串常量在内存中所占的字节数都是它的有效字符个数加 1。

例如："hello!"在内存中占 7 个字节，如图 2-2 所示。

因此，字符串常量的字符个数（也称字符串长度）为 N 时，该字符串常量在内存中要占用 $N+1$ 个字节。

| h | e | l | l | o | ! | \0 |

图 2-2　"hello"在内存中所占的字节数

所以字符常量'A'和字符串常量"A"是有区别的。

① 'A'是字符常量，单个字符，在内存中占一个字节。

② "A"是字符串常量，字符串常量的长度是 1，而在内存中所占的字节数为 2。

③ 'A'和"A"在内存中的存储形式也不一样，'A'在内存中以 ASCII 进行存储，"A"在内存中占两个字节，一个字节存入'A'，另一个存放'\0'。

C 语言中两个双引号连写，这也是一个字符串常量，称为"空串"，虽然叫作"空串"，在内存中还是要占用一个字节的存储空间的，这是因为字符串的结束标志为'\0'。

2.2.3　变量

变量是指在程序运行过程中，其值可以改变的量。"可以"就是说也许改变，也许不改变，但总体来说是能够改变的。变量和常量有着本质的区别，常量是不能被改变的量，变量是可以改变的量。

一个变量由一个名字来标识，此名字称为该变量的标识符。变量根据类型的不同在内存中占据一定的存储单元，该存储单元中存放变量的值。变量名和变量值是两个不同的概念，变量名与内存中的某一存储单元相联系，而变量值是指存放在该存储单元中的数据的值。这样，同一个变量名对应的变量在不同的时刻可以有不同的值。

【例 2-2】符号变量的使用。

```
#include <stdio.h>
main()
{
  int  a;
  a=3;
  a=8;
printf("a=%d",a);
}
输出结果：
a=8
```

对于同一个变量 a，它在某一时刻取值为 3，另一时刻取值为 8；变量 a 的存储单元是确定的，

a 在不同的时刻取不同的值，实际上就是不同的时间在同一存储单元存放了不同的值。

变量名实际上是一个符号地址，在对程序编译、连接时由系统给每个变量名分配一个内存地址。在程序中，从变量中取值实际上是通过变量名找到相应的内存地址，从其存储单元中读取数据的。

一般来说，每个变量都涉及 3 个数据。

（1）变量的值。变量的值是程序加工的对象，可以是原始数据，也可以是中间结果或最终结果。变量的值是通过赋值运算或输入函数来获得的，一个变量可以被多次赋值，被引用时的值是最后一次获得的值。需要说明的是，变量值的变化是指程序在运行过程中，当同一程序被重新执行时，变量的值又要按照先后顺序依次发生变化。

（2）变量地址。每当定义一个变量时，系统都要为其分配相应的存储单元。存储单元的位置是由地址确定的。不同的变量名，既表示不同的变量，也表示不同的存储地址。无论是向存储单元存放数据（赋值），还是取出数据（引用），都要先用到"地址"这个数据。

（3）数据长度。数据长度是由数据类型确定的，通常以存放时占用的字节数为单位。在基本数据类型中，一个数据是连续存放的。

变量在使用之前必须加以说明，也就是说，变量要先定义后使用。说明的一般格式为：

<类型标识符>　　<变量名 1> [, <变量名 2>];

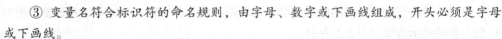

① 类型标识符：即数据的基本类型，如 int，float，char 等。

② <>表示必须有的选项。

③ 变量名符合标识符的命名规则，由字母、数字或下画线组成，开头必须是字母或下画线。

④ [...]表示可以重复多次也可以没有，各变量之间用逗号隔开。

例如：

```
int  a ,b ,sum;
float  z;
char  c1,c2;
```

上面的变量被说明后，根据其类型的不同，这些变量在内存中分别占有不同大小的存储单元。

在 C 语言中，为解决具体问题，要采用各种类型的数据。数据类型不同，所表达的数据范围、精度和所占的存储空间均不相同。在使用数据的时候，要先定义类型，这样在编译和连接程序的时候，计算机就会根据所定义的数据的类型来分配不同大小的存储空间。

1. 整型变量的定义、分类与存储

C 语言中用关键字 int 来说明整型变量，所有的变量都必须加以说明，没有任何隐含的变量。变量说明主要是指出变量的名称，确定变量的数据类型。

定义整型变量的形式为：

```
int  <变量名 1> [, <变量名 2>, <变量名 3>, ...];
```

一个类型标识符可以定义多个变量，前提条件是多个变量的类型都为整型，各变量名之间用逗号分隔。

我们也可以分开定义，如

```
int  <变量名 1>;
int  <变量名 2>;
...
```

它们的含义相同。我们也可以在定义整型变量的同时直接给变量赋值。赋值内容将在 2.4 节中讲解。

例如：

```
int i;
i=10;
```

等价于：

```
int i=10;
```

对于某些变量也可以不定义直接使用，这时系统会自动将其转化为整型数据来处理。自动分配有一定的好处，它可以省略定义变量的类型，减少书写量；但也有一定的弊端，如需要操作的数据带小数，系统自动转化成整数进行存储的话，会带来很大的不方便，有时甚至会出现错误。

在 C 语言中整型变量可分为 4 种：基本整型、短整型、长整型和无符号型。

- 基本型变量：以 int 表示，在内存中占 4 个字节。
- 短整型变量：以 short int 或 short 表示，在内存中 2 个字节。
- 长整型变量：以 long int 或 long 表示，在内存中占 4 个字节。
- 无符号型变量：无符号型整数必须是正数或零，它还可细分成无符号整型、无符号短整型和无符号长整型 3 种，分别以 unsigned int、unsigned short、unsigned long 表示。无符号整数在内存中存放时二进制最高位不是符号位，而有符号整数在内存中以补码表示，其最高位是 1 时表示负数，最高位是 0 时表示非负数。

以上各种类型数据所占的内存有时也因机器而异。在 VC++ 6.0 上，各种整型类型数据所占位数及数的表示范围如表 2-2 所示。

表 2-2　　　　　　　　　　各种整型数据所占位数及数的表示范围

数据类型	所占位数	数的范围
int	32	−2147483648～2147483647
short [int]	16	−32768～32767
long [int]	32	−2147483 648～2147483647
unsigned [int]	32	0～4294967295
unsigned short [int]	16	0～65535
unsigned long [int]	32	0～4294967295

由于整型数据的分类，我们还可以这样定义整型变量。

例如：

```
unsigned short [int]  x,y;
long [int]  a,b;
short [int]  c,d;
```

整型数据在内存中所占的字节数是不同的，使用时需要根据具体情况而定。

数据在内存中是以二进制形式存放的。字节是存放数据的基本单位，位是最小单位。C 语言规定，整型数据在内存占有 4 个字节，每个字节占 8 个二进制位，所以一个整型数据在内存中占 32 个二进制位。

例如：int i;
   i=9;

则数据在内存中实际存放的情况，如图 2-3 所示。

0 0 0 0 0 0 0 0 0 0 0 0 0 0 0 0 0 0 0 0 0 0 0 0 0 0 0 0 1 0 0 1

图 2-3　变量 i 在内存中的存放情况

2. 实型变量的定义、分类与存储

实型变量分为单精度（float）、双精度型（double）和长双精度型（long double），它们所占的字节数分别是 4、8、10（见表 2-3）。其实，ANSI C 并未具体规定每种类型数据的长度、精度和数值范围。有的系统将 double 型所增加的 32 位全用于存放小数部分，这样可以增加数值的有效位数，减少舍入误差。有的系统则将所增加的位数用于存放指数部分，这样可以扩大数值的范围。

定义形式如下：

```
float  a ,b ,c;
double  x ,y , z;
```

【例 2-3】实型变量的使用。

```
#include  "stdio.h"
main()
{
  float  x,y;
  x=1;
  y=1.2;
printf("x=%f, y=%f",x,y);
}
```

输出结果：

```
x=1.000000,y=1.200000
```

原则上实型变量只能接受实型数据，不能用整型变量来存放实型数据，也不能用实型变量来存放整型数据。但在此题中，我们这样赋值"x=1;"，1 是整数，所以整数可以赋值给实型变量，系统将自动将整数转化为实数，然后再赋值给变量 x。

在 C 语言中，一个不加说明的实型常量是 double 型，要表示 float 型常量必须在实数后加小写 f 或大写 F。要表示 long double 常量则必须在实数后面加上小写 l 或大写 L。表 2-3 所示为 C 语言中各种实型数据所占位数及取值范围。

表 2-3　　　　　　　　　　各种实型数据所占位数及取值范围

数据类型	所占位数	取值范围
float	32	$-3.4 \times 10^{-38} \sim 3.4 \times 10^{38}$
double	64	$-1.7 \times 10^{-308} \sim 1.7 \times 10^{308}$
long double	80	$-3.4 \times 10^{-4932} \sim 3.4 \times 10^{4932}$

实型数据可分为如下 3 种。

① 单精度型（float）：在内存中占 4 个字节，可以有 7 个有效数字位。

② 双精度型（double）：在内存中占 8 个字节，可以有 15 个有效数字位。

③ 长双精度型（long double）：在内存中占 10 个字节，可以有 18 个有效数字位。

一般，一个实型数据在内存中占 4 个字节（32 个二进制位）。与整型数据的存储方式不同，实型数据是按照指数形式存储的。系统把一个实型数据分成小数部分和指数部分。实数 1.23456 在内存中的存放形式如图 2-4 所示。

图 2-4 中是用十进制数来示意的，实际上在计算机中是用二进制数来表示小数部分以及用 2 的幂次来表示指数部分

+	.123456	1
数符	小数部分	指数
+	.123456 $\times$	$10^1 = 1.23456$

图 2-4　实型数据在内存中的存放形式

的。直接把十进制数的各部分转化成二进制数即可。如数的符号位 "+"，用 0 表示，小数转化成二进制数的方法是乘 2 取整法。在 4 个字节中，究竟用多少位来表示小数部分，多少位来表示指数部分，ANSIC 并无具体规定，由各 C 编译系统自定。不少 C 编译系统以 24 位表示小数部分（包括符号位），以 8 位表示指数部分（包括指数的符号位）。小数部分占的位数越多，数的有效数字越多，精确度越高。指数部分占的位数越多，则能表示的数值的范围越大。

3. 字符型变量的定义与存储

字符型变量是用来存放字符常量的。一个字符变量只能存放一个字符，不能完成一个字符串（字符串是包含若干个字符）的存放。

在 C 语言中，字符变量用关键字 char 进行定义，在定义的同时可以赋值。

例如：

```
char  c1,c2='A';
```

表示 c1、c2 为字符型变量，各可以存放一个字符。上面讲到的字符常量都可以存放在字符变量 c1、c2 中。字符变量在内存占有 1 个字节，它可以存入 ASCII 字符集中的任何字符，把字符放入字符变量中时，字符变量中的值就是该字符的 ASCII 值，字符变量可以作为整型变量来处理，可以参与对整型变量所允许的任何运算。

【例 2-4】 字符型变量的使用。

```
#include  <stdio.h>
main()
{
  char  c1,c2,c3;
  int  k=5;
  c1= '1';
  c2='A';
  c3=c2+k;
  printf("c1=%d,c1=%c,c2=%d,c2=%c,c3=%d,c3=%c", c1,c1,c2,c2,c3,c3);
}
```

结果：

```
c1=49,c1=1,c2=65,c2=A,c3=70,c3=F
```

由于字符型变量和整型变量有着密切关系，因而输出时既可以输出数值形式，也可以输出字符形式。

将一个字符常量放到一个字符变量中，实际上并不是把字符本身放到内存单元中去，而是将该字符常量的相应的 ASCII 值放到内存单元中去。所以，字符数据在内存中是以二进制形式存放的。字符型和整数的存储形式类似，只不过整型数据在内存中占 4 个字节，而字符型数据在内存中占 1 个字节，即 8 个二进制位，所以字符型表示数据的范围为 0~255。在这个范围内，字符型数据和整型数据之间可以通用。一个字符数据既可以以字符形式输出，也可以以整数形式输出。以字符形式输出时，需要先将存储单元中的 ASCII 值转换成相应字符后输出。也可以对字符数据进行算术运算，此时相当于对它们的 ASCII 值进行算术运算。

2.3　算术运算符和算术表达式

C 语言中的运算符可分为算术运算符、关系运算符、逻辑运算符、赋值运算符、逗号运算符和自加、自减运算符等。本节只学习算术运算符及其表达式。如 c1+c2，其中的 "+" 即称为算术运算符（简称为运算符），运算符两侧的 c1 和 c2 称为操作数。运算符按运算所需操作数的多少分为单目运算符、双目运算符和三目运算符。只需一个操作数的运算符称单目运算符，要求有两个操作数的运算符称为双目运算符，要求有 3 个操作数的运算符称三目运算符。

2.3.1　基本的算术运算符

基本的算术运算符有以下 5 种：+、-、*、/、%，分别为加、减、乘、除、求余运算符。这些运算符需要两个运算对象，称为双目运算符。除求余运算符外，运算对象可以是整型、也可以是实型。

---

① 双目运算符两边操作数的类型必须一致，所得结果的类型与操作数的类型一致。

② 如果双目运算符两边操作数的类型不一致，如一边是整型数据，另一边是实型数据时，系统将自动把整型数据转换成实型数据，使操作符两边的类型达到一致后再进行运算。

③ 在 C 语言中，所有实型数据的运算均以双精度方式进行。若是单精度数，则在尾部添 0 补充，使之转化为双精度数。

求余运算符的运算对象只能是整型。在"%"运算符左侧的操作数是被除数，右侧的操作数为除数，运算结果是两数相除后所得的余数。当操作数是负数时，所得结果的符号随机器而不同。一般情况下，符号与被除数相同。

---

① 如果参加运算的两个数均为整型数，运算结果也为整型数。例如，5/3 的值为 1；如果参加运算的两个数中有一个为实型数，则运算结果为 double 型，这时参加运算的整型数和单精度数都要先转换为双精度数。

② 若参加运算（%）的两个数均为整型数，则结果为两数相除得到的余数。例如，9%2 的值为 1，100%5 的值为 0。

③ 数学式写成 C 语言算术表达式时，在格式上要变成一串连续的字符，运算的优先级为"先乘除，后加减"，同一优先级的运算按照"自左向右"的顺序进行。为了改变运算次序，可以添加圆括号，圆括号中的运算优先进行。

2.3.2　运算符的优先级、结合性和算术表达式

1. 算术运算符的优先级

算术运算符的优先级由高到低依次为：

+（单目）、-（单目）、*、/、%、+（双目）、-（双目）

---

① +（单目）、-（单目）：同级运算符，如果在一个式子中同时出现"+""-"，它们是同级的按从左到右的顺利依次计算。

② *、/、%也属于同级运算符。

③ +（双目）、-（双目）属于同级运算符。

---

2. 算术运算符的结合性

以上所列的运算符中，只有单目运算符"+""-"的结合性是从右到左，其余的算术运算符的结合性都是从左到右。

例如：求表达式（6+3）/3 的结果为 3，圆括号的优先级高于除号；表达式 6+3/3 的结果为 7，

因为除号的优先级高于加号；表达式 6*-2 的结果为-12，单目运算符的优先级高于乘号，所以这个表达式等价于 6*（-2）。

3. 算术表达式

C 语言中的表达式可以是一个常量、一个变量，或由各种运算符把几个变量或常量联系起来而组成的式子。也就是说，一个表达式不一定要有运算符，如单独一个常量或一个变量就是一个表达式。表达式可以含有运算符，根据含有的运算符的不同，可以分为算术表达式、关系表达式等。

算术表达式：用算术运算符将操作数连接起来，符合 C 语言的语法规则的表达式称为算术表达式。其中操作数可以是常量、变量和函数等。

在计算机语言中，算术表达式求值规律与数学中的四则运算的规律类似。运算规则和要求如下。

（1）在算术表达式中，可使用多层圆括号，但左右括号必须配对。运算时从内层圆括号开始，由内向外依次计算表达式的值。

（2）在算术表达式中，若包含不同优先级的运算符，则按运算符的优先级别由高到低进行，若表达式中运算符的级别相同，则按运算符的结合方向进行。

2.3.3　强制性类型转换表达式

如果表达式中出现不同类型的操作数时，就要按一定的规则，将其转化成类型一致的，然后再去计算，这就涉及强制类型转化问题。

强制类型转换表达式的形式如下：

（<类型名>）（表达式）

其中，（类型名）称为强制类型转换运算符，可以利用强制类型转换运算符，将一个表达式的值转换成指定的类型。这种转换是根据人为要求而进行的。转换规则如图 2-5 所示。

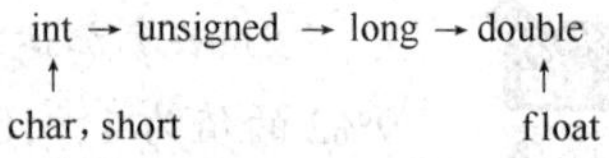

其中，char 型必定先转换成 int 型，short 型转换为 int 型，而 float 型先转换成 double 型。需要指出的是，两者均为 float 型的数据之间运算，也要先转换成 double 型，以便提高运算精度。箭头（→）表示当运算对象为不同类型时转换的方向，如 int 型与 long 型数据进行运算，先将 int 型的数据转换成 long 型，然后两个同类型的 long 型数据才能进行运算，结果为 long 型。注意箭头方向只表示类型由低到高转换，不要以为 int 型先转换成 long 型。

int → unsigned → long → double
char, short　　　　　　　float

图 2-5　转换规则

2.4　赋值运算符和赋值表达式

C 语言运算符是说明特定操作的符号，它是构造 C 语言表达式的工具。C 语言的运算异常丰富，除了控制语句和输入/输出外，几乎所有的基本操作都作为运算符处理。

2.4.1　赋值运算符和赋值表达式

1. 赋值运算符和赋值表达式

在 C 语言中，"="符号称为赋值运算符。由赋值运算符组成的表达式称为赋值表达式，它的形式如下：

变量名=表达式

一般情况下，赋值运算符的左边必须是一个代表存储单元的变量名，或者是代表某存储单元的表达式。对于初学者来说，只要记住等号左边必须是变量名即可。赋值运算符的右边必须是 C 语言中合法的表达式。赋值运算的功能是先求出右边表达式的值，然后把此值赋给等号左边的变量。确切地说，是把数据放入以该变量为标识的存储单元中去。

例如：

s=100

可以理解为将整型数据 100 赋值给整型变量 s。

由于 s 是变量，因而在程序中可以多次地给其赋值，因此每赋值一次，与它相应的存储单元中的数据就被更新一次，内存中当前的数据就是最后一次所赋的那个数据的值。

【例 2-5】赋值运算符和赋值表达式使用示例。

```c
#include "stdio.h"
main()
{
  int  s ;
  s=100;
  s=20;
  s=10;
  printf("s=%d",s);
}
```

输出结果：

s=10

① 赋值运算符的优先级别只高于逗号运算符，属于运算符中倒数第二高的优先级，比其他任何运算符的优先级都低，且具有自右向左的结合性。因此，对于如下表达式：

a=3+9/3*2

由于其他运算符的优先级都高于赋值运算符，所以将赋值运算符右边的表达式的值计算完后，再赋值给 a，则上面表达式的结果为 9。

② 赋值运算符不等同于数学中的"等号"，这里不是等同的关系，而是进行"赋予"的操作，所以才有 x=x+1，在数学中这个式子是永远也不会成立的，而在 C 语言中表示将 x+1 的值赋值给变量 x，所以是允许的。

③ 赋值表达式 x=y 的作用是：将变量 y 所代表的存储单元中的内容赋值给变量 x 所代表的存储单元中，x 中原有的数据将被替换掉；赋值后，y 变量中的内容保持不变。

④ 在赋值表达式 x=x 中，虽然赋值运算符两边的运算对象都是 x，但出现在赋值运算符左边与右边的 x 具有不相同的含义。赋值运算符右边的 x 表示变量 x 所代表的存储单元中的值。赋值运算符左边的 x 代表以 x 为标识的存储单元。

该表达式的含义是取变量 x 中的值放入到变量 x 中去。

⑤ 赋值运算符的左侧只能是变量不能是常量或表达式。

⑥ 赋值运算符右边的表达式也可以是一个赋值表达式，如 s=a=5*2，按照运算符的优先级，以上表达式将先计算出 5*2 的值 10；按照赋值运行符自右向左的结合性，先把 10 赋值给变量 a，然后 a 再把 10 赋值给变量 s。如果写成 s=5*2= a，则是不合法的，赋值语句的左侧只能是变量，不能是常量或表达式。

⑦ 在 C 语言中，"="号被视为一个运算符。a=10 是一个表达式，而表达式应该有一个值，C 语言规定最左边变量所得到的新值就是赋值表达式的值。

2. 复合赋值表达式

赋值运算符可以分为基本赋值运算符和复合赋值运算符。

基本赋值运算符：=。

复合赋值运算符：+=、-=、*=、/=、%=等。

在赋值运算符之前加上其他运算符，可以构成复合赋值运算符。C 语言规定，可以使用 10 种复合运算符，其中与算术运算符有关的复合运算符是上面列举的 5 种。要注意，两个运算符号之间绝对不能有空格，要连起来写。复合赋值运算符的优先级与赋值运算符的优先级相同。

例如：

```
x+=10    等价于 x=x+10
x-=10    等价于 x=x-10
x*=10    等价于 x=x*10
x/=10    等价于 x=x/10
x%=10    等价于 x=x%10
```

【例 2-6】已知变量 a 的值为 4，计算 $a+=a-=a*a$ 的值。

分析：这首先是一个赋值运算，所以运算的结合性自右向左，因为复合赋值运算符"+="和"-="的优先级相同，所以整个赋值语句从右向左计算。

① 先计算 $a*a$，则 4*4=16。

② 再计算 $a-=16$，等价于 $a=a-16=-12$。

③ 最后计算 $a+=-12$，等价于 $a=a+（-12）=-24$，因为在第②步中已经有 $a=-12$，所有 a 原来存放的 4 已经被替换掉，所以此表达式的最后结果为-24。

2.4.2　赋值运算中的类型转换

在赋值运算中，只有当赋值号右侧表达式的类型与左侧变量类型完全一致时，赋值操作才能进行。如果赋值运算符两侧的数据类型不一致，在赋值前，系统将自动把右侧表达式求得的数值，按赋值号左边变量的类型进行转换，也可以用强制类型转换的方式，人为地进行转换。但这种转换只限于数值数据之间，通常称为"赋值兼容"。

在这里，需要特别指出的是在进行混合运算时整型数据类型之间的转换问题。

在 C 语言的赋值表达式中，赋值号右边的值先转换成与赋值号左边的变量相同的类型，然后进行赋值。

（1）当赋值号左边的变量为短整型，右边的值为长整型时，短整型只能接受长整型数低位上两个字节中的数据，高位上两个字节中的数据将丢失。也就是说，右边的值不能超出短整型的数值范围，否则将得不到预期的结果。

（2）当赋值号左边的变量为无符号整型，右边的值为有符号整型时，把内存中的内容原样复制。右边数据的范围不应超出左边的变量可以接受的数值范围。同时需要注意，这时负数将转换为正数。

（3）当赋值号左边的变量为有符号整型，右边的值为无符号整型时，赋值的机制同上面的一样，这时若最高位为 1 则按负数进行处理。

总的来说，对于赋值运算中的类型转化，主要与赋值运算符左侧看齐。如果右侧与左侧不同，则将右侧的转化成与左侧类型相同后再进行计算。

2.5　逗号运算符和逗号表达式

C语言提供了一种被称为逗号运算符的特殊运算符"，"，多个表达式用"，"号隔开组成一个新的表达式，叫作逗号表达式。逗号表达式的一般形式如下：

表达式 1，表达式 2，表达式 3，…，表达式 n

运算时从左到右分别求出各表达式的值，而整个表达式的值和类型由最后一个表达式决定。逗号表达式常见于循环结构语句中的初始化表达式和增量表达式，这两个表达式中有时可能包括多个表达式。逗号表达式用来解决只能出现一个表达式但又要用到多个表达式求值的问题。

① 逗号运算符的结合性为从左到右，因此逗号表达式按从左到右进行运算，即先计算表达式 1 的值，再计算表达式 2 的值，最后计算表达式 n 的值，最后一个表达式的值就是此逗号表达式的值，而且逗号表达式值的类型与最后一个表达式值的类型一致。

例如：x=（y=3,y+1），首先将 3 赋予 y，然后执行 y+1 的运算，将结果 4 赋予 x。

② 在所有运算符中，逗号运算符的优先级别最低。

并不是所有遇到逗号的地方都认为是逗号运算符，在 C 语言中，有些不属于逗号运算符，如定义多个变量的时候：

int a,b,c;

这时的逗号只是多个变量之间的分隔符，而并不是逗号运算符。

2.6　自加、自减运算符

C语言中最具特色的运算符当属++和--，这两个运算符可使 C 语言的设计变得更加简洁。自加运算符"++"和自减运算符"--"都是单目运算符。这两个运算符的作用是使变量的值增 1 或减 1。若运算符放在变量的前面，则称前置运算；若运算符放在变量的后面，则称后置运算，即

++i 或--i　　前置运算

i++或 i--　　后置运算

粗略地看，无论是++i 还是 i++，它们都等价于 i=i+1。但在 C 语言中，"++"放在前面和后面对表达式值的影响是不同的。

前置运算使变量的值先增 1 或减 1，然后参加表达式的运算；后置运算则是先将变量的值代入表达式参与计算，然后再增 1 或减 1。

【例 2-7】自加、自减运算符的使用。

```c
#include "stdio.h"
main()
{
  int i,j,k;
```

```
    i=4;
    j=i++;
    k=++i;
    printf("j=%d,k=%d",j,k);
}
```

输出结果：

```
j=5,k=6
```

分析：j=i++是后置运算，所以在表达式中，先把 i 的值取出，i 的初值为 4，所以 j=4，然后 i 的值自增 1，i=5。当运行 k=++i 时，这是前置运算，要将 i 的值增 1 后再赋值，所以 i=6，k=6 为输出结果。

说明

① 自加运算符 "++" 和自减运算符 "—" 的运算结果是使运算对象的值增 1 或减 1。因此，自加和自减运算本身也是一种赋值运算。

② ++和—运算符是单目运算符，运算对象可以是整型变量也可以是实型变量，不能是常量和表达式，因为不能给常量或表达式赋值。

③ 自加、自减运算符既可作为前缀运算符，也可作为后缀运算符而构成一个表达式，但无论是作为前缀运算符还是后缀运算符，对于变量本身来说自增 1 或自减 1 都具有相同的效果，但对表达式却有着不同的值，前置是先增 1 后计算，后置是先计算再增 1。

④ 自加、自减运算符的结合方向是 "自右向左"。

例如，一个表达式-i++，i 的左边是负号运算符，右边是自加运算符。负号运算符和自加运算符优先级相同；结合方向 "自右向左"，即相当于表达式–（i++）进行计算。如果需要输出表达式-i后，再增 1，结果完全不一样。

⑤ 请不要在一个表达式中对同一个变量进行多次诸如++i 或 i++运算，这种表达式不仅可读性差，而且不同的编译系统对这样的表达式将进行不同的解释和处理，因而所得结果也各不相同。

自加和自减运算符常用于循环结构中，使循环变量自动加 1 或减 1，在指针变量中也常使用自加和自减运算，使指针指向下一个地址。

但对于不同的系统，在编译程序的过程中难免会出现诸多问题，现将有关表达式使用中的问题说明如下，需要在程序设计过程中慎用。

（1）C 运算符和表达式使用灵活，利用这一点可以巧妙地处理许多在其他语言中难以处理的问题。但是应当注意：ANSI C 并没有具体规定表达式中的子表达式的求值顺序，允许各编译系统自己安排。例如，对表达式：

```
s=u1( )+u2( )
```

并不是所有的编译系统都先调用 u1( )，然后再调用 u2( )。在一般情况下，先调用 u1( )和先调用 u2( )的结果应该是相同的，但是有些情况结果可能不同。

例如 i=5;

```
x=（i++）+（i++）+（i++）
```

x 的值是多少呢，在赋值运算符的右侧，有的系统按照自左向右顺序求解括号内的运算，求完第 1 个括号内的值后，i=6，再求第 2 个，依此类推，x=5+6+7，结果为 18。而另一些系统，如 VC++ 6.0，把 5 作为表达式中所有 i 的值，因此 3 个 5 相加最后的结果为 15。求出结果后，再实现自加 3 次，使 i 的值变为 8。

（2）C语言中有的运算符为一个字符，有的运算符由两个字符组成，在表达式中如何组合呢？如 i+++j，是理解为（i++）+j 呢？还是 i+(++j)呢？C 编译系统在处理时尽可能多地自左而右将若干字符组成一个运算符，如 i+++j，将解释为（i++）+j，而不是 i+(++j)。

2.7　关系运算与逻辑运算

关系表达式和逻辑表达式的运算结果都会得到一个逻辑值。逻辑值只有两个，在高级语言中，用 "真" 和 "假" 来表示。在 C 语言中，没有专门的 "逻辑值"，而是用非零值来表示 "真"，用零来表示 "假"。因此，对于任意一个表达式，如果值为 0 时，就代表一个 "假" 值；只要值是非零，无论是正数还是负数，都代表一个 "真" 值。

2.7.1　关系运算符和关系表达式

关系运算是逻辑运算中比较简单的一种，所谓关系运算实际上是 "比较运算"，将两个数进行比较，判断比较的结果是否符合指定的条件。

1. 关系运算符

C 语言提供了 6 种关系运算符。

（1）<（小于）。

（2）<=（小于或等于）。

（3）>（大于）。

（4）>=（大于或等于）。

（5）==（等于）。

（6）!=（不等于）。

由两个字符组成的运算符之间不可以加空格，如<=就不能写成< =。

关系运算符是双目运算符，具有自左至右的结合性。

以上运算符中，前 4 种（<、<=、>、>=）的优先级相同，后 2 种（==、!=）优先级相同，且前 4 种级别高于后 2 种。

2. 关系表达式

由关系运算符组成的表达式，称为关系表达式。关系运算符两边的运算对象可以是 C 语言中任意合法的表达式。例如，a>=b、(a=3)>(b=4)、a>c==c 等都是合法的关系表达式。

关系运算的结果是整数值 0 或者 1，因此在 C 语言中，没有专门的 "逻辑值"，而是用零代表 "假"，用非零代表 "真"。例如，若 a 中的值为 10，b 中的值为 16 时，表达式 a>=b 为 "假"，其值为 0；若 a 中的值为 10，b 中的值为 6 时，表达式 a>=b 为 "真"，其值为 1。

当关系运算符两边的值类型不一致时，若一边是整型，另一边是实型，系统就自动把整型数转换成实型数，然后进行比较。其类型转换规则与双目算术运算中的类型转换规则相同。若 x 和 y 都是实型数，应当避免使用 x==y 这样的关系表达式，因为通常存放在内存中的实型数是有误差的，因此不可能精确相等，这将导致关系表达式 x==y 的值总为 0。

2.7.2 逻辑运算符和逻辑表达式

1. C 语言中的逻辑运算符

C 语言中的逻辑运算符有如下 3 种。

（1）&& 逻辑"与"。

（2）‖ 逻辑"或"。

（3）! 逻辑"非"。

其中，&& 和 ‖ 运算符是双目运算符，如 a<b&&x>y。! 运算符是单目运算符，应该出现在运算对象的左边，如 !（a>b）。逻辑运算符具有自左向右的结合性。

以上运算符的优先级次序是：!（逻辑非）级别最高，&&（逻辑非）次之，‖（逻辑或）最低。

2. 逻辑表达式

由逻辑运算符和运算对象所组成的表达式称为逻辑表达式。逻辑运算的对象可以是 C 语言中任意合法的表达式。逻辑表达式的运算结果或者为 1（"真"），或者为 0（"假"）。例如，在关系表达式（x>y）为真的条件下，若 a 值为 10，b 值为 16，表达式（a<b）&&（x>y）为"真"，用输出 1 值来表示；若 a 值为 10，b 值为 6，表达式（a<b）&&（x>y）则为"假"，其值为 0。由逻辑运算符组成的逻辑表达式，其运算符规则如表 2-4 所示。

表 2-4　　　　　　　　　　　逻辑运算符的运算规则

A	b	!a	!b	a&&b	a‖b
非 0	非 0	0	0	1	1
非 0	0	0	1	0	1
0	非 0	1	0	0	1
0	0	1	1	0	0

值得注意的是，在数学上关系式 0<x<10 表示 x 的值应在大于 0、小于 10 的范围内。但在 C 语言中不能用 0<x<10 这样一个关系表达式来表述以上的逻辑关系。因为无论 x 是什么值，按照 C 语言的运算规则，表达式 0<x<10 的值总是 1。

只有采用 C 语言提供的逻辑表达式 0<x&&x<10 才能正确表述以上关系。

在 C 语言中，由 && 或 ‖ 组成的逻辑表达式，在特定的情况下会产生"断了"的现象。例如，有以下逻辑表达式：

        a++&&b++

若 a 的值为 0，表达式首先去求 a++ 的值，由于表达式 a++ 的值为 0，系统完全可以确定逻辑表达式的运算结果总是为 0，因此将跳过 b++，不再对它进行求值。在这种情况下，a 的值将自增 1 由 0 变成 1，而 b 的值将不变。若 a 的值不为 0，则系统不能仅根据表达式 a++ 的值来确定逻辑表达式的运算结果，因此必然再要对运算符 "&&" 右边的表达式 b++ 进行求值，这时将进行 b++ 的运算，使 b 的值改变。又如，有以下逻辑表达式：

        a++‖b++

若 a 的值为 1，表达式首先去求 a++ 的值，由于表达式 a++ 的值为 1，无论表达式 b++ 为何值，系统完全可以确定逻辑表达式的运算结果总是为 1，因此也将跳过 b++ 不再对它进行求值，在这种情况下，a 的值将自增 1，b 的值将不变。若 a 的值为 0，则系统不能仅根据表达式 a++ 的值来确定逻辑表达式的运算结果，因此必然要对运算符"‖"右边的表达式 b++进行求值，这时将进行 b++的运算，使 b 的值改变。

2.7.3　运算符的优先级

逻辑运算符与赋值运算符、算术运算符、关系运算符之间从高到低的运算优先次序是：!（逻辑非）、算术运算、关系运算、&&（逻辑与）、‖（逻辑或）、赋值运算。

本章小结

本章学习了 C 语言的基础知识，主要讲解了标识符、常量、变量和 C 语言中基本的数据类型，以及算术运算符及其表达式、赋值运算符及其表达式，最后介绍了逗号运算符及表达式和自加、自减运算符，这些都是 C 语言的基础知识。

C 语言的数据类型有基本类型、构造类型、指针类型和空类型，还有一种是用户自定义类型，基本类型有整型、实型、字符类型和枚举类型。

常量是指在程序运行的整个过程中，其值始终不变的量；在程序执行过程中其值可以改变的量称为变量。常量分为整型常量、实型常量和字符常量。变量要先声明，后使用。变量名的命令规则要符合 C 语言的标识符的命名规则，变量可以在定义变量的同时，直接赋初值，也可以进行赋值操作。

本章只介绍算术运算符及其表达式、赋值运算符及其表达式、逗号运算符及表达式等基本的运算符及表达式，在学习运算符时应注意以下几点。

（1）运算符的功能。

（2）运算符的结合性。

（3）运算符优先级。

（4）结果的类型。

表达式是由常量、变量、函数等通过运算符连接而成的式子，每个表达式都有一个值和类型，表达式求值按运算符的优先级和结合性所规定的顺序进行。

习　题

一、填空题

1. 表达式 4.5+1/2 的计算结果是_____，8%5 的计算结果是_____。

2. 对 a*b/c 数学式，写出等价的 C 语言表达式：_____。

3. C 语言中用____表示逻辑值"真"，用____表示逻辑值"假"。

4. 将下列数学式改写成 C 语言的关系表达式或逻辑表达式（A）____（B）____。

  （A）a=b 或 a < c　　　　　　　　　　（B）|x| > 4

5. 当 a=1，b=2，c=3 时，以下 if 语句执行后，a、b、c 中的值分别为____、____、____。

```
if(a>c)
b=a;a=c;c=b;
```

二、选择题

1. 以下选项中正确的整型常量是（　　　）。

   A. 12.　　　　　B. −20　　　　　C. 1.000　　　　　D. 1 2 3

2. 以下选项中正确的实型常量是（　　　）。

   A. 0　　　　　B. 3.1415　　　　　C. 0.329*102　　　　　D. 456

3. 以下选项中不合法的用户标识符是（　　　）。

   A. abc.c　　　　　B. file　　　　　C. Main　　　　　D. PRINTF

5. C 语言中运算对象必须是整型的运算符是（　　　）。

   A. %　　　　　B. /　　　　　C. !　　　　　D. *

6. 以下叙述中正确的是（　　　）。

   A. a 是实型变量，C 语言允许进行以下赋值：a=10，因为实型变量中允许存放整型值

   B. 在赋值表达式中，赋值号右边既可以是变量也可以是任意表达式

   C. 执行表达 a=b 后，在内存中 a 和 b 存储单元中的原有值都将被改变，a 的值以由原值改变为 b 的值，b 的值由原值变为 0

   D. 已有 a=3，b=5。当执行了表达式 a=a+b，b=a−b，a=a−b 之后，使 a 中的值为 5，b 中的值为 3

7. 不合法的八进制数是（　　　）。

   A. 0　　　　　B. 028　　　　　C. 077　　　　　D. 01

8. 下列运算中优先级最高的运算符是（　　　）。

   A. !　　　　　B. %　　　　　C. −=　　　　　D. &&

9. 为表示关系 x≥y≥z，应使用的 C 语言表达式是（　　　）。

   A.（x>=y）&&（y>=z）　　　　　　　　B.（x>=y）AND（y>=z）

   C.（x>=y>=z）　　　　　　　　D. (x>=y)&（y>=z）

10. 设 a、b 和 c 都是 int 型变量，且 a=3，b=4，c=5，则以下的表达式中，值为 0 的表达式是（　　　）。

   A. a&&b　　　　　　　　B. a<=b

   C. a‖b+c&&b−c　　　　　　　　D. !((a<b)&&!c‖1)

第 3 章
顺序结构

学习目标

通过本章的学习，读者可了解 C 语言中的基本控制结构—顺序结构，掌握顺序结构语句的概念及常用的赋值语句的特点及应用。掌握格式输入/输出函数、字符数据的输入/输出函数，以及它们的格式控制字符及应用。

学习要求

- 了解 C 语言的基本结构。
- 掌握格式输入/输出函数的用法及其格式。
- 掌握字符数据的输入/输出函数的用法及其格式。

3.1 C 语言的基本语句

要学会 C 语言程序设计，必须熟悉 C 语言中的语句结构。语句结构的选择对提高程序质量至关重要。我们知道，组成 C 程序的主要成分是函数，而函数主要由语句组成。C 语言中有各种各样的语句，从结构化程序设计的角度，主要可归纳为 3 种结构形式：顺序语句结构（简称顺序结构）、选择语句结构（简称选择结构或分支结构）和循环语句结构（简称循环结构）。顺序结构是结构化程序设计中最简单、最常见的一种程序控制结构。顺序结构是按书写顺序依次执行程序中的各条语句。顺序语句结构是结构化程序设计中的主要结构之一，其执行过程是从上到下按语句或程序块的顺序逐个执行。

设计者经常用图示的方法来表达程序设计中的语句结构，目前流行的有常用流程图和由美国学者 I.Nassi 和 B.Shneiderman 提出的 N-S 流程图。用这两种方法表达顺序语句结构比较直观、简单。在第 1 章中通过对流程图的分析，理清了解题思路，那么编程就可以信手拈来，但是再简单的程序也得一句一句地写出来。程序的最小独立单元也是"语句"，每个语句表达出完整的意义。C 语言中的语句可分为 5 类，分别是声明语句、表达式语句、复合语句、空语句和流程控制语句。

1. 声明语句

声明语句用来声明合法的标识符，以便能在程序中使用它们。分号作为语句的结束标志，每条语句必须以分号作为结束标志。

例如：

```
float  x;
int y;
char  ch1;
```

以上声明语句分别声明单精度型（float）变量 x，整型（int）变量 y，字符类型（char）的变量 ch1。

需要注意的是，在函数体或复合语句中，声明语句必须放在其他语句的前面。下面的程序是错误的。

```
main()
{
  int  x,y,z;
  scanf("%d%d%d",&x,&y,&z);
  float  avg;                    /*该声明语句应该放到 scanf()的前面*/
  ave=(x+y+z)/3.0;
  printf("ave=%.2f\n",ave);
}
```

2. 表达式语句

表达式语句由表达式和分号组成，分号作为语句结束的标志。

其一般形式为

表达式；

表达式语句可以分为运算符表达式语句和函数调用表达式语句。

（1）运算符表达式语句。运算符表达式语句由运算符表达式加上一个分号组成，如：

```
k++;
x+=10;
10+6;
```

其实，执行运算符表达式语句就是计算表达式的值。需要注意的是，并不是所有的运算符表达式语句都有意义，如上述的第 3 条语句，虽然表达式也计算了，但表达式的值却没有保留下来（没有赋给任何变量）。在编写程序时，一定要避免这类表达式语句的出现。

（2）函数调用表达式语句。函数调用表达式语句由函数名、实际参数加上分号组成，其作用主要是完成特定的任务。

其一般形式为

函数名（实际参数表）；

例如：

```
printf("ave=%.2f\n", ave);
```

赋值语句是表达式语句中的一种特列。例如，a=b+c 是赋值表达式，a=b+c;则是赋值语句；i=1，j=2 是逗号表达式，而 i=1, j=2;则是一条赋值语句。i++;i--;都是赋值语句，程序执行时，首先取出变量 i 中的值，加 1 或减 1 后再把新的值放入变量 i 中。赋值语句是一种可执行语句，先计算赋值运算符右侧的值，计算完后把值赋给左侧的变量，要求赋值运算符左侧必须是变量，右侧可以是变量、表达式，也可以是常量等。所以说，赋值语句应当出现在函数的可执行部分。

C 语言中可由形式多样的赋值表达式构成赋值语句，用法灵活。因此，只有首先掌握赋值表达式的运算规律才能写出正确的赋值语句。要特别强调的是，对变量进行赋值的时候，一定要严格按类型赋值，例如：

```
int x;
```

```
x=5;
```

这里定义的 x 为整型变量，就要为变量赋整型值，这样在编写程序时才能不发生错误，如果不按类型而随意赋值，例如：

```
int x;
x=5.0;
```

则系统将把实型数据 5.0 自动转换为整型，即"向左看齐"。所以，在检查程序的时候会出现问题，程序错误不容易被发现。

C 语言的赋值语句具有其他高级语言赋值语句的一切特点和功能。但也应当注意到其不同点，内容如下。

① C 语言中的赋值号"="是一个运算符，在大多数语言中赋值号不是运算符。

② 关于赋值表达式与赋值语句的概念，多数高级语言没有"赋值表达式"这一概念，作为赋值表达式可以包括在其他表达式之中。

由此可以看到，C 语言把赋值语句和赋值表达式区别开来，增加了表达式的种类，使表达式的应用几乎"无孔不入"，能实现其他语言中难以实现的功能。

3．复合语句

复合语句也叫块语句，就是把多个单一语句用花括号括起来组成一个复合语句，复合语句在语法上相当于一条语句。

例如：

```
{ z=x+y;
  t=z/100;
  printf("%f",t);
  }
```

注意　　　复合语句中最后一个语句中最后一个分号不能省略不写（这是和 Pascal 不同的）

如要利用中间变量 t 交换两变量 x 和 y 的值，可写成如下复合语句。

```
{
  t=x;
  x=y;
  y=t;
}
```

复合语句中还可包含复合语句，即可以嵌套使用。若复合语句中包含一条或多条说明语句，那么这个复合语句又称块结构。

无论复合语句中包含多少条语句，在语法上都相当于一条语句。

4．空语句

仅仅由分号组成的语句称为空语句。空语句是什么也不执行的语句，在程序中常用来做空循环体。

例如：

```
while (getchar()! ='\n');
```

本结构的功能是，只要从键盘输入的字符不是 Enter 键就重新输入，这里的循环体为空语句。

下面也是一个空语句：

```
;
```

即只有一个分号的语句，它表示什么也不做，有时用来做被转向点，或循环语句中的循环体

（循环体是空语句，它表示什么也不做）。

5. 流程控制语句

流程控制语句用于控制程序的流程，以实现程序的各种结构方式，它们由特定的语句定义符组成。

C 语言中有 9 种控制语句，可分成以下 3 类。

（1）条件判断语句：if 语句和 switch 语句。

（2）循环执行语句：do…while 语句、while 语句和 for 语句。

（3）流程转向语句：break 语句、goto 语句、continue 语句和 return 语句。

3.2　格式输入/输出函数

对数据的一种重要操作是输入与输出（I/O）操作，没有输入与输出的程序是没有多大价值的。C 语言本身没有提供输入与输出语句，它的输入与输出功能由函数来实现，它提供了多种 I/O 函数，使输入与输出操作灵活、多样，且功能强大。由于输入函数与输出函数很多，本节只介绍广泛应用的 scanf( )函数、printf( )函数等，这些函数对应的头文件为"stdio.h"。要使用标准 I/O 函数库中的 I/O 函数时，一般要在程序开头写上预编译命令"include<stdio.h>"，详细内容将在后续章节中介绍。

3.2.1　格式输入函数

scanf( )函数称为格式输入函数，即按用户指定的格式从键盘上把数据输入到指定的变量中。

格式：scanf（"格式控制字符串"，地址列表）

功能：按指定格式从键盘读入数据，存入地址列表指定的存储单元中，并按 Enter 键结束。

返回值：正常时返回输入数据的个数，遇文件结束返回 EOF；出错则返回 0。

1. 地址列表

语句中的地址列表是由若干个地址组成的列表，可以是变量的地址、字符串的首地址、指针变量等（指针即地址），各地址之间以逗号分隔。

对于变量的地址，常用取地址运算符&，如&a、&b 分别表示变量 a 和变量 b 的地址。这个地址就是编译系统在内存中给变量 a、b 的地址。变量的值和变量的地址是两个不同的概念：变量的地址是 C 语言编译系统分配的，用户不必关心具体的变量地址是多少；而变量的值是指实际在内存中存储的数据。

格式输入函数执行结果是将键盘输入的数据流按格式转换成数据，存入与格式相应的地址的存储单元中。

例如：

```
scanf("%d",&a);      /*按十进制整数输入*/
```
输入：10↙

则　　a=10

```
scanf("%x",&a);      /*按十六进制整数输入*/
```
　　　　输入：17↙

则　　a=17

2. 格式控制字符串

格式控制字符串由两部分构成：格式控制字符和普通字符。格式控制字符串必须用英文的双撇号括起来，它的作用是控制输入项的格式和输出一些提示信息。表 3-1 所示为 C 语言格式字符及举例应用。

表 3-1　　　　　　　　　　　　　　　　　C 语言格式字符及举例

格式字符（type）	输出形式	举例	输出结果
d（或 i）	十进制整数	int a=567;printf("%d",a);	567
o	八进制整数	int a=65;printf("%o",a);	101
x（或 X）	十六进制整数	int a=255;printf("%x",a);	ff
u	无符号十进制整数	int a=567;printf("%u",a);	567
c	输出一个字符	char a=65;printf("%c",a);	A
s	输出字符串	printf("%s","ABC");	ABC
f	小数形式的浮点数	float a=567.789;printf("%f",a);	567.789 000
e（或 E）	指数形式的浮点数	float a=567.789;printf("%e",e);	5.67 890e+02
g（或 G）	e 和 f 中较短的一种	float a=567.789;printf("%g",a);	567.789
%	输出百分号	printf("%%");	%

格式控制字符串的一般形式为

%[*][m][m|l]type

① []表示该项为可选项。其中，[*][m][h|l]称为修饰字符，其功能如表 3-2 所示。

表 3-2　　　　　　　　　　　　　　　　　修饰字符及功能

修饰字符	功能
h	在 d、o、x 前，指定输入为 short 型整数
l	在 d、o、x 前，指定输入为 long 型整数
	在 f、e 前，指定输入为 double 型实数
m	指定输入数据宽度
*	抑制符，指定输入项读入后不赋给变量

② *为输入赋值控制符，用来表示该输入项读入后不赋予相应的变量，即跳过该输入值，也就是在地址列表中没有对应的地址项。

③ m 为宽度指示符，也就是用十进制整数指定输入的宽度（即字符数）。表示该输入项最多可输入的字符个数。如遇空格或不可转换的字符，读入的字符将减少。

④ l 和 h 为长度格式符。l 表示输入长整形数据（如%ld）和双精度浮点数（如%lf）；h 表示输入短整型数据。

⑤ type 表示输入数据的类型，也就是其格式符。

例如：

```
scanf("%3c%2c", &c1, &c2);
```

输入 abcde↙

则 c1 的值为字符 a，c2 的值为字符 d。

```
scanf(" %2d %*3d %2d", &a, &b);
```

输入 12 345 67↙

则 a 的值为 12，b 的值为 67。

```
scanf("%3d%*4d%f", &k, &f);
```

输入 1234567865.43↙

则 k 的值为 123，f 的值为 8765.43。

scanf()函数指定输入数据所占的宽度时，将自动按指定宽度来截取数据。scanf( )函数的格式控制字符串中除了以上讲到的格式符和修饰符以外，还有一类字符就是普通字符。在 scanf( )函数的格式控制字符串中普通字符是不显示的，格式字符串内出现的普遍字符输入时是必须输入的字符。

例如：

```
scanf("i=%d", &i);
```

执行该语句时，应该在下列格式输入：

```
i=30↙
scanf("i=%dj=%d", &i, &j);
```

执行时，应该在下列格式输入：

```
i=5j=6
```

3. 输入数据分隔处理

输入数据时，数据之间需要用分隔符，分隔符有两种情况。

（1）以空格、Tab 键或 Enter 键作为分隔符。

例如：

```
scanf("%d%d", &a, &b);
```

可以用一个或多个空格分隔，也可以用 Enter 键分隔，如

```
100 10↙
```

或 100↙

   10↙

以上两种输入数据的方式都是正确的。

（2）以其他字符作为分隔符，也就是前面所说的普通字符。

例如：

```
scanf("%d, %d", &a,&b);
```

输入：3，4↙   /*用逗号作为数据分隔符*/

则 a 的值为 3，b 的值为 4。

```
scanf("a=%d, b=%d", &a, &b);
```

输入：a=12, b=24↙   /*用"a="、", "、"b="作为数据分隔符*/

则 a 的值为 12，b 的值为 24。

4. 使用 scanf 函数的注意事项

（1）输入数值数据。当从键盘输入数值数据时，输入的数值数据之间用间隔符（空格符、制表符（Tab 键）或 Enter 键）隔开，间隔符数量不限。如果在格式说明中人为指定宽度时，也同样可用此方式输入。例如，a、b、c 为整型变量，若有以下输入语句：

```
scanf("%d%d%d", &a, &b, &c);
```

要求给 a 赋予 10、给 b 赋予 20、给 c 赋予 30，则数据输入形式如下。

<间隔符>10<间隔符>20<间隔符>30<CR>

此处<间隔符>可以是空格符、制表符（Tab 键）或 Enter 键，<CR>表示 Enter 键。

（2）指定输入数据所占宽度。可以在格式字符前加一个整数，用来指定输入数据所占的宽度。当输入数值数据时，一些 C 编译系统并不要求必须按指定的宽度输入数据，用户可以按未指定宽度时的方式输入。

（3）跳过输入数据的方法。可以在格式字符和"%"之间加一个"*"号，它的作用是跳过对应的输入数据。例如：

```
int    a1, a2, a3;
scanf("%d%*d%d%d", &a1, &a2, &a3);
```

当输入以下数据时：

10 ⊔⊔ 20 ⊔⊔ 30 ⊔⊔ 40✓

此例中将把 10 赋予 a1，跳过 20，把 30 赋予 a2，把 40 赋予 a3。

（4）输入的数据少于 scanf( )函数要求输入的数据。这时 scanf( )函数将等待输入，直到满足要求或遇到非法字符为止。

（5）输入的数据多于 scanf( )函数要求输入的数据。这时多余的数据将留在缓冲区作为下一次输入操作的输入数据。

（6）在格式控制串中插入其他字符。scanf( )函数中的格式控制串是为输入数据用的，其间的字符不能输入到屏幕上，因此，如果想在屏幕上输出字符串来提示输入，应该另外使用 printf( )函数。

（7）scanf( )函数中没有精度控制，如%10.2f 是非法的。

（8）scanf( )函数中要求给出变量地址，如果给出变量名则会出错。例如，"scanf("%d", i);"是非法的，应改为"scanf("%d", &i);"。

（9）如果输入时类型不匹配，scanf( )函数将停止处理，其返回值为 0。

例如：

```
int a, b;
char c;
scanf("%d%c%3d", &a, &c, &b);
```

输入：12 ⊔ a 23✓

则函数将 12 存入地址&a，空格作为字符存入地址&c，字符'a'作为整数读入。因此，以上数据为非法输入，程序将被终止。

用"%c"格式符时，空格和转义字符可作为有效字符输入。

例如：

```
scanf("%c%c%c", &c1, &c2, &c3);
```

输入：a b c✓

则 c1 的值为 a，c2 的值为空格，c3 的值为 b。

（10）输入数据时，遇到下列情况之一认为输入结束。

① 遇到空格键、Tab 键或 Enter 键。

② 遇到宽度结束。

③ 遇到非法输入。

例如：

```
scanf("%d%c%f", &a, &b, &c);
```

输入 1234a123o.26↙

则 a 的值为 1234，b 的值为字符 a，c 的值 123。

（11）输入函数留下的"垃圾"（"垃圾"只通过输入函数输入的非用户需要的数据，如换行符）。

例如：

```
int x;
char ch;
scanf("%d", &x);
scanf("%c", &ch);
printf("x=%d,ch=%d\n",x,ch);
```

输入：123↙

输出：x=123，ch=10（"垃圾"）/*换行符的 ASCII 值为 10，ch 将接受换行符*/

解决办法：

① 用 getchar( )函数清除。

② 用函数 flush（stdin）清除全部剩余内容，此部分内容在后续章节中介绍。

③ 用格式串中的空格或"%*c"来"吃掉"垃圾。

例如：

```
int x;
char ch;
scanf("%d",&x);
scanf("%c",&ch);
```

可改写为

```
int x;
char ch;
scanf("%d",&x);
scanf("%*c%c",&ch);
```

3.2.2 格式输出函数

printf( )函数称为格式输出函数，即按用户指定的格式，把指定的数据显示到显示器屏幕上。

格式：printf（"格式控制字符串"，输出项列表）

功能：按指定格式向输出设备（一般为显示器）输出数据。

返回值：正常时返回实际输出的字符数，出错则返回–1。语句中"输出项列表"列出要输出的表达式（如常量、变量、运算符、表达式、函数返回值等），即要输出的数据，它可以是零个或者多个，每个输出项之间用逗号分隔。输出的数据可以是整型数据、实型数据、字符型和字符串。

"格式控制字符串"必须用英文的双撇号括起来，它的作用是控制输出项的格式和输出一些提示信息。

（1）格式说明：格式说明部分由"%格式字符串"组成，它表示按指定的格式输出数据，一般形式为

%[修饰符]格式字符串

（2）为各输出项提供格式转换说明：格式转换说明的作用是将要输出的数据转换为指定的格式输出。它总是由"%"符号开始，紧跟其后的是格式描述符。当输出项为 int 类型时，系统规定用 d 作为格式描述字符，其形式为%d；当输出项为 float 或 double 类型时，用 f 或 e 作为格式描

述字符，其形式为%f 或%e（对于 double 类型也可用%lf 或%le）。

（3）提供需要原样输出的文字或字符：输出项表中的各输出项要用逗号隔开，输出项可以是合法的常量、变量或表达式。格式转换说明的个数要与输出项的个数相同，使用的格式描述符也要与它们一一对应且类型匹配。

（4）普通字符或转义字符：普通字符原样输出，转义字符表示特定的含义，如'\n'表示换行，'\t'表示水平制作等。

例如：

```
main()
{    int    i=1000;
     float  a=3.1415;
     printf ("i=%d,a=%f,a*10=%e\n",i,a,a*10);
}
```

运行结果：

```
i=1000, a=3.141500, a*10=3.141500e10+01
```

在以上的格式控制串中，i=按原样输出，在%d 的位置上输出变量 i 的值；接着输出一个逗号和 a=，在%f 的位置上输出变量 a 的值；又输出一个逗号和 a*10=，在%e 的位置上输出表达式 a*10 的值；最后的\n 是 C 语言中特定的转义字符，相当于一个换行符的屏幕光标或打印机头移到下一行的开头。有关转义字符在第 2 章中已经介绍，读者可在输出语句中检验输出结果。

下面对格式字符和修饰符进行详细说明。

1．格式字符

格式字符及举例如表 3-1 所示。在一些系统中，这些格式字符只可以用小写字母，因此建议读者使用小写字母，使程序具有通用性。与 3.2.1 小节所讲的 scanf( )函数应用相同，只不过 scanf( )函数是输入函数，而 printf( )函数是输出函数。

【例 3-1】格式字符的使用。

```
#include <stdio.h>
main()
 {
int a=3,b=4;
char i='4';
printf("%d %d\n",a,b);
printf("a=%d,c=%c\n",a,i);
 }
```

运行结果：

```
3    4
a=3, c=4
```

语句"printf（"%d %d\n", a, b);"中的两个输出项 a、b 的格式都是由 printf "%d"控制的。语句"printf（"a=%d, c=%c\n", a, i);"的格式控制字符"a="和"c="是普通字符，它表示按原样输出，两个输出项 a、i 的格式分别由"%d"和"%c"控制，一个输出字符 3，另一个输出字符 4。

【例 3-2】格式字符的使用。

```
#include <stdio.h>
main()
{
  short int a=65535;
```

```
    printf("a=%d\n", a);
}
```
运行结果：

a=-1

运行结果是在 VC++6.0 编译环境下测试出的，变量 a 被定义为 unsigned int 类型，它在内存中占 2 个字节，以补码形式存放，表示形式如图 3-1 所示。

1 1 1 1 1 1 1 1 1 1 1 1 1 1 1 1

图 3-1 短整型数据在内存中的存储形式

语句"printf("a=%d\n", a);"中的 a 是按"%d"的格式输出的，如果格式字符与输出项类型不一致，将自动按指定格式输出，而"%d"是以带符号的十进制整数形式输出的，最高位为符号位，把 short int 类型最高的数值认为是符号位，因此输出 a 的值为-1。如果使用"printf("a=%d\n", a);"，输出结果为 a=65 535，请读者分析一下原因。

2. 修饰符

附加格式说明符也就是修饰符，其功能如表 3-3 所示。修饰符可以指定输出域宽及精度，指定输出对齐方式，指定空位填充字符，输出长度修正等。

（1）在%与格式字符之间插入一个整数来指定输出宽度。注意，不能用变量。如果指定的输出宽度不够，并不影响数据的完整输出，系统会代之以隐含的输出宽度；如果指定的输出宽度多于数据实际所需宽度，数据右对齐，左边补一空格。

这些修饰符可以联合使用，其一般形式为

```
%[flag][[m][.n]|h|l|type
```

表 3-3 修饰符及功能

修饰符	功能
m	输出数据域宽，数据长度<m，否则按原样输出
n	对实数指定小数点后位数，多则四舍五入
	对字符串，指定原样输出位数
-	输出数据在域内左对齐，默认为右对齐
+	指定在有符号数的正面前显示正号"+"
0	输出数值时，制定左面不使用的空位置自动添 0
#	在八进制和十六进制数前面显示前导 0 或者 0x
l	在 d、o、x、u 前，制定输出精度为 long 型
	在 e、f、g 前，制定输出精度为 double 型
h	输出短整形数据的值

表 3-4 所示为未指定宽度和指定输出宽度时的输出结果（从第 1 列开始）。

① []表示该项为可选项。

② flag 为可选择的标志字符，常用标志字符有 3 种。

-：左对齐输出，默认为右对齐输出。

+：整数输出加号"+"，输出减号"-"。

空格：正数输出空格代替加号"+"，负数输出空格代替减号"-"。

③ m 为数据域宽。用十进制正整数表示，用来设置输出值的最少字符个数，不足则补空格。超过域宽则按原样输出，默认则按实际输出。

④ n 为数据精度指示符。用小数点加上十进制正整数表示。对整数输出，表示至少要输出的数字个数，不足则补数字 0，超出则按原样输出；对实数输出，表示小数点后最多输出的数字个数，不足则补数字 0，超出则进行四舍五入处理；对字符串输出，表示最多输出的字符个数，不足补空格，超出则丢弃。

⑤ h|l 为输出长度修饰符，其功能如下。

l：输出长整型数据或双精度型数据的值。

h：输出短整型数据的值。

⑥ type 为格式字符。

表 3-4　　　　　　　　　　　　　　　输出语句举例（1）

输出语句	输出结果
printf（"%d\n"，42）；	42
printf（"%5d\n"，42）；	⊔⊔⊔42
printf（"%f\n"，123.54）；	123.540 000
printf（"%12f\n"，123.54）；	⊔⊔⊔123.540 000
printf（"%e\n"，123.54）；	1.235 40e+02
printf（"%13e\n"，123.54）；	⊔⊔1.235 40e+02
printf（"%g\n"，123.5）；	123.5
printf（"%8g\n"，123.5）；	⊔⊔⊔123.5

（2）对于 float 或 double 类型的实型数，可以用"整数 1.整数 2"的形式在指定宽度的同时来指定小数位的位数。其中，"整数 1"用来指定输出数据所占的总宽度，"整数 2"称为精度。精度对于不同的格式字符有不同的含义。

对于 e、E 或 f，用来指定输出数据小数位所占位数。当输出数据的小数位多于"整数 2"指定的宽度时，截去右边多余的小数，并对截去的第 1 位小数做四舍五入处理；当输出数据的小数位少于"整数 2"指定的宽度时，在小数最右边添 0。当输出数据所占的宽度大于"整数 1"指定的宽度时，小数位仍按上述规则处理，整数部分并不丢失。

也可以用".整数 2"的形式来指定小数位的位数，这时输出数据的宽度由系统决定。若指定%.0，则不输出小数点和小数部分。

对于 g 或 G，用来指定输出的有效数字。

对于整数，用来指定必须输出的数字个数，若输出的数字少于两个指定的个数，则在数字前面加 0 补足；若输出的数字多于整数 2 指定的个数时，按数字的实际宽度输出。

对于字符串，用来指定最多输出的字符个数。

表 3-5 所示为指定精度时的输出结果。

表 3-5   输出语句举例（2）

输出语句	输出结果
printf（"%5d\n",42）;	00 042
printf（"%0d\n",42）;	42
printf（"%8.3f\n",123.55）;	⊔ 123.550
printf（"%8.1f\n",123.55）;	⊔⊔⊔⊔ 123.6
printf（"%8.0f\n",123.55）;	⊔⊔⊔⊔⊔⊔ 124
printf（"%g\n",123.567 89）;	123.568
printf（"%7g\n",123.567 89）;	123.567 9
printf（"%5s\n","abcdefg"）;	abcde

输出数据的精度并不取决于格式控制中的域宽和小数的位宽，而是取决于数据在计算机内的存储精度。通常，系统对 float 类型提供 7 位有效数字，对于 double 类型提供 15 或 16 位有效数字；格式控制中的域宽和小数的位宽指定得再大也不能改变数据的存储精度，所输出的多余位上的数字是无意义的。

（3）输出数据左对齐。可以在指定输出宽度的同时指定数据左对齐。可在宽度前加一个 "−" 号来实现。表 3-6 所示为指定左对齐时的输出结果。

表 3-6   输出语句举例（3）

输出语句	输出结果
printf（"%6d##\n", 123）;	⊔ 123##
printf（"%-6d##\n", 123）;	123 ⊔⊔⊔##
printf（"%14.81f##\n", 1.345 5）;	⊔⊔⊔ 1.345 500 00##
printf（"%-14.81f##\n", 1.345 5）;	1.345 500 00 ⊔⊔⊔##

（4）使输出的数字总是带有+号或−号。可以在%和格式字符间（或指定的输出宽度前）加一个 "+" 号来实现。

例如：

```
printf（"%+d, %+d\n", 10, -10）;
```

输出结果为：+10, −10

（5）在输出数据前加前导 0。可以在指定输出宽度的同时，在数据前面的多余空格处填以数字 0。表 3-7 所示为加前导 0 时的输出结果。

表 3-7   输出语句举例（4）

输出语句	输出结果
printf（"%6d\n", 12）;	⊔⊔⊔⊔ 12
printf（"%06d\n", 12）;	000 012
printf（"%10.5f\n", 3.141 5）;	⊔⊔⊔⊔ 3.141 50
printf（"%014.5f\n", 3.141 5）;	00 000 003.141 50

（6）在输出的八进制数前添加 0，在输出的十六进制数前添加 0x。通常，在用格式字符'o'和

'x'按八进制数和十六进制数的形式输出整数时，在数据的前面并不出现 0 和 0x，如果需要在输出的八进制数前添加 0，在输出的十六进制数前添加 0x，可在%和格式字符'o'和'x'之间插入一个#（注意：#对其他格式字符通常不起作用）。

3. 调用 printf( )函数时的注意事项

在调用 printf( ) 函数时需要注意如下几点。

（1）在格式控制串中，格式说明与输出项从左到右在类型上必须一一对应。如不匹配，将导致数据不能正确输出，这时，系统并不报错。要特别提醒的是：在输出 long 整型数据时，一定要使用%ld 格式说明，如果遗漏了字母 l，只用了%d，将输出错误的数据。

（2）在格式控制串中，格式说明与输出项的个数应该相同。如果格式说明的个数少于输出项的个数，多余的输出项不予输出；如果格式说明的个数多于输出项的个数，则对于多余的格式将输出不定值（或 0 值）。

（3）在格式控制串中，除了合法的格式说明外，可以包含任意的合法字符（包括转义字符），这些字符在输出时将"原样照印"。

（4）如果需要输出百分号%，则应该在格式控制串中用两个连续的百分号%%来表示。

（5）在输出语句中改变输出变量的值，如"i=5；printf（"%d%d\n"，i，++i）;"，不能保证先输出 i 的值，然后再求 i++，并输出，本例的结果为 66。

（6）pintf( )函数的返回值通常是本次调用中输出字符的个数。

【例 3-3】

```
#include<stdio.h>
main()
{
  int a=4321;
  float f=123.456;
  char ch='a';
  printf("%8d,%2d\n",a,a);
  printf("%f,%8f,%8.1f,%.2f,%.2e\n",f,f,f,f,f);
printf("%3c\n",ch);
}
```

运行结果：

```
    4321, 4321
123.456001, 123.456001, 123.5, 123.46, 4.23e+002
  a
```

① 格式字符一般要用小写。

② 格式字符与输出项个数应相同，按先后顺序一一对应。

③ 输出转换：格式字符与输出项类型不一致，自动按指定格式输出。

3.3 字符数据的输入/输出函数

3.3.1 字符输入函数

数据输入主要介绍用键盘输入的字符输入函数 getchar( )。

格式：getchar( )

功能：从输入设备（一般为键盘）上输入一个字符。

返回值：正常时返回值是该字符的 ASCII 值，出错则返回-1。

字符输入函数每调用一次，就从标准输入设备上取一个字符。函数值可以赋给一个字符变量，也可以赋给一个整型变量。

【例3-4】

```
#include <stdio.h>
main()
{
  int ch;
  printf("Enter a character:");
  ch=getchar();                    /*从键盘输入字符，该字符的 ASCII 值赋给 ch*/
  printf("%c",ch);                 /*输出 ch 对应的字符*/
  printf("- - - >hex%x\n",ch);     /*输出 ch 对应的十六进制的 ASCII 值*/
}
```

运行结果：

```
Enter a character: A
A- - - >hex41
```

① 执行 getchar( )函数输入字符时，输入字符后需要按 Enter 键，这样程序才会响应输入，继续执行后续语句。

② getchar( )函数也将 Enter 作为一个回车符读入。因此，在用 getchar( )函数连续输入两个字符时要注意 Enter 符。

③ getchar( )函数只能接受单个字符，输入数字也按字符处理，输入多于一个字符时，只接受第一个字符。

④ 使用本函数前必须包含文件"stdio.h"。

⑤ 在程序运行过程中遇到 getchar( )函数时，将进入黑屏状态等待用户输入，输入完毕返回程序界面，程序继续向下执行。

3.3.2 字符输出函数

本小节主要介绍用于显示器输入的字符输入函数 putchar( )。

格式：putchar（c）

参数：c 为字符常量、变量或表达式。

功能：putchar( )函数的作用是向终端输出一个字符，也就是把字符 c 输入到标准输入设备上（一般指显示器）。

返回值：正常时显示 ASCII 值，出错则返回-1。

它输出字符变量 c 的值，c 可以是字符型变量或整型变量。

【例3-5】

```
#include<stdio.h>
main()
{
int c;
```

```
char a;
c=65;
a='B';
putchar(c);putchar('\n');putchar(a);
}
```

运行结果:

```
A
B
5
```

请注意, getchar( )函数只能接受一个字符。getchar( )函数得到的字符可以赋给一个字符变量或整型变量, 也可以不赋予任何变量, 作为一个表达式的一部分。

例如:

```
putchar(getchar())
```

因为 getchar( )的值为'a', 因此 putchar( )函数输出'a', 也可以用 printf( )函数输出。

```
printf("%c", getchar())
```

注意　如果在一个函数中 (今为 main( )函数) 要调用 getchar( )函数, 应该在该函数的前面 (或本文件开头) 加上 "包含命令":

```
#include <stdio.h>
```

3.4　程序举例

【例 3-6】输入任意 3 个整数, 求它们的平均值。

分析:

(1) 定义需要使用的变量 x、y、z 和 ave (注意变量类型)。

(2) 从键盘上输入变量 x、y、z 的值。

(3) 计算输入的 3 个整数的平均值, 赋值给变量 ave。

(4) 输出结果, 即变量 ave 的值。

(5) 算法描述如图 3-2 所示。

程序如下:

```
#include <stdio.h>
main()
{
    int x,y,z;
    float ave;
    printf("Please input three integers:");
    scanf("%d %d %d",&x,&y,&z);
    ave=(x+y+z)/3.0;
    printf("ave=%.2f\n",ave);
}
```

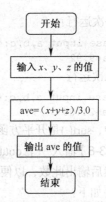

图 3-2　求任意 3 个整数平均值的流程图

运行结果:

```
Please input three integers:2  3  8
ave=4.33
```

【例 3-7】输入三角形的 3 条边长，求三角形的面积。假定输入的 3 条边能构成三角形。

分析：三角形的面积计算公式如下：

$$area=\sqrt{s(s-a)(s-b)(s-c)}$$

式中 a、b、c 为三角形的边长，s 为三角形的半周长，area 为三角形的面积。

分析：

（1）定义需要使用的变量 a、b、c、s 和 area。

（2）确定三角形的边长，即变量 a、b、c 的值（直接赋值或从键盘上输入）。

（3）计算三角形的半周长，即变量 s 的值。

（4）计算三角形的面积，即变量 area 的值。

（5）输出变量 area，显示计算结果。

算法描述如图 3-3 所示。

程序如下：

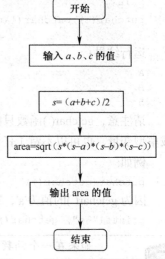

图 3-3　求三角形的面积的流程图

```c
#include <math.h>
#include <stdio.h>
main()
{
  float a,b,c,s,area;
  printf("Please input a,b,c: ");
  scanf("%f%f%f",&a,&b,&c);
  s=(a+b+c)/2;
  area=sqrt(s* (s-a)*(s-b)*(s-c));
  printf("area=%.2f\n",area);
}
```

第一次运行：

```
Please input a,b,c:4  5  6✓
area=9.92
```

第二次运行

```
Please input a,b,c:6  8  10✓
area=24.00
```

其中，sqrt( )是开平方函数，属于数学函数，该函数原型在头文件"math.h"中，参见附录 B。

【例 3-8】输入一个 double 类型的数，使该数保留小数点后两位，对第 3 位小数进行四舍五入处理，然后输出此数，以便验证处理是否正确。

程序如下：

```c
#include <stdio.h>
main()
{ double x;
  printf ("Enter x: ");
  scanf("%lf", &x);
  printf("(1) x=%f\n",x);
  x=x*100;
  x=x+0.5;
  x=(int)x;
  x=x/100;
  printf("(2) x=%f\n",x);
}
```

注意　在 scanf( )函数中为 double 类型变量输入数据时，应该使用%lf格式转换说明符，而输出时，对应的格式转换说明符可以是%lf，也可以用%f。

本章小结

本章介绍了 C 语言的基本语句。语句可分为 5 类：声明语句、表达式语句、复合语句、空语句和流程控制语句。

赋值语句是应该重点掌握的一种语句，它是表达式语句的一种，其运算规则不同于其他运算符，要从右向左依次运算，而且，当类型不一致的时候，还要进行转化。转化的原则，是以左侧为主要参考类型。

本章还介绍了格式的输入/输出函数和字符数据的输入/输出函数。

习　题

一、选择题

1. a、b、c、d 都是 int 类型变量且初值为 0，以下选项中不正确的赋值语句是（　　　）。
   A. a=b=c=100;　　　B. d++;　　　　　C. c+b;　　　　　　D. d=(c=22)−(b++);

2. 以下选项中不是 C 语句的是（　　　）。
   A. {int i:　i++: printf（"%d\n",i);　}　　　B. ;
   C. a=5,c=10　　　　　　　　　　　　　　D. {　　:　　}

3. 以下程序的输出结果是（　　　）。
   A. 0　　　　　　　B. 1　　　　　　　C. 3　　　　　　　D. 不确定的值
   ```
   main()
   {
       int   x=10,y=3;
       printf("%d\n",y=x/y);
   }
   ```

4. 若变量已正确定义为 int 类型，要给 a、b、c 输入数据，以下正确的输入语句是（　　　）。
   A. read(a,b,c);　　　　　　　　　　　B. scanf("%d%d%d",a,b,c);
   C. scanf("%D%D%D",&a,&b,&c);　　　D. scanf("%d%d%d", &a,&b,&c);

5. 若变量已正确定义，要将 a 和 b 中的数进行交换，下面选项中不正确的是（　　　）。
   A. a=a+b,b=a−b,a=a−b;　　　　　　B. t=a,a=b,b=t;
   C. a=t;t=b;b=a;　　　　　　　　　　D. t=b;b=a;a=t

二、改错题

以下程序中多处有错。要按下面指定的形式输入数据和输出数据时，请对该程序做相应的修改。
```
main
{ double(input a,b,c:\n);
  scanf("%d%d%d",a,b,c);
```

```
    s=a*b;                              /*计算长方形面积*/
    v=a*b*c;                            /*计算长方体体积*/
    printf("%d %d %d",a,b,c);
    printf("s=%f\n",s, "v=%d\n",v);}
```

当程序执行时，屏幕的显示和要求输入形式如下：

```
input a,b,c:2.0 2.0 3.0               /*此处的 2.0 2.0 3.0 是用户输入的数据*/
a=2.000000,b=2.000000,c=3.00000       /*此处是要求的输出形式*/
s=4.00000,v=12.000000
```

三、编程题

1. 编写程序，把 560min 换算成小时和分钟表示，然后进行输出。

2. 编写程序，输入两个整数：1 500 和 350，求出它们的商和余数并进行输出。

3. 编写程序，输入 3 个双精度数，求它们的平均值并保留平均值小数点后一位数，对小数点后第 2 位数进行四舍五入，最后输出结果。

4. 编写程序，输入 3 个整数，分别赋给 a、b、c，然后交换它们中的数，把 a 中原来的值赋给 b，把 b 中原来的值赋给 c，把 c 中原来的值赋予 a。

第4章
选择结构

学习目标

通过本章的学习，读者可了解C语言的第2种控制结构方式—选择结构，需要掌握关系运算符与逻辑运算符，它们的优先级以及关系表达式和逻辑表达式的应用；掌握选择结构中if语句的基本形式，以及if语句的嵌套；多分支语句switch语句的基本形式以及break语句在switch语句中如何实现选择结构。

学习要求

* 了解选择结构程序的结构特点。
* 掌握if语句和switch语句的用法。
* 掌握嵌套的选择结构。
* 掌握程序的举例和编程的思路。

4.1 用if语句实现选择结构

在实际生活中做什么事情都不是一帆风顺的，经常需要对一些情况做出判断，C语言提供了进行逻辑判断的选择语句，由选择语句构成的选择结构，将根据逻辑判断的结果决定程序的不同流程。选择结构是结构化程序设计的3种基本结构之一。本节将详细介绍如何在C语言程序中实现选择结构。

4.1.1 if语句的基本形式

C语言中的if语句有两种形式。

（1）不含else子句的if语句

① 语句形式如下：

```
if(表达式) 语句
```

例如：

```
if(a<b)max=b;
```

与

```
if(a<b){t=a;  a=b;  b=t;}
```

　　其结构用流程图描述，如图 4-1 所示。它的执行过程是：先对表达式进行判断，若成立（值为非 0），就执行语句，然后再顺序执行该结构的下一条语句；否则（不成立，值为 0），执行该结构的下一条语句。

　　其中，if 是 C 语言的关键字，表达式两侧的圆括号不可少，最后是一条语句，称为 if 子句。如果在 if 子句中需要多个语句，则应该使用花括号把一组语句括起来组成复合语句，这样在语法上仍满足"一条语句"的要求。复合语句后面不用加分号作为语句结束的标志，这也是复合语句中需要特殊记忆的地方。

　　② if 语句的执行过程。首先计算紧跟在 if 后面一对圆括号中的表达式的值，如果表达式的值为非 0（"真"），则执行 if 子句，然后再去执行 if 语句后的下一个语句。如果表达式的值为 0（"假"），则跳过 if 子句，直接执行 if 语句后的下一个语句。

　　【例 4-1】求一个数的绝对值。程序流程图，如图 4-2 所示。

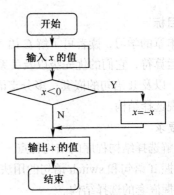

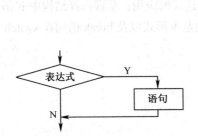

图 4-1　单分支 if 结构的流程图　　　　图 4-2　用单分支 if 结构解决求一个数的绝对值的流程图

　　程序如下：

```c
#include <stdio.h>
main()
{
  float x;
  printf("please input anumber");
  scanf("%f",&x);
  if(x<0)
    x=-x;
printf("|x|=%f\n",x);
}
please input a number: -8✓
|x|=8
```

需要注意的是，不管分支语句是否执行，if 后的表达式是一定执行的。

　　【例 4-2】输入 3 个整数，分别放在变量 a、b、c 中，编写程序把输入的数据重新按由小到大的顺序放在变量 a、b、c 中，最后输出 a、b、c 中的值。

　　程序如下：

```c
#include  <stdio.h>
main()
{ int    a,b,c,t;
  printf("input a,b,c:");
  scanf("%d%d%d",&a,&b,&c);
```

```
    printf("a=%d, b=%d,c=%d\n",a,b,c);
    if(a>b)    /*如果 a 比 b 大，则进行交换，把小的数放入 a 中*/
        {t=a;    a=b;   b=t; }
    if (a>c)   /*如果 a 比 c 大，则进行交换，把小数放入 a 中*/
        {t=a;    a=c;    c=t; }    /*至此 a、b、c 中最小的数已放入 a 中/*
    if (b>c)   /*如果 b 比 c 大，则进行交换，把小的数放入 b 中*/
        {t=b;b=c;c=t;}  /*至此 a、b、c 中的数已按由小到大顺序放好/*
  printf("%d,%d,%d\n", a,b,c);
  }
```

以上程序无论给 a、b、c 输入什么数，最后总是把最小数放在 a 中，把最大数放在 c 中。

（2）含 else 子句的 if 语句

① 语句形式如下：

```
            if(表达式)    语句 1
            else         语句 2
```

例如：

```
            if (a>b)  max=a;
            else     max=b;
```

与

```
            if(a! =0)printf("a! =0\n");
            else     printf("a==0\n");
```

"语句 1" 称为 if 子句，"语句 2" 称为 else 子句，这些子句只允许为一条语句，若需要多条语句时，则应该使用花括号把这些语句括起来组成复合语句。

应该注意：else 不是一条独立的语句，它只是 if 语句的一部分，不允许有如下的语句：

```
            else  printf("****");
```

在程序中，else 必须与 if 配对，共同组成一条 if-else 语句。

② if-else 语句的执行过程。首先计算紧跟在 if 后面一对圆括号内表达式的值，如果表达式的值为非 0，执行 if 子句，然后跳过 else 子句，去执行 if 语句后的下一条语句；如果表达式的值为 0，跳过 if 子句，去执行 else 子句，接着去执行 if 语句后的下一条语句。

③ 说明：

* if…else 结构中的 "表达式" 一般为关系表达式或逻辑表达式，也可以是任意值类型的表达式。
* if…else 结构中 "语句 1" 和 "语句 2" 可以是简单语句，也可是复合语句。

【例 4-3】输入一个数，判别它是否能被 3 整除；若能够被 3 整除，打印 YES，不能被 3 整除，打印 NO。

程序如下：

```
#include <stdio.h>
main()
{int  n;
printf("input n:   ");   scanf("%d", %n);
if(n%3==0)              /*判 n 能否被 3 整除/*
      printf("n=%n    YES\n",n);
else
      printf("n=%d     NO\n",n);}
```

4.1.2 嵌套的 if 语句

if 和 else 子句中可以是任意合法的 C 语言语句，因此也可以是 if 语句，通常称此为嵌套的 if 语句。内嵌的 if 语句既可以嵌套在 if 子句中，也可以嵌套在具有 else 子句的 if 语句中。

1. 在 if 子句中嵌套具有 else 子句的 if 语句

语句形式如下：

```
if(表达式1)
    if(表达式2)     语句1
    else            语句2
else
    语句3
```

当表达式 1 的值为非 0 时，执行内嵌的 if-else 语句；当表达式 1 的值为 0 时，执行语句 3。

2. 在 if 子句中嵌套不含 else 子句的 if 语句

语句形式如下：

```
if(表达式1)
{   if(表达式2)     语句1    }
else
    语句2
```

 在 if 子句中的一对花括号不可缺少。C 语言的语法规定：else 子句总是与前面最近的不带 else 的 if 相结合，与书写格式无关。

如以上语句写成：

```
if(表达式1)
    if(表达式2)     语句1
    else
        语句2
```

当用花括号把内层 if 语句括起来后，使得此内层 if 语句在语法上成为一条独立的语句，从而使得 else 与外层的 if 配对。

3. 在 else 子句中嵌套 if 语句

语句形式如下：

（1）嵌套 if 语句带有 else

```
if(表达式1)             语句1
else
    if(表达式2)         语句2
    else               语句3
```

或写成：

```
if(表达式1)             语句1
else   if(表达式2)      语句2
        else           语句3
```

（2）嵌套 if 语句不带 else

```
if(表达式1)   语句1
else
if(表达式2)   语句2
```

或写成：

```
if(表达式1)语句1
else   if(表达式2)  语句2
```

由以上两种语句形式可以看到，内嵌在 else 子句中的 if 语句无论是否有 else 子句，在语法上都不会引起误会，因此建议读者在设计嵌套的 if 语句时，尽量把内嵌的 if 语句嵌在 else 子句中。

C 语言程序有比较自由的书写格式，但是过于"自由"的书写格式，往往使人们很难读懂，因此要求读者参考本书例题程序中按层缩进的书写格式来写自己的程序。不断地在 else 子句中嵌套 if 语句可形成多层嵌套。

（3）else…if 语句

前两种形式的 if 语句一般都用于不多于两个分支的情况，但有多个分支选择时，可采用 else if 语句，其一般形式为

```
if(表达式1)
  语句1;
else if(表达式2)
  语句2;
…
else if（表达式n）
  语句n;
else 语句n+1;
```

执行过程是：依次判断 if 后面表达式的值，当出现某个值为真时，则执行其对应的语句，然后跳到整个结构之外继续执行程序；如果所有的表达式均为假，则执行语句 $n+1$，然后继续执行后续程序。else if 语句的执行过程如图 4-3 所示。

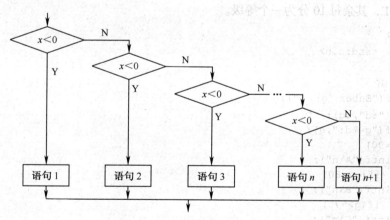

图 4-3　else if 结构的流程图表示

例如：

```
if(表达式1)
    语句1
else
    if(表达式2)
        语句2
    else
        if(表达式3)
```

```
        语句 3
    else
        if(表达式 4)
            语句 4
            …
            else
                语句 n
```

这时形成二阶梯形的嵌套 if 语句，此语句可用以下语句形式表示，使得读起来既层次分明又不占太多的篇幅。

```
    if(表达式 1)
        语句 1
    else  if(表达式 2)
            语句 2
    else  if(表达式 3)
            语句 3
    else  if(表达式 4)
            语句 4
            …
```

以上形式的嵌套 if 语句执行过程可以这样理解：从上向下逐一对 if 后的表达式进行检测。当某一个表达式的值为非零时，就执行与此有关子句的语句，其余部分就被越过去。如果所有表达式的值都为零，则执行最后的 else 子句。此时，如果程序中最内层的 if 语句没有 else 子句，即没有最后的那个 else 子句，那么将不进行任何操作。

【例 4-4】编写程序，根据输入的学生成绩，给出相应的等级。90 分以上的等级为 A，60 分以下的等级为 E，其余每 10 分为一个等级。

程序如下：

```
#include <stdio.h>
main()
{ int   g;
  printf("Enter g:  ");
  scanf("%d",&g);
  printf("g=%d:",g);
  if(g>=90)
    printf("A\n");
  else  if(g>=80)
    printf("B\n");
  else  if(g>=70)
    printf("C\n");
  else  if(g>=60)
    printf("D\n");
  else
    printf("E\n");
}
```

当执行以上程序时，首先输入学生的成绩，然后进入 if 语句：if 语句中的表达式将依次对学生成绩进行判断，若能使某 if 后的表达式值为真，则执行与其相应的子句，之后便退出整个 if 结构。

例如，若输入的成绩为 72 分，首先输出 g=72:，当从上向下逐一检测时，使 g >=70 这一表达式的值为 1，因此在输出"g=72："之后再输出 C，便退出整个 if 结构。

如果输入 55 分，则首先输出"g=55："，因此所有 if 子句中的表达式的值都为 0，因此执行最后 else 子句中的语句，输出 E，然后退出 if 结构。

【例 4-5】分段函数可以用嵌套的 if 语句结构来完成，其算法描述如图 4-4 所示。

程序如下：

```c
#include <stdio.h>
main()
{
  float x,y;
  printf("please input x: ");
  scanf("%f",&x);
  if(x>0)
  if(x<=10)  y=x-5;
  else y=x-10;
  else
  if(x<=-10) y=x+10;
  else y=x+5;
printf("y=%f\n",y);
}
```

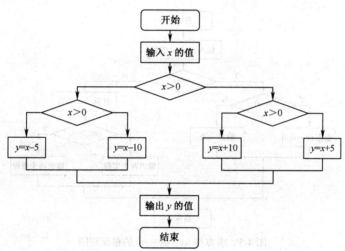

图 4-4　用嵌套的 if 结构解决计算分段函数的流程图

【例 4-6】求方程 $ax^2+bx+c=0$ 的根。

分析：

因系数 a、b、c 的解不确定，应分情况讨论。

（1）当 $a=0$，$b=0$ 时，方程无解。

（2）当 $a=0$，$b\neq0$ 时，方程只有一个实根 $-c/d$。

（3）当 $a\neq0$ 时，需要考虑 b^2-4ab 的情况：

① 若 $b^2-4ac>=0$，方程有两个实根。

② 若 $b^2-4ac<0$，方程有两个虚根。

算法描述如图 4-5 所示。

程序如下：

```c
#include<math.h>
main()
{
```

```
    float a,b,c;
    printf("please input a,b,c: ");
scanf("%f,%f,%f",&a,&b,&c);
if(a==0)
  if(b==0)  printf("no root!\n");
  else printf("the single root is %f\n",-c/b);
else
}
{
float term1,term2,twoa,disc;
disc=b*b-4*a*c;
twoa=2*a;
term1=-b/twoa;
term2=sqrt(fabs(disc))/twoa;
if(disc>=0)
  printf("real root:\n root1=%f,root2%f\n",term1+term2,term1-term2);
else
  printf("complesx root:\nroot1=%f+%f I,toot2=%f-%f i\n",
term1,term2,term1,term2);
}
}
```

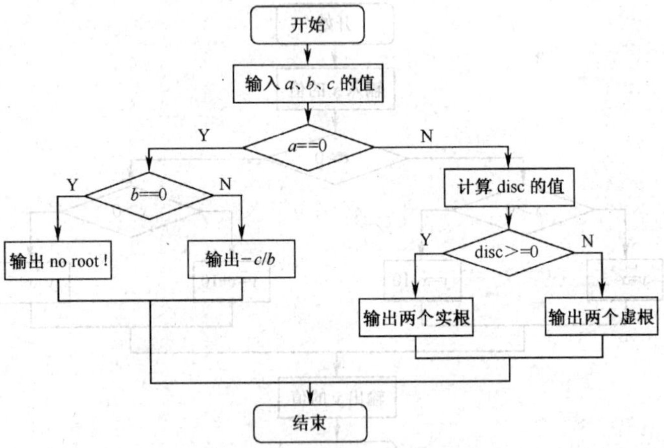

图 4-5　求方程 $ax^2+bx+c=0$ 的根流程图

第 1 次运行：

```
pleaae input a,b,c: 0, 0, 4✓
no root!
```

第 2 次运行：

```
please input a, b,c:0,3,-6✓
the single root is 2.000000
```

第 3 次运行：

```
pleaat input a,b,c: 1, 3, 4✓
complex root:
root1=-1.5000000+2.500000 i,root2=-1.5000000-2.500000 i
```

上述问题也可以利用 else if 语句解决，读者可以自己试着解决一下。

【例 4-7】判断某一年是否为闰年。

分析：输入年份，如果能被 400 整除，则它是闰年；如果能被 4 整除，而不能被 100 整除，则是闰年；否则不是闰年。为了方便处理，可以设置一个标志 flag，若为闰年，将 flag 设置为 1，否则设置为 0, 最后根据 flag 的值来输出某一年是否为闰年。算法描述如图 4-6 所示。

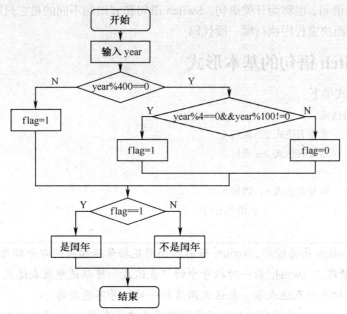

图 4-6 判断某一年是否为闰年的流程图

程序如下：

```
#include <stdio.h>
main()
{
  int year, flag;
  printf("please input year: ")
  scanf("&d",&year);
if(year%400==0)
    flag=1;
else
{
  if(year%4==0&&year%100!=0)
    flag=1;
}
  if(flag==1) printf("%d is a leap year!\n,year);
  else printf(%d is not a leap year!\n,year);
}
```

运行结果：

```
please input year:2000✓
2000 is a leap year!
```

当然，也可以将程序中的嵌套的 if 语句结构用下面的结构来替换：

```
if((year%400==0)||(year%4==0)&&(year%100!=0)) flag=1;
else flag=0
```

4.2 用 switch 语句实现多分支选择结构

虽然嵌套的 if 语句可以实现多路分支的选择，但如果分支较多，则嵌套的 if 语句层数多，程序冗长而且可读性降低，容易出现编写错误。为了解决这一问题，C 语言提供了专门处理多分支选择的语句 switch 语句，也称为开关语句。Switch 语句和 if 语句不同的是它只能针对某个表达式的值进行判断，从而决定程序执行哪一段代码。

4.2.1　switch 语句的基本形式

switch 语句形式如下：

```
switch(表达式)
{   case    常量表达式1：语句1
    case    常量表达式2：语句2
            …
    case    常量表达式n：语句n
    default          ：语句n+1
}
```

① switch 是关键字，switch 语句后面用花括号括起来的部分称为 switch 语句体。

② 紧跟在 switch 后一对括号中的"表达式"可以是整数表达式及后面将要学习的字符型或枚举型表达式等。表达式两边的一对括号不能省略。

③ case 也是关键字，与其后面的常量表达式合称 case 语句标号。常量表达式的类型必须与 switch 后的表达式类型相同。各 case 语句标号的值应该互不相同。

④ default 也是关键字，起标号的作用，代表所有 case 标号之外的那些标号。default 标号可以出现在语句体中任何标号位置上。在 switch 语句体中也可以没有 default 标号。

⑤ case 语句标号后的语句1，语句2等，可以是一条语句，也可以是若干语句。

⑥ 必要时，case 语句标号后的语句可以省略不写。

⑦ 在关键字 case 和常量表达式之间一定要有空格，如 case　10；不能写成 case10；

4.2.2　switch 语句的执行过程

当执行 switch 语句时，首先计算紧跟其后一对括号中的表达式的值，然后再执行 switch 语句体。如果有与该值相当的符号，则执行该标号后开始的各语句，包括在其后的所有 case 和 default 中的语句，直到 switch 语句体结束。如果没有与该值相等的标号，并且存在 default 标号，则从 default 标号后的语句开始执行，直到 switch 语句体结束。如果没有与该值相等的标号，且不存在 default 标号，则跳过 switch 语句体，什么也不做。

在使用 switch 语句时应注意以下几点。

（1）一个 switch 结构的执行部分是一个由一些 case 分支与一个可省略的 default 分支组成的复合语句，因此需要用花括号括起来。

（2）switch 后面的表达式一般是一个整数表达式（后字符表达式）；与之对应，case 后面应是一个整数或字符，也可以是不含变量与函数的常量表达式。

（3）case 后面的各常量表达式的值必须互不相同，即不允许对表达式的同一个值有两种或两种以上的处理方案。

（4）在每个 case 分支中允许有多个处理语句，可以不用花括号括起来。

（5）在实际应用中，往往会在每个分支的处理语句后加上一个 break 语句，目的是执行完该 case 分支的处理语句后就跳出 switch 结构，以实现多分支选择的功能。

（6）如果每个分支的处理语句中都有 break 语句，各分支的先后顺序可以变动，而不会影响程序执行结果。

（7）各 case 分支可以共用同一组处理语句。

（8）default 分支可以省略。

（9）switch 结构允许嵌套。

（10）用 switch 结构实现的多分支选择程序，完全可以用 if 语句和 if 语句的嵌套来解决。

【例 4-8】输入一个由两个整数和一个运算符组成的表达式，根据运算符完成相应的运算，并将结果输出。

分析：输入形如 a op b 的表达式，a 和 b 为整型数据。如果运算符 op 是+、-、*中的任意一个，则进行相应的运算；如果运算符 op 为%或/，则应先判断 b 是否为 0，并做相应处理。

程序如下：

```
#include  <stdio.h>
main()
{
  int a,b;
  char op;
  printf("please input a op b: ");
  scanf("%d%c%d",&a,&op,&b);
  switch(op)
{
  case '+':printf  ("%d +%d =%d\n",a,b,a+b);break;
  case '-':printf  ("%d -%d =%d\n",a,b,a-b);break;
  case '*':printf  ("%d *%d =%d\n",a,b,a*b);break;
  case '/':if(b!=0)  printf("%d /%d =%d\n",a,b,a/b);break;
  case '%':if(b!=0)  printf("%d mod %d =%d\n",a,b,a%b);break;
  default:printf("input error\n")
}
}
```

第 1 次运行：

```
please input a op b: 4*6✓
4*6=24
```

第 2 次运行：

```
please input a op b: 5%3✓
5%3=2
```

【例 4-9】根据输入的学生成绩判断等级。成绩大于等于 90 分为 A 级；成绩大于等于 80 分小于 90 分为 B 级；成绩大于等于 70 分小于 80 分为 C 级；成绩大于等于 60 分小于 70 分为 D 级；成绩小于 60 分为 E 级。

分析（该问题可以利用 else if 语句解决，这里使用 switch 语句结构来解决）：设成绩用 score 表示，并且 score 为整型数据。若 score >=90，score 可能是 100，99，98，…，90，把这些值都列出来太麻烦了，可以利用两个整数相除，结果自动取整的方法，即当 90 <=score <=100 时，score/10 只有 10 和 9 两种情况，这样用 switch 语句来解决便简便了。

程序如下：

```
#include  <stdio.h>
main()
{
  int score;
```

```
    printf("please input score: ");
    scanf("%d",&score);
    switch(score/10)
  {
    case 10:
    case 9:printf("%d: A\n"score);break;
    case 8:printf("%d: B\n"score);break;
    case 7:printf("%d: C\n"score);break;
    case 6:printf("%d: D\n"score);break;
    case 5:
    case 4:
    case 3:
    case 2:
    case 1:
    case 0:printf("%d: E\n"score);break;
    default:printf("input error\n");
  }
}
```

第 1 次运行：

```
please input score: 76√
76: C
```

第 2 次运行：

```
please input score: 45√
45: E
```

4.2.3 用 switch 和 break 语句实现选择结构

break 语句也称间断语句。可以在 case 之后的语句最后加上 break 语句，每当执行到 break 语句时，立即跳出 switch 语句体。switch 语句通常和 break 语句联合使用，使得 switch 语句真正起到分支的作用。

【例 4-10】用 break 语句修改例 4-7。

程序如下：

```
#include  <stdio.h>
main()
{   int  g;
    printf("Enter a mark :  ");
    scanf("%d",&g);   /*  g中存放学生的成绩*/
    printf("g=%d : ",g);
    switch(g/10)
    {   case  10 :
        case  9  : printf("A\n"); break;
        case  8  : printf("B\n"); break;
        case  7  : printf("C\n"); break;
        case  6  : printf("D\n"); break;
        default  : printf("E\n");
    }
}
```

程序执行过程如下。

（1）当给 g 输入 100 时，switch 后一对括号中的表达式"g/10"的值为 10。因此选择 case 10 分支，因为没有遇到 break 语句，所有以继续执行 case 9 分支，在输出"g=100：A"之后，遇 break 语句，执行 beak 语句，退出 switch 语句体。由此可见，成绩 90~100 分执行的是同一分支。

（2）当输入成绩为 45 时，switch 后一对括号表达式的值为 4，将选择 default 分支，在输出"g=45：E"之后，退出 switch 语句体。

（3）当输入成绩为 85 时，switch 后一对括号中表达式的值为 8，因此选择 case 8 分支，在输出"g=85：B"之后，执行 break 语句，退出 switch 语句体。

4.3　条件表达式构成的选择结构

前面介绍了使用 C 语言中的 if 语句来构成程序的选择结构，C 语言另外还提供了一个特殊的运算符——条件运算符，有此结构的表达式也可以形成简单的选择结构，这种选择结构能以表达式的形式内嵌在允许表达式的地方，使得读者可以根据不同的条件使用不同的数据参与运算。

1. 条件运算符

条件运算符由两个运算符组成，它们是："？"和"："。这是 C 语言提供的唯一的三目运算符，即要求有 3 个运算对象。

2. 由条件运算符构成的条件表达式

条件表达式的形式如下：

　　　　　表达式 1?　表达式 2　：　表达式 3

3. 条件表达式的运算功能

当"表达式 1"的值为非 0 时，求出"表达式 2"的值，此时"表达式 2"的值就是整个条件表达式的值：当"表达式 1"的值为 0 时，求出"表达式 3"的值，这时便把"表达式 3"的值作为整个条件表达式的值。

4. 条件运算符的优先级

条件运算符优先于赋值运算，但低于逻辑运算、关系运算和算术运算。例如：

　　　　y=x>10 ? 100: 200

由于等号运算的优先级低于条件运算符，因此首先求出条件表达式的值，然后赋予 y。在条件表达式中，先求出 x>10 的值，若 x 大于 10，取 100 作为条件表达式的值并赋予 y，若 x 小于等于 9，则取 200 作为条件表达式的值赋予 y。又如：

　　　　printf（"abs（x）=%d\n",x<0?(-1)*x:x）;

此处输出 x 的绝对值。

4.4　程序举例

【例 4-11】模拟计算器的功能。编写一个程序，根据用户输入的运算符，对两个数进行运算。
程序如下：

```
#include<stdio.h>
```

```
main()
{ float x,y;                           /*存放两个运算符分量*/
  char operator;                       /*存放运算符*/
  printf("请输入 x, 运算符和 y; ");
  scanf("%f%c%f",&x,&operator,&y);
  if(operator= ='+')
  printf("\n%.2f+%.2f=%.2f",x,y,x+y);  /*.2 说明输出结果保留两位小数*/
  else if(operator= ='-')
  printf("\n%.2f-%.2f=%.2f",x,y,x-y);
  else if(operator=='*')
  printf("\n%.2f*%.2f=%.2f",x,y,x*y);
  else if(operator=='/')
   {if(y==0)
      printf("除数是零无意义");
   else
      printf("%.2f/%.2f=%.2f",x,y,x/y);
   }
  else printf("运算符无效");
}
```

运行结果：

请输入 x,运算符和 y: 3+9

3.00+9.00=12.00

在运行程序提示输入时，要输入 3 个值且它们之间不能有空格。因为第 2 个 "%c" 会把空格作为字符输入，那么输入的运算符就是空格，从而输出 "运算符无效"。

程序运行中有 5 个分支，用 if-else 语句根据条件沿不同支路向下执行，程序的层次太多，不够简洁，在一定程度上影响可读性。请读者用 switch 语句重新写出上面的程序。

【例 4-12】2004 年元旦是星期四，求出 2004 年的任何一个日期是星期几（用 0~6 表示星期日至星期六）。

程序如下：

```
#include<stdio.h>
main( )
{
  int month,day,week;                /*day 保存当前的日期*/
  int err=0,leap=1;                  /*2004 年是闰年*/
  int totalday=0;                    /*统计总的天数*/
  printf("请输入月，日: \n");
  scanf("%d,%d",&month,&day);
  switch(month-1){
       case 11:totalday+=30;
       case 10:totalday+=31;
       case 9:totalday+=30;
       case 8:totalday+=31;
       case 7:totalday+=30;
       case 6:totalday+=31;
       case 5:totalday+=30;
       case 4:totalday+=31;
       case 3:totalday+=30;
       case 2:totalday+=31;
       case 1:if(leap==1)
```

```
          Totalday+=29;                    /*闰年2月有29天*/
             else
             Totalday+=28;
       case 1:totalday+=31;
       case 0:totalday+=day;break;
  deafuult:printf("输入错误");
          err=1;
      }
      if(err==0)
      }
      week=(totalday+3)%7;            /*计算出星期*/
      printf("2004年%d月%d年%d日是星期%d", month,day,week);
      }
}
```

运行结果：

请输入日期2,17

2004 年 2 月 17 日是星期 2

在本程序中，是先求出从 1 月 1 日到当前日期一共是多少天，用累加的办法算出 totalday。例如，6 月 6 日，则所有的天数为 1～5 月共有的天数加上 6，最终求得 totalday=158。经过巧妙的设计，把 case 后面表示月份的常量按从大到小排列，不需要加入 break 语句，达到求总天数的目的。"week=(totalday+3)%7" 是根据 1 月 1 日是星期四来调整的，因为日子是从 1 月 1 日开始算的，因此 totalday 加的是 3 而不是 4。当然，还可以采用其他的解决方法，读者自己可以试试。引入变量 err 的目的是：err 赋初值为 0，当输入的月份不是 1～12 时，提示输入错误，并使 err=1 作为一个标志，当 err=1 时，就不执行程序最后的 if 语句，否则，当月份输入错误时，仍要执行 week=(totalday+3)%7;和 printf 两条语句，那是不合情理的。

【例 4-13】某工厂实行差别计件工资制。规定如下：不足 50 件，每件 0.5 元；超过 50 件而不足 100 件，超过的部分每件 1 元；超过 100 件，超过的部分每件 2.5 元。编制一段程序，计算工人的计件工资。

程序如下：

```
#define  p1  0.5
#define  p2  1
#define  p3  2.5
#include  <stdio.h>
main()
{
  int  n;
  float s;
  printf(" Enter n: ");
  scanf("%d", &n);
  switch(n/50)
{
  case  0: s=p1*n;break;
  case  1:s=p2*n-50*(p2-p1);break;
  case  2:s=p3*n-50*(p3-p1)-50*(p3-p2);
}
  printf ("%f",s);
}
```

本章小结

根据某种条件的成立与否而采用不同的程序段进行处理的程序结构称为分支结构或选择结构。

C语言提供了多种形式的条件语句以构成选择结构。

（1）if 语句主要用于单分支选择。

（2）if…else 语句主要用于双分支选择。

（3）else if 语句和 switch 语句用于多分支选择。

一般来说，这几种形式的条件语句是可以相互替代的。

习　　题

一、选择题

1. 以下程序段中输出结果是（　　）。

A. 0　　　　　　　　B. 1　　　　　　　　C. 2　　　　　　　　D. 3

```
main()
{
int a=2,b=-1,c=2;
if(a<b)
if(b<0) c=0;
else c+=1;
printf("%d\n",c);
}
```

2. 阅读下列代码

```
int x=1;
int y=2;
if (x % 2==0)
{
y++;
}
else
{
y--;
}
Printf("y=%d",y);
```

上面一段程序运行结束时，变量 y 的值为（　　　）。

A. 1　　　　　　　　B. 2　　　　　　　　C. 3　　　　　　　　D. 4

二、编程题

1. 编写程序，输入一位学生的生日（年：y0、月：m0、日：d0），并输入当前的日期（年：y1、月：m1、日：d1），输出该学生的实际年龄。

2. 编写程序，输入一个整数，打印出它是奇数还是偶数。

3. 有一函数：

$$y = \begin{cases} x & (-5 < x < 0) \\ x-1 & (x=0) \\ x+1 & (0 < x < 10) \end{cases}$$

编写程序，要求输入 x 的值，输出 y 的值，分别用下列 4 种语句实现。

（1）不嵌套的 if 语句 　　　　　　　　　（2）嵌套的 if 语句

（3）if_else 语句 　　　　　　　　　　　（4）switch 语句

4. 由键盘输入一个整数，判断其能否既被 3 整除又被 5 整除。

5. 如果要将全班 50 名学生的百分成绩都转换为等级成绩，如何才能使一段程序运行 50 次？如果要将全班 50 名学生的成绩按 10 分一段进行统计，该如何进行设计？

第 5 章
循环结构

学习目标

通过本章的学习，使读者掌握 C 语言的第 3 种结构—循环结构的特点，学会正确使用 C 语言的 3 种基本的循环语句：for 语句、while 语句和 do-while 语句及 3 种循环语句组合构成循环嵌套。了解 break 语句和 continue 语句在循环结构中的应用。

学习要求

- 了解循环结构程序的结构特点。
- 掌握 while 循环结构、do-while 循环结构和 for 循环结构的用法。
- 掌握嵌套的循环结构的用法。
- 能够正确使用语句标号和 goto 语句构成的循环结构。
- 了解 break 语句和 continue 语句在循环结构中的应用。
- 掌握程序举例，体会编程的思路。

5.1   while 循环结构

循环或重复是计算机程序设计的一个重要特征。计算机运算速度快，最适宜重复性的工作。在进行程序设计时，人们总是把复杂的、不易理解的求解过程转换成易于理解的、多次简单的过程。这样，一方面可以降低问题的复杂性，减低程序设计的难度；另一方面可以充分发挥计算机运算速度快，并且能自动执行程序的优势。

首先看一个有代表性的例子。

【例 5-1】计算 1+2+3+…+99+100，即求自然数 1～100 之和。

分析：这是一个数学累加问题。可以这样分析计算过程：假设存在一个容器，初始为空，第 1 次投入 1 个硬币，第 2 次投入 2 个硬币，依此类推，直到第 100 次投入 100 个硬币，此时容器中硬币的个数即为投入的总和。按照这一思想，可以构建以下算法。

（1）声明一个变量（sum）作为"容器"存放加法的和，并设置初值为 0。

（2）将 1 加入 sum。

（3）将 2 加入 sum。

（4）将 3 加入 sum。

   …

（101）将 100 加入 sum。

（102）输出 sum 的值。

可以看出，步骤（2）至步骤（101）描述的是相同的动作，因此可以描述为一个重复过程：

（1）声明变量 sum，初值为 0。

（2）设置变量 n，初值为 1。

（3）将 n 加入 sum。

（4）n 的值增加 1。

（5）当 $n \le 100$ 成立时，重复执行步骤（3）和步骤（4）；当 $n > 100$ 时，执行步骤（6）。

（6）输出 sum 的值。

算法描述如图 5-1 所示。

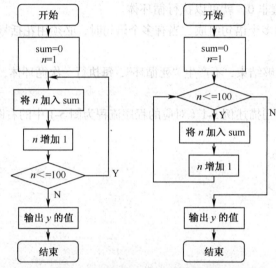

图 5-1　求自然数 1～100 之和的流程图

从上面的描述中可以看出，完成重复的操作可以利用结构化程序设计语言提供的循环结构来解决。

循环结构是程序流程中一种很重要的结构，其特点是：在给定的条件成立时，反复执行某程序段，直到条件不成立时退出循环。给定的条件称为循环条件，反复执行的程序段称为循环体。C 语言提供了 3 种基本循环语句：while 语句、do-while 语句和 for 语句，它们可以组成各种形式的循环结构。

在使用循环结构的时候，一般需要考虑 3 个方面。

（1）参与循环的各个变量的初值。

（2）满足什么条件进行循环，即循环条件。

（3）在满足条件的情况下执行什么操作，即循环体。

其实最难把握的是循环控制问题，循环控制一般有两种办法：计数法与标志法。计数法要先确定循环次数，然后进行测试，完成测试次数后，循环结束；标志法是达到某种目标后，循环结束。

5.1.1　while 循环的一般形式

while 语句的一般格式为

while（循环条件表达式）

循环体语句

5.1.2 while 循环的执行过程

在执行 while 语句时，先对循环条件表达式进行计算，若其值为真（非 0），则执行循环体语句，然后重复上述过程，直到循环条件表达式的值为假（0）时，循环结束，程序控制转至 while 循环语句的下一语句。

使用 while 语句时，应注意以下几个问题。

（1）while 语句的特点是"先判断，后执行"，也就是说，循环条件表达式的值一开始就为 0，则循环体一次也不执行。但要注意的是：循环条件表达式是一定要执行的。

（2）while 语句中的循环条件表达式一般是关系表达式或逻辑表达式，也可以是数值表达式或字符表达式，只要其值非 0，就可以执行循环体。

（3）循环体内可以由多个语句组成，当有多个语句时，必须用花括号括起来，作为一个复合语句。

（4）为使循环最终能够结束，不产生"死循环"，每执行一次循环体，循环条件表达式的值趋于"0"。

【例 5-2】用 while 语句描述例 5-1（对应的程序流程为图 5-1 中的右图）。

程序如下：

```
#include  <stdio.h>
main()
{
  int sum=0, n=1;
  while(n<=100)
  {
    sum+=n;
  n++;
  }
  printf("1+2+3+…+100=%d\n",sum);
}
```

运行结果：

```
1+2+3+ … +100=5050
```

【例 5-3】用 while 语句描述兔子繁殖问题，算法描述如图 5-2 所示。

程序如下：

```
#include  <stdio.h>
main()
{
  int fb,fb1=1,fb2=1,n=3;
  while(n<=10)
  {
    fb=fb1+fb2;
    fb1=fb2;
    fb2=fb;
    n++;
  }
  printf("%d\n",fb);
}
```

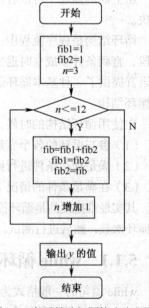

图 5-2 兔子繁殖问题算法流程图

运行结果：

144

【例 5-4】欧几里德算法（辗转相除法）：求两个非负整数 *u* 和 *v* 的最大公约数。

分析：求两个非负整数的最大公约数可以利用辗转相除法，其过程如下。

当 v 不为 0 时，辗转用操作：r=u%v，u=v，v=r 消去相同的因子。直到 v=0 时，u 的值即为所求的解。

算法描述如图 5-3 所示。

程序如下：

```c
#include <stdio.h>
main()
{
  int u,v,r;
  printf("please input u and v: ");
  scanf("%d,%d",&u,&v);
  while(v!=0)
  {
    r=u%v;
    u=v;
    v=r;
  }
  printf("%d\n",u);
}
```

运行结果：

```
please input u and v:36,16✓
4
```

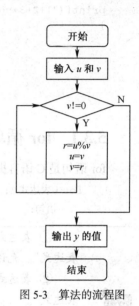

图 5-3 算法的流程图

5.2 do-while 循环结构

5.2.1 do-while 循环的一般形式

do-while 语句的一般格式为

```
do
{
    循环体语句
}while（循环条件表达式）；
```

5.2.2 do-while 循环的执行过程

限制性循环体语句，无论条件表达式的值是否为真，都要执行循环体语句，然后对循环条件表达式进行计算，若其值为真（非 0），则重复上述过程，直到循环条件表达式的值为假（0）时，循环结束，程序控制转至该结构的下一条语句。与 while 语句相比，do-while 语句无论条件是否成立，循环体至少要执行一次。

【例 5-5】用 do-while 语句描述例 5-1。

程序如下：

```c
#include <stdio.h>
```

```
main()
{
  int sum=0 n=1;
  do
  {
    sum+=n;
    n++;
  }while(n<=100);
printf("1+2+3+…+100=%d\n",sum);
}
```

5.3　for 循环结构

5.3.1　for 循环的一般形式

for 语句是 C 语言提供的结构紧凑、使用广泛的一种循环语句，其一般形式为

　　for（表达式1；表达式2；表达式3）

　　　　语句；

① 表达式1：通常用来给循环变量赋初值，一般是赋值表达式，通常称为"初始化表达式"。允许在 for 语句外给循环变量赋初值，此时可以省略该表达式。

② 表达式2：通常是循环条件，一般为关系表达式或逻辑表达式，通常称为"条件表达式"。

③ 表达式3：通常可以用来修改循环变量的值，一般为赋值表达式，通常称为"修正表达式"。

④ 这3个表达式都可以是逗号表达式，3个表达式都是任选项，都可以省略，但是圆括号中的两个分号是不能省略的。

一般形式中的"语句"即为循环体语句。在循环体语句比较少的情况下，可以将其放在"表达式3"之后，和原有的"表达式3"一起组成一个逗号表达式，作为新的"表达式3"，此时，循环体将变为一个空语句。

5.3.2　for 循环的执行过程

for 语句的执行流程如下。

（1）计算表达式1的值。

（2）计算表达式2的值，若值为真（非0）则执行循环体一次，否则跳出循环。

（3）计算表达式3的值，然后转回第（2）步重复执行。

在整个 for 循环过程中，"表达式1"只执行一次，"表达式2"和"表达式3"可能执行多次。循环体可能多次执行，也可能一次都不执行。for 语句的执行流程如图5-4所示。

【例5-6】用 for 语句描述例5-1的程序如下（算法描述如图5-4所示）。

```
#include  <stdio.h>
main()
{
  int sum,n;
```

```
for(sum=0,n<=100;n++)
    sum+=n;
printf("1+2+3+…+100=%d\n",sum);
}
```

当然，上述程序中对变量 sum 和 n 的赋值可以放在 for 语句之前，此时，for 语句中"表达式 1"就没有了。

上述程序中的 for 语句也可以改写为

```
for(sum=0,n=1;n<=100;sum+=n,n++);
```

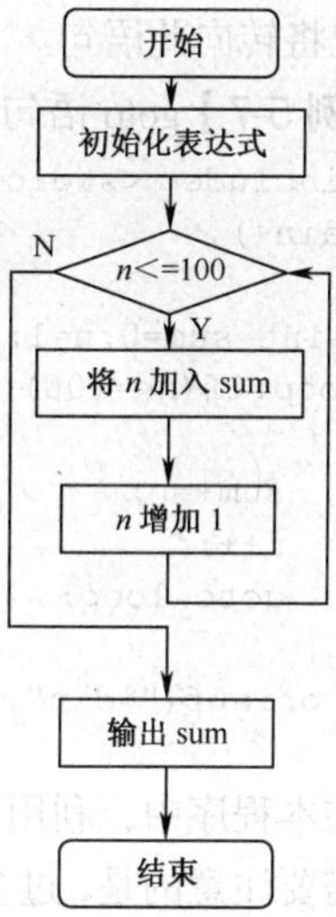

5.3.3 for 语句的说明

（1）for 语句中的表达式可以部分或全部省略，但两个";"不可省略，例如：

```
        for ( ； ； ) printf （ "*" ）；
```

3 个表达式均省略，但因缺少条件判断，循环将会无限制地执行，而形成无限循环（通常称"死循环"）。

（2）for 后一对括号中的表达式可以是任意有效的 C 语言表达式。例如：

```
        for（sum=0, i=1； i<=100； sum=sun+i,i++）{…}
```

表达式 1 和表达式 3 都是一个逗号表达式。

（3）for 循环中的语句部分可以是循环结构（循环嵌套）。

C 语言中的 for 语句书写灵活，功能较强。在 for 后的一对圆括号中，允许出现各种形式的与循环控制无关的表达式。虽然在语法上是合法的，但会降低程序的可读性。

图 5-4 用 for 结构解决求 1～100
之和的流程图

5.4 用语句标号和 goto 语句构成的循环结构

5.4.1 语句标号

在 C 语言中，语句标号不必特殊定义，标号可以是任意合法的标识符，当在标识符后面加一个冒号，如 flagl:、stop0:，该标识符就成了一个语句标号。注意：在 C 语言中，语句标号必须是标识符，因此不能简单地使用 10:、15:等形式。标号可以和变量同名。

在 C 语言中，可以在任何语句前加上语句标号。例如：

```
        stop : printf ( "END\n" );
```

通常，标号用作 goto 语句的转向目标。如：

```
        goto    stop;
```

5.4.2 goto 语句

goto 语句被称为无条件转移语句。它的作用是使程序流程从所在处转向本函数内的某一处，程序必须指出转向的目的地，目的地用标号指出。goto 语句的语法形式为

```
goto 标号;
```

其中，标号必须是一个合法的标识符，它写在某一个语句的前面，后跟一个冒号，表示程序

的流程将转向此语句。

【例 5-7】goto 语句的使用。

```
#include <stdio.h>
main()
{
  int sum=0,n=1;
loop:if(n<=100)
  {
    sum+=n;
    n++;
    goto loop;
  }
  printf("%d\n",sum);
}
```

在本程序中，利用 goto 语句构成一个循环结构，从而完成从 1 加到 100 的操作。

需要注意的是，过多地使用 goto 语句会使程序流程混乱，但在某些情况下还是有用的，因此，应当有限制地使用 goto 语句。

5.5　循环的嵌套

在循环结构中有另一个完整的循环结构的形式称为循环的嵌套。嵌套在循环结构内的循环结构称为内循环，外面的循环结构称为外循环。如果内循环体又有嵌套的循环结构，称为多层循环。while 语句、do-while 语句和 for 语句都可以互相嵌套。在嵌套的循环结构中，要求内循环必须包含在外循环的循环体中，不允许出现内、外层循环体交叉的情况。

【例 5-8】打印九九乘法表。

```
1*1=1
1*2=2   2*2=4
1*3=3   2*3=6   3*3=9
1*4=4   2*4=8   3*4=12  4*4=16
1*5=5   2*5=10  3*5=15  4*5=20  5*5=25
1*6=6   2*6=12  3*6=18  4*6=24  5*6=30  6*6=36
1*7=7   2*7=14  3*7=21  4*7=28  5*7=35  6*7=42  7*7=49
1*8=8   2*8=16  3*8=24  4*8=32  5*8=40  6*8=48  7*8=56  8*8=64
1*9=9   2*9=18  3*9=27  4*9=36  5*9=45  6*9=54  7*9=63  8*9=72  9*9=81
```

分析：

① 九九乘法表共有 9 行，因此

```
for (i=1; i<=9;i++)
{
    打印第 i 行;
    换行;
}
```

② 第 i 行上有 j 个式子，因此

```
for(i=1;i<=9;i++)
{
  for(j=1;j<=i;j++)
    {打印第 i 行上的第 j 个式子;}
```

　　换行；
　}
　③ 分析第 i 行上的第 j 个式子应该为：j 的值*i 的值=j*i 的值，即"打印第 i 行上的第 j 个式子"可写为：printf（"%d*%d=%-4d"，j，i，i*j）。
算法描述如图 5-5 所示。
程序如下：

```
#include <stdio.h>
main()
{
  int i,j;
for(i=1;i<=9;i++)
  {
   for(j=1;j<=i;j++)
     printf("%d*%d=%-4d",j,i,i*j);
   printf("\n");
  }
}
```

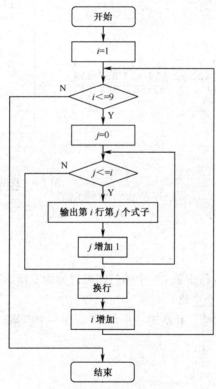

图 5-5　打印九九乘法表的流程图

【例 5-9】找出 700～1 000 中的全部素数。
分析：
（1）对 700～1 000 内的每一个数进行测试。
（2）测试 i 是否为素数的一个简单方法是，用 2，3，…，i-1 之间的数逐个去除 i，只要被其中的一个数整除，则 i 就不是素数。数学上已证明，对于自然数 i 只需要 2，3，…，$\sqrt{i}$ 测试即可。在测试之前，可以设置一个表示 flag，初值为 1；若在测试过程中，i 只要能被 2，3，…，$\sqrt{i}$ 中的一个数整除，就将 flag 置为 0，测试便结束。

算法描述如图 5-6 所示。

程序如下：

```
#include<math.h>
main()
{
  int i,j,flag,count=0;
  for(i=700;i<=1000;i++)
  {
  for(flag=1,j=2;j<=(int)sqrt(i);j++)
    if(i%j==0)  {flag=0;break;}
    if(i%j==1)
    {
      printf("%4d",i);
      count++;
      if(count%20==0)  printf("\n");  /* 每
行输出 20 个素数 */
    }
  }
}
```

运行结果：

```
7 701 709 719 727 733 739 743 751 757 761 769
773 787 797 809 811 821 823 827 82 839 853 857 859
863 877 881 883 887 907 911 919 929 937 941 947
953 967 971 977 983 991 997
```

【例 5-10】打印如下图案。

分析：打印前 5 行。前 5 行中第 i 行中的打印可以分为 3 步。

第 1 步：打印 2*（5-i）个空格。

第 2 步：打印 2*i-1 个 "*"，并在每一个 "*" 后加一个空格。

第 3 步：换行。

即

```
for(i=1;i<=4;i++)
{
  for(j=1;j<=2*i;j++)
    putchar(' ');
  for(j=1;j<=2*(5-i)-1;j++)
    {putchar('*');putchar(' ');}
  putchar('\n');
}
```

算法描述如图 5-7 所示。

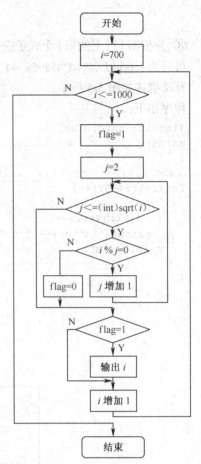

图 5-6　找出 700～1000 内的全部素数的流程图

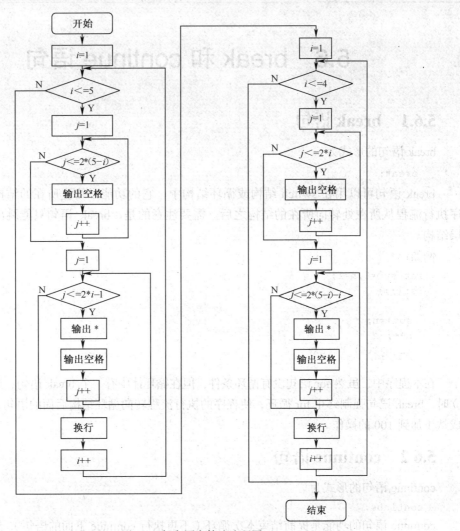

图 5-7　打印图案算法流程图

程序如下：

```
#include <stdio.h>
#define N 5
main()
{
  int i,j;
  for(i=1;i<=N;i++)
  {
    for(j=1;j<=2*(N-i);j++)  putchar(' ');
    for(j=1;j<=2*i-1;j++) {putchar('*');putchar(' ');}
    putchar('\n');
  }
  for(i=1;i<=N-1;i++)
  {
    for(j=1;j<=2*i;j++)  putchar(' ');
    for(j=1;j<=2*(N-i)-1;j++) {putchar('*');putchar(' ');}
    putchar('\n');
  }
```

5.6　break 和 continue 语句

5.6.1　break 语句

break 语句的形式为

```
break;
```

break 语句可以用在 switch 结构或循环结构中，它的功能是终止所在的结构，也就是使程序执行流程从所在处转向所在的结构之后。需要注意的是，break 语句只能跳出它所在的那一层结构。

例如：

```
int sum=0,n=1;
for(;;)
{
  sum+=n;
  n++;
  if(n>100) break;
}
```

在本程序中，虽然 for 语句没有循环条件，但在循环体中有一个 break 语句，当条件 n>100 成立时，break 语句强制终止 for 循环，使程序的执行流程转向循环结构后面的语句，从而使程序完成从 1 加到 100 的操作。

5.6.2　continue 语句

continue 语句的形式为

```
continue;
```

continue 语句的功能是提前结束本次循环（不再执行 continue 下面的语句），继续根据循环条件来决定是否进入下一次循环。

例如：

```
#include  <stdio.h>
main()
{
  int sum,n,x;
  for(sum=0,n=1;n<=100;n++)
  {
    scanf("%d",&x);
    if(x<=0) continue;
    sum+=x;
  }
  printf("%d\n",sum);
}
```

该程序的功能是求从键盘上输入的 100 个整数中正数的和。在本程序中，当从键盘上输入 0 或负数的时候，条件 x≤0 成立，continue 语句将提前结束本次循环。也就是说，将跳过语句"sum+=x;"进入下次循环。

5.7 程序举例

【例 5-11】"百钱百鸡问题"：中国古代数学家张丘建在他的《算经》中提出了著名的"百钱百鸡问题"：鸡翁一，值钱五；鸡母一，值钱三；鸡雏三，值钱一；百钱买了百鸡，翁、母、雏各几何？

分析：假设要买 x 只公鸡，y 只母鸡，z 只小鸡，可以列出方程如下。

$x+y+z=100$

$5x+3y+z/3=100$

从问题中知道：x、y 和 z 的取值范围一定是 $0 \sim 100$ 的正整数。最简单的方法是将一组 x、y 和 z 的值带入方程组中计算，若满足方程组则是一组解。这样在各个变量的取值范围内不断变化 x、y 和 z 的值，就可以得到问题的全部解。实际上就是要在 x、y 和 z 的所有可能的组合中找出合适的解，即可以让 x、y 和 z 分别从 0 变化到 100。

```c
#include <stdio.h>
main( )
{
  int x,y,z;
  for(x=0;x<=100;x++)
  for(y=0;y<=100;y++)
  for(z=0;z<=100;z++)
  if((x+y+z)==100&&5*x+3*y+z/3==100&&z%3==0)
  printf("一共可买%d 只鸡，其中公鸡%d 只，母鸡%d 只，小鸡%d 只\n",x+y+z,x,y,z);
}
```

这实际上用的是穷举法（枚举法），是蛮力策略的一种表现形式，它是最简单、最常见的一种程序设计方法，它充分利用了计算机处理的高效性。穷举算法的基本思想是：对问题的所有可能状态一一测试，直到找到解或将全部可能状态都测试过为止。

使用穷举法的关键是确定正确的穷举范围，穷举的范围既不能过分扩大，以免程序的运行效率太低；也不能过分缩小，有可能遗漏正确的结果而产生错误。

用穷举法解决问题，通常可以从两个方面进行算法设计。

（1）找出枚举范围：分析问题所涉及的各种情况。

（2）找出约束条件：分析问题的解需要满足的条件，并用逻辑表达式表示。

【例 5-12】用二分法求方程的根。求方程 $x^2-6x-1=0$ 在 $[-5，5]$ 之间的近似根，误差为 10^{-4}。

若函数有实根，则函数的曲线应和 x 轴有交点。在根附近的左右区间内，函数值的符号应当相反。利用这一原理，逐步缩小区间的范围，保持在区间的两个端点处的函数值符号相反，就可以逐步逼近函数的根。

分析：设 $f(x)$ 在 $[a, b]$ 上连续，且 $f(a) \cdot f(b) < 0$，找出使 $f(x)=0$ 的点，如图 5-8 所示。

用二分法求方程根的步骤如下。

（1）取区间 $[a, b]$ 中点 $x=(a+b)/2$。

（2）若 $f(x)=0$，即 $(a+b)/2$ 为方程的根。

（3）否则，若 $f(x)$ 与 $f(a)$ 同号，则变区间为 $[x, b]$；异号，则变区间为 $[a, x]$。

（4）重复步骤（1）～步骤（3），直至取到近似根为止。

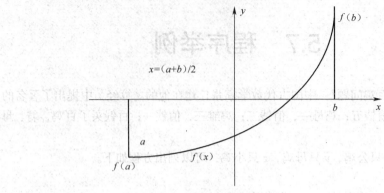

图 5-8 算法流程图

程序如下：

```
#include <stdio.h>
#include <math.h>
main( )
{
float a,b,x;
float fa,fb,fx;
a=-5;
b=5;
fa=a*a*a-6*a-1;
fb=b*b*b-6*b-1;
do
{
x=(a+b)/2;
fx=x*x*x-6*x-1;
if(fa*fx<0)
{
b=x;
fb=b*b*b-6*b-1;
}
else
{
a=x;
fa=a*a*a-6*a-1;
}
{
while(fabs(fa-fb)>1e-4);
printf("x=%f\n",(a+b)/2);
printf("f(%f)=%f" (a+b)/2,fa);
}
```

运行结果：

```
x=2.528918
f(2.528918)=-0.000034
```

经过多次迭代，当 $x=2.528\ 918$ 时，$f(x)$ 的结果为 $-0.000\ 034$ 已经接近 0，误差小于 10^{-4}，读者可进行简单地改写，输出每一次的迭代结果。

【例 5-13】求 Fibonacci 数列的前 40 项，并以每行 5 项的方式输出。

分析：Fibonacci 数列的前两项均为 1，从第 3 项开始，每项的值为前两项之和，即 1、1、2、3、5、8、13、21、34 等。

这种问题称为递推问题，即可以从前一项或几项推出下一项的结果。

解决这种问题的思路如下。

（1）先将数列前两项的值赋给 f1 和 f2，即 f1=1，f2=1。

（2）输出 f1 和 f2 两项的值。

（3）将 f1 与 f2 之和赋给 f1，然后新的 f1 值与原来的 f2 值之和赋值给 f2。

（4）重复（2）、（3），直到获得最终结果。

程序如下：

```
#include <stdio.h>
main()
{
  long f1,f2;
  f1=f2=1;
    for(i=1;i<=20i++)
    {
     printf("\n%10ld%10ld",f1,f2);
     if(i%2==0) printf("\n");
     f1=f1+f2;
     f2=f1+f2;
    }
}
```

本例题使用的为递推算法，所谓递推算法是迭代算法的最基本的表现形式。一般来讲，一种简单的递推方式，是从小规模的问题推解出大规模问题的一种方法，也称其为"正推"。

【例 5-14】警察局抓了 a、b、c、d 4 名偷窃嫌疑犯，其中只有一人是小偷。审问中，

a 说："我不是小偷。"

b 说："c 是小偷。"

c 说："小偷肯定是 d。"

d 说："c 在冤枉人。"

现在已经知道 4 个人中 3 人说的是真话，一人说的是假话，问到底谁是小偷？

解决这种问题的思路：将 a、b、c、d 4 个人进行编号，号码分别为 1、2、3、4，则问题可用枚举尝试法来解决，此问题可以将表面看非数值的问题进行数字化，即信息数字化。

用变量 x 存放小偷的编号，则 x 的取值范围从 1～4，就假设了他们中的某人是小偷的所有情况。4 个人所说的话就可以分别写成如下所示。

a 说的话：x!=1。

b 说的话：x==3。

c 说的话：x==4。

d 说的话：x!=4。

程序如下：

```
#include <stdio.h>
main()
{
  int  x;
  for(x=1;x<=4;x++)
    if((x!=1)+(x==3)+(x==4)+(x!=4)==3)
printf("%c is a thief",64+x);}
```

本章小结

循环结构是结构化程序设计的基本结构之一，它和顺序结构、选择结构共同作为各种复杂程序的基本构造单元。在许多问题的解题过程中都需要用到循环结构。因此，熟练掌握循环结构的概念及使用是程序设计的基本要求。

C 语言提供了 3 种循环语句。

（1）for 语句主要用于给定循环变量初值、循环变量增量以及循环次数的循环结构。

（2）循环次数及控制条件要在循环过程中才能确定，循环可用 while 语句或 do-while 语句。

（3）3 种循环语句可以相互嵌套组成多重循环。循环之间可以并列但不能交叉。

（4）在循环程序中应避免出现死循环，即应保证循环变量的值在运行过程中可以得到修改，并使循环条件逐步变为"假"，从而结束循环。

C 语言提供了 4 种流程转向语句。

（1）break 语句用于终止所在的结构。

（2）continue 语句用于提前结束本次循环，进入下一次循环。

（3）goto 语句是一种使程序流程无条件转移的语句，可以跳出多层循环，但不能从外面转向循环体内。

习　题

一、填空题

1. 以下程序段的输出结果是_____。

```
int k,n,m;
n=10; m-1; k=1;
while(k<=n) m*=2;
printf("%d\n",m);
```

2. 以下程序的输出结果是_____。

```
main()
{
  int x=2;
  while(x--);
  printf("%d\n",x);
}
```

3. 以下程序段的输出结果是_____。

```
int i=0,sum=1;
do
{ sum+=i++;
}while(i<5);
printf("%d\n",sum);
```

二、选择题

1. 以下程序的输出结果是（　　）。

A. 12　　　　　　B. 15　　　　　　C. 20　　　　　　D. 25

```
    int i,j,m=0;
    for(i=1; i<=15; i+=4)
    for(j=3;j<=19; j+=4) m++;
    printf("%d\n",m);
```

2. 以下程序的输出结果是（　　　）。

```
int n=10;
    while(n>7)
        { n--;
          printf("%d\n",n);
        }
```

A. 10 　　　　　　B. 9 　　　　　　C. 10 　　　　　　D. 9

    9 　　　　　　　　　　8 　　　　　　　　　9 　　　　　　　　　8

    8 　　　　　　　　　　7 　　　　　　　　　8 　　　　　　　　　7

    　　　　　　　　　　　　　　　　　　　　　　7 　　　　　　　　　6

3. 以下程序的输出结果是（　　　）。

A. 1 　　　　　　　B. 3 0 　　　　　　C. 1 −2 　　　　　　D. 死循环

```
    int x=3;
    do
     {
     printf("%3d",x-=2);
     }while(!(--x));
```

4. 以下程序的输出结果是（　　　）。

A. 15 　　　　　　B. 14 　　　　　　C. 不确定 　　　　　　D. 0

```
    main()
    {
      int i, sum;
      for(i=1; i<6; i++) sum+=sum;
      printf("%d\n",sum);
    }
```

5. 以下程序的输出结果是（　　　）。

A. 741 　　　　　　B. 852 　　　　　　C. 963 　　　　　　D. 875421

```
    main()
    {
      int y=10;
      for( ;y>0;y--)
      if(y%3==0)
      { printf("%d",--y); continue; }
    }
```

三、编程题

1. 编写程序，求 1−3+5−7+⋯−99+101 的值。

2. 编写程序，求 e 的值。e≈1+1/1! +1/2! +1/3! +1/4!+⋯+1/n!

（1）用 for 循环，计算前 50 项。

（2）用 while 循环，要求直至最后一项的值小于 10^{-4} 为止。

3. 编写程序，输出从公元 1600 年至 2000 年所有闰年的年份，每输出 5 个年份换一行。判断某年为闰年的条件如下。

（1）公元年数如能被 4 整除，而不能被 100 整除，则是闰年。

（2）公元年数能被 400 整除也是闰年。

4. 一个球从 200m 高度自由落下，每次落地后反跳回原高度的一半，再落下。求它在第 10 次落地时，共经过多少米？第 10 次的高度是多少？

5. 输入两个正整数，求它们的最大公约数和最小公倍数。

6. 打印出 0~1 000 之间的所有"水仙花数"。所谓的"水仙花数"是指一个 3 位数，其各位数字立方和等于该数本身。例如，153 就是一个水仙花数，因为 $153=1^3+5^3+3^3$。

7. 输出 100 以内不能被 3 整除的数。

8. 整元换零钱问题：把 1 元钱兑换成 1 分、2 分和 5 分硬币，共有多少种不同换法？

9. 现在有人口 11 亿，每年人口自然增长率为 0.3%，问 20 年后的人口是多少？

第6章
函数

学习目标

通过本章的学习，读者能够学会采用结构化设计方式，对程序进行由上而下的逐一分析，学会将一个复杂的问题分解成为很多小的问题的方法，并对每个小问题编写程序（函数体），通过函数调用组合成一个完整的复杂功能的程序。

学习要求

- 了解函数定义、函数表达式和返回值。
- 掌握形参和实参的区别，以及两者的调用形式（函数的嵌套调用、函数的递归调用）。
- 了解局部变量、全局变量的类别及内部函数和外部函数的使用方法。

6.1　概述

在实现大型程序的过程中，有时一个程序段需要在程序的多个地方出现，如果我们在所有需要的地方都写一遍代码，显然程序将变得十分冗长，一旦需要对这段程序进行调整，程序的修改工作量将十分繁重。为此，C语言提供了函数方式，利用这种方式，可以把一个复杂的问题分解为很多小的问题，然后逐一编写程序模块。每个模块可以实现一个特定的功能，然后再分别将各个模块组成一个完整的程序。这样的思路不仅易于理解，还可以大大减少编写重复代码的工作量，提高编程效率，提高代码的重用性（reusability），可以减少出错的范围，便于程序的维护。

在C语言程序中，最简单的程序模块就是函数。函数被视为程序设计的基本逻辑单位，函数是完成某一功能的程序段，是程序的基本组成成分。一个C语言程序由一个主函数main()和多个其他函数组成，程序执行从主函数main()开始，由主函数main()调用其他函数，函数之间可以相互调用。

在使用函数时，需要注意以下几点。

- C语言程序的执行是从主函数main()开始的。
- 一个C语言程序是由一个或多个程序模块组成的，每一个程序模块作为一个源程序文件。每个源程序文件有一个和多个函数以及其他有关内容（如指令、数据声明与定义等）组成。
- 所有函数都是平行的，即在定义函数时分别进行，是相互独立的。一个函数并不从属于另一个函数，即函数不能嵌套。

- 从用户的使用角度看，C 语言中的函数分为系统函数和用户函数。系统函数也称标准函数或库函数，它是由系统提供的，用户不必定义这些函数，可以直接使用它们。不同的 C 系统提供的库函数的数量和功能是不同的，当然有一些基本的函数是共同的。用户函数是用户自己定义的，用以解决用户的专门需要。

- 从函数的形式看，函数又可分为无参函数和有参函数。在调用无参函数时，主调函数并不将数据传送给被调用函数，一般用来执行指定的一组操作。无参函数可以带回函数值也可以不带回函数值，一般不带回函数值。在调用有参函数时，在主调函数和被调用函数之间有数据传递，就是主调函数可以将数据传给被调用函数使用，被调用函数中的数据也可以带回来供主调函数使用。

6.2　函数定义和返回值

6.2.1　函数的说明

C 语言中的函数与变量一样，在使用之前必须说明。所谓说明，就是说明函数是什么类型的函数，一般库函数的说明都包含在相应的头文件"*.h"中，标准的输入/输出函数包含在"stdio.h"中，非标准输入/输出函数包含在"io.h"中，以后在使用库函数时必须先知道该函数包含在哪个头文件中，在程序的开头用#include<*.h>或#include "*.h"说明。

函数说明的一般形式为

函数类型 函数名（数据类型 形式参数 1，数据类型 形式参数 2，…，数据类型 形式参数 n）；

其中，函数类型是该函数返回值的数据类型，可以是整型、长整型、单精度类型、双精度类型、字符型以及无值型（表示函数没有返回值）。

```
int  max(int a,int b);          /*说明一个整型函数*/
float  min(float m,float n);     /*说明一个浮点型函数*/
void   stu(int p, int q);        /*说明一个不返回值的函数*/
```

6.2.2　函数的定义

函数的定义格式有两种：传统格式和现代格式。传统格式是早期编译系统使用的格式，现代格式则是现代编译系统的格式。本书建议使用现代格式。现代格式在形参表中既说明其名称又说明其类型。传统格式只在形参表中说明形式参数的名称，而把其类型说明放在函数名和函数体左花括号之间。具体定义的语法格式如下所示。

1. 现代格式

函数的类型说明　函数名（带有类型说明的参数表）
　{ 函数体；}

2. 传统模式

函数的类型说明　函数名（不带有类型说明的参数表）
参数的类型说明；
　　{
　　　　函数体；
　　}

对函数定义中的各个部分的说明如下。

（1）函数名。函数名是编译系统识别函数的依据，除了 main( ) 函数有固定名称外，其他函数由用户按标识符的规则自行命名。函数名与其后的圆括号之间不能留空格，编译系统依据一个标识符后有没有圆括号来判定它是不是函数。函数名是一个常数，代表该段程序代码在内存中的首地址，也叫作函数入口地址。

（2）函数的形式参数。函数的形式参数也称为形参，用来建立函数之间的数据联系，它们被放在函数名后面的圆括号中。当一个函数被调用时，形参接收来自调用函数的实在参数（也称实参），实现实参与形参之间的数据通信，称为虚实结合。形参可以是变量、数组、指针，也可以是函数、结构体和联合等，当形参有多个时，相互之间用逗号隔开。

有的函数在被调用时不需要与调用函数进行数据交换，也就不需要形参，这时，函数名后面的圆括号中可以是空白或 void，这种函数称为无参数，即

```
float sub(void)
```
或
```
float sub()
```

即使是无参函数，函数名后面的圆括号也不能缺少。

（3）函数的数据类型。函数的数据类型指的是该函数返回值的类型，可以是 char、int、float、double、指针等。如果省略函数的数据类型，则默认为 int 型。如果 return 中的表达式类型与函数类型不一致，则编译系统自动将表达式的类型转换成函数的类型后返回。

无返回值的函数可以定义为无值类型。在传统格式中，定义无值类型时，函数名前不加任何关键字；在现代格式中，则加上关键字 void。例如：

```
void print(float x,float y)
void input(void)
```

（4）函数的存储类型。函数的存储类型用来标识该函数能否被其他程序文件中的函数调用。当一个程序文件中的函数允许被另一个程序文件中的函数调用时，可以将它定义成 extern 型，否则，就要定义成 static 型。如果在函数定义时默认存储类型，则为 extern 型。

（5）函数体。函数体是函数实现特定处理功能的语句集合，其形式与 main( ) 函数完全相同。C 语言允许一个函数调用另一个函数，但不允许在一个函数体内再定义另一个函数。

6.2.3 有参函数、无参函数的定义

1. 有参函数的定义

有参函数定义的一般形式为

类型标识符 函数名 （数据类型 形式参数 1，数据类型 形式参数 2，…数据类型 形式参数 n）
{
    函数体；
}

在进行函数调用时，主调函数将实际参数传递给形式参数。由于形参是变量，因此必须在形参表中给出形参的类型说明。

例如，定义一个函数，该函数的功能是找出 3 个数中的最大数。

程序如下：

```
int max(int a,int b,int c)
{
    int max;
    max=a;
    if(a<b) max=b;
    if(max<c) max=c;
    return(max);
}
```

程序第 1 行 max 前面的 int 说明 max( )函数是一个整型函数,该函数的返回值是一个整数。形参 a、b、c 也均为整型变量。a、b、c 的具体值由主调函数在调用时传送。在 "｛ ｝"中的函数体内,定义了一个用来存放最大数的整型变量 max。在 max( )函数中的 return 语句是把 a、b、c 中的最大值作为函数的值返回给主调函数。

有返回值的函数中至少应有一个 return 语句。

在 C 语言程序中,一个函数的定义可以放在任意位置,既可放在主函数 main( )之前,也可放在 main( )之后。例如,下面所示的程序是将 max( )函数放在 main( )函数之前。

【例 6-1】
```
#include<stdio.h>
int max(int a,int b,int c)
{
    int max;
    max=a;
    if(a<b) max=b;
        if(max<c) max=c;
    return(max);
}
main()
{
    int max(int a,int b,int c);
    int z,m,n,y;
    printf("input three numbers:\n");
    scanf("%d%d%d",&m,&n,&y);
    z=max(m,n,y);
    printf("The max is %d",z);
}
```
运行结果:
```
input three numbers:
23 1 78
The max is 78
```
下面从函数定义、函数说明以及函数调用的角度来分析整个程序,进一步了解函数的各个特点。

程序的第 2 行至第 9 行为 max( )函数定义。进入主函数后,因为准备调用 max( )函数,故先对 max( )函数进行声明。注意,函数定义和函数声明并不是一回事,函数声明与函数定义中的函数头部分相同,但是末尾要加分号。程序第 16 行为调用 max( )函数,并把 m、n、y 中的值传送给 max 的形参 a、b、c。max( )函数执行的结果(最大值)将返回给变量 z。最后由主函数输出 z 的值。

2. 无参函数的定义

无参函数定义的一般形式为

```
类型标识符 函数名()
{
        函数体;
}
```

其中，类型标识符和函数名称为函数头。类型标识符指明了本函数的类型，函数的类型实际上是函数返回值的类型。该类型标识符与前面介绍的各种说明符相同。函数名是由用户命名的标识符。可以看到，函数名后面括号中无任何参数，但是这里的括号不可少。{ }中的内容称为函数体。在函数体中声明部分，是对函数体内部所用到的变量的类型说明。

在很多情况下不要求无参函数有返回值，此时的函数类型符可以写为 void。

```
void Hello ()
{
  printf("Hello human\n");
}
```

Hello( )函数是一个无参函数，当该函数被其他函数调用时，将输出"Hello human"字符串。

6.2.4　空函数

在程序设计中，有时会用到空函数，它的形式为

```
类型说明符 函数名()
        {   }
```

例如：

```
void khs()
{   }
```

调用此函数，什么工作也不做，没有任何实际作用。在主调函数中写上"khs( );"表明"这里要调用一个函数"，而这个函数没有起作用，等以后扩充函数功能时补充上。

在程序设计中往往根据需要确定若干模块，分别由一些函数来实现。而在第一阶段只设计最基本的模块，其他一些次要功能或锦上添花的功能则在以后需要时陆续补上，在编写程序的开始阶段，可以在将来准备扩充功能的地方写上一个空函数（函数取名将来采用实际函数名，如用merge( )、matproduct( )、concatenate( )、shell( )等，分别代表合并、矩阵相乘、字符串连接、希尔法排序等），只是这些函数未编好，先占一个位置，以后用一个编好的函数代替它。这样做，程序的结构清楚，可读性好，以后扩充新功能方便，对程序结构影响不大。

6.2.5　函数的返回值

有的函数在运行结束时，要将运算结果返回到调用函数，称为函数的返回值。函数的返回值是由 return 语句完成的，其中，作为返回值的变量或表达式可以用圆括号括起来，也可以省略圆括号。

有的函数不需要向调用函数返回值，可以用不带表达式的 return 作为函数的逻辑结尾。这时，return 的作用是将控制权交给调用函数，而不是返回一个值。也可以不用 return，因为 C 语言规定，当被调用函数执行到最后一个花括号时也能将控制权交给调用函数。

6.3　函数的调用

在一个完整的 C 语言程序中，各函数之间的逻辑联系是通过函数调用实现的。

6.3.1　函数的简单调用

在调用函数时，C 语言直接使用函数名和实参的方法，函数调用的一般形式为

函数名（[参数表达式 1，参数表达式 2，…，参数表达式 n]）；

其中，参数前不加数据类型说明，参数表达式可以是常量、变量或表达式，各个参数表达式之间用逗号分隔。参数表达式的个数与该函数定义时形式参数的个数、数据类型都应该匹配，否则会出现预料不到的结果。如果被调用函数是无参函数，即[]中没有内容时，函数名后面的括号也不能省略。

使用 C 语言的库函数就是函数简单调用。

例如：

```
main ()
{
    printf("******\n");
}
```

上述程序在 main( )函数中调用输出函数 printf( )来输出一行星号。

6.3.2　调用方式

函数在程序中的调用方式有函数表达式、函数语句和函数参数 3 种方式。

1．函数表达式

函数作为表达式中的一项出现在表达式中，以函数返回值参与表达式的运算。这种方式要求函数有返回值。

```
z=max(x,y)*8;
```

其实，函数 max( )是赋值表达式的一部分，它的值乘以 8 后再赋予变量 z。

2．函数语句

函数调用的一般形式，加上分号即构成函数语句，例如：

```
printf("%d",m);
max(x,y);
```

等都是以函数调用的方式调用函数。

3．函数参数

函数作为另一个函数调用的实际参数出现。这种情况是把该函数的返回值作为实参传递给调用函数，因此该函数必须有返回值。例如：

```
printf("%d",max(m,n));
```

上述语句是把 max()函数的返回值又作为 printf()函数的实参来使用。

在函数调用时，需要对被调用函数进行说明。对函数进行说明时需要注意以下两点。

（1）在调用系统函数时，需要包含命令#include"头文件名.h"，将定义系统函数的库文件包含在本程序中。有关包含命令的相关知识在后面章节中将详细介绍。

（2）如果调用函数和主函数在一个编译单元中，则在书写顺序上被调用函数比主函数先出现；或者被调用函数虽然在主函数之后出现，而被调用函数的数据类型是整型或字符型，可以不对被调用函数加以说明。除了上述两种情况以外，都要对被调用函数加以说明。函数说明的位置一般在主函数体开头的数据说明语句中，说明格式为

数据类型　　被调用函数名()；

【例 6-2】编写程序，求 4 个整数的最大值，4 个整数由键盘输入。

```c
#include<stdio.h>
int max(int a, int b, int c)                    /*定义求 3 个整数中最大值的函数*/
{
    int max;
    max=a;
    if(max<b)
    max=b;
    if(max<c)
    max=c;
    return(max);
}
main()                                          /*主函数*/
{
    int x,y,z,m,n;                              /*定义主函数中所用到的变量*/
    printf("please input four numbers:\n");
    scanf("%d,%d,%d,%d",&x,&y,&z,&m);           /*输入要进行处理的整数*/
    n=max(x,y,z);                               /*调用 max 函数求 3 个数的最大值*/
    if(m>n)       /*将 3 个数中的最大值与第 4 个数进行比较，求 4 个数中的最大值 */
        n=m;
      printf("max=%d\n",n);                     /*输出结果*/
}
```

运行结果：

```
please input four numbers:
4,3,2,1
max=4
```

在本例中，由于被调用函数 max( )出现在主调用函数之前，所以不必进行说明。如果定义被调用函数出现在主调用函数之后，则需要在主函数的开始处进行说明。

【例 6-3】

```c
#include <stdio.h>
int max (int a, int b, int c);                  /*声明求 3 个整数中最大值的函数*/
main()                                          /*主函数*/
{
    int x,y,z,m,n;                              /*定义主函数中所用到的变量*/
    puts ("please input four numbers:\n");
    scanf ("%d,%d,%d,%d",&x,&y,&z,&m);          /*输入要进行处理的整数*/
    n=max(x,y,z);                               /*调用 max 函数求 3 个数的最大值*/
    if(m>n)       /*将 3 个数中的最大值与第 4 个数进行比较，求 4 个数中最大值*/
        n=m;
      printf ("max=%d\n",n);                    /*输出结果*/
}
int max(int a,int b, int c)                     /*定义求 3 个整数 a、b、c 中的最大数的函数*/
{
int max;
max=a;
if(a<b)max=b;
if(max<c)max=c;
return(max);
}
```

上述程序的运行结果为

```
please input four numbers:
3, 1, 7, 2
max=7
```

如果调用函数和主函数不在一个编译单元，则需要在定义函数的编译单元中用下列方式将被调用函数用函数定义成外部函数。

extern 数据类型 函数名(形式参数表)

同时，在主调用函数的函数体中或所在编译单元的开头，将要调用的函数说明为"外部函数"。具体的说明语句格式为

extern 数据类型 被调函数名();

6.3.3 函数间的参数传递

函数间的参数传递方式主要有 4 种：值传递方式、地址传递方式、返回传递方式和全局变量传递方式。其中，前两种方式是利用函数的参数来传递数据的。

1. 形参和实参

形参出现在函数定义中，在整个函数体内都可以使用，离开函数则不能使用。实参出现在主调函数中，进入被调函数后，实参变量也不能使用。形参和实参两者相互配合进行数据传输。函数调用时，主调函数把实参的值传送给被调函数的形参，从而实现主调函数向被调函数的数据传输。

【例 6-4】求 m 个自然数之和。

```
#include<stdio.h>
 int  sum(int m);
 main( )
 {
 int m;
 printf("please  inptut  munber:\n");
 scanf("%d",&m);                /*输入自然数的个数 m 的值*/
 sum(m);                        /*调用求和函数 sum*/
 printf("m=%d\n",m);            /*输出 m 的值*/
 }
 int  sum(int m)               /*求和函数 sum 的定义*/
 {
 int i;
 for(i=m-1;i>=1;i--)
     m=m+i;
 printf("sum=%d\n",m);
 }
```

运行结果：

```
please input  number:
200
sum=20100
m=200
```

在这个程序中定义了一个函数 sum( )，用来实现求和运算。程序执行时，在主函数中输入值，并作为实参，在调用时传送给 sum( )函数的形参变量 m。注意，本例的形参变量和实参变量的标识符都为 m，但这是两个不同的变量，各自的作用域是不同的。在主函数中用 prinrf( )

语句输出一次 m 值，这个 m 值是实参 m 的值。从运行情况看，输入 m 值为 200，即实参 m 的值为 200。把此值传给函数 sum( )时，形参 m 的初值也为 200，在执行函数过程中，形参 m 的值变为 20 100。但是，在返回主函数之后，输出实参 m 的值仍为 200。可见实参的值不随形参的变化而变化。

2. 形参和实参的特点

在使用形参和实参解决实际问题时，应注意它们各自的特点。

实参可以是常量、变量、表达式和函数等。无论定义的实参是何种类型，在进行函数调用时，它们都必须具有确定的值，以便程序在运行时把这些值传送给形参。

形参变量在被调用时系统才为其分配内存单元，调用结束，即释放所分配的内存单元。因此，形参只在函数内部有效，函数调用结束后则不能再使用该形参变量。

函数调用中发生的数据传送是单向的，即只能把实参的值传送给形参，而不能把形参的值反向传送给实参。因此，在函数调用过程中，即使形参的值发生改变，实参中的值也不会发生改变。

实参和形参在数量上、类型上、顺序上应严格一致，否则会发生"类型不匹配"的错误。

3. 用 return 语句返回函数的值

函数的值是指函数被调用之后，执行函数体的程序段取得的并返回给主调函数的值。对函数的返回值归纳起来有以下几点说明。

要想返回函数的值，只能通过 return 语句来实现。return 语句的一般形式为

```
return  表达式；
```

或者 return（表达式）；

return 语句的功能是计算表达式的值，并返回给主调函数。在函数中允许有多个 return 语句，但每次调用只能有一个 return 语句被执行，因此只能返回一个函数值。

函数值为整型时，在函数定义时可以省去类型说明。

函数值的类型和函数定义中说明的函数的类型应保持一致。如果两者不一致，则以函数类型为准，自动进行类型转换。

不返回函数值的函数，可以明确定义为"空类型"，空类型的说明符为"void"。

例如：

```
void m（int n）
{
...
}
```

一旦函数被定义为空类型后，就不能在主调函数中使用被调函数了。例如，在定义函数 s 为空类型后，在主调函数中写下述语句企图调用该函数就错了。

```
sum=s(n);
```

因此，为了使程序有良好的可读性并减少出错，凡不要求返回值的函数都应定义为空类型。

6.3.4　参数传递举例

【例 6-5】编写一个函数输出如下图案，用参数 n 控制输出的行数，参数值的取值范围是 1～9，超过这个范围，函数不做任何输出，并编写主函数调用该函数。

a
bbb

```
                                    ccccc
                                   ddddddd
                                  eeeeeeeee
```

程序如下：

```c
#include<stdio.h>
int print(int n);
main()
{
    int i,n;
    printf("\nplease enter 1 integer:");
    scanf("%d",&n);
    i=print(n);
    if(!i)
    printf("The value of print is %d!",i);
}
int print(int n)
{
    int i,j;
    for(i=1;i<=n;i++)
    {
        for(j=n-i;j>=1;j--)          /*输出数字前的空格*/
            printf(" ");
        for(j=1;j<=2*i-1;j++)        /*输出字母*/
            printf("%c",i+96);
        printf("\n");

                                     /*参数正常返回1*/

    }
    return 0;                        /*参数错误返回*/
}
```

6.4 函数的嵌套调用

所谓函数的嵌套调用是指在调用一个函数的过程中，又调用另外一个函数。例如，在调用 A 函数的过程中，还可以调用 B 函数，在调用 B 函数的过程中，还调用 C 函数……当 C 函数调用结束后返回到 B 函数，当 B 函数调用结束后返回到 A 函数，当 A 函数调用结束后再返回到 A 的调用函数中。假定函数 main( )调用 A 函数，上述的嵌套调用关系如图 6-1 所示。

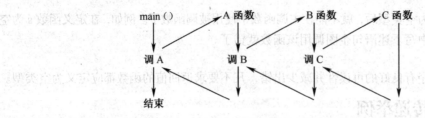

图 6-1 函数的嵌套调用关系

【例 6-6】编程求 $1^k+2^k+3^k+\cdots+n^k$ 的值。

```c
#include<stdio.h>
#define K 4
```

```
#define N 6
int k,n;
int fun(int k,int n);
int powers(int m,int n);
main()
{   printf("Sum of%dth powers of integers from 1 to %d=",K,N);
    printf("%d\n" ,fun(K,N));
}
int fun(int k,int n )
{
    int i,sum=0;
    for(i=1;i<=n;i++)
    sum+=powers(i,k);
    return ( sum );
}
int  powers(int m,int n)
{
    int i,product=1;
    for(i=1;i<=n;i++)
       product*=m;
    return (product);
}
```

输出结果:

sum of 4th powers of integers from 1 to 6=2275

① 该程序由 main( )、fun( )和 powers( ) 3 个函数组成,main( )函数中调用 fun( )函数,该函数返回一个 int 型数值,而 fun( )函数中又调用 powers( )函数,该函数也返回一个 int 型数值。可见,函数之间的嵌套调用在实际编程中是经常使用的。

② 在主函数中,调用 fun( )函数时,实参是两个符号常量 K 和 N。可见符号常量与一般常量一样都可作为函数的实参。本程序中的两次函数调用都属于传值调用,参数之间的信息传递是通过返回值来实现的。

6.5 函数的递归调用

C 语言可以使用递归函数。递归函数又称为自调用函数,它的特点是在函数内部直接或间接地调用自己。从函数定义的形式上看,在函数体出现调用该函数本身的语句时,它就是递归函数。递归函数的结构十分简单,对于可以使用递归函数算法实现功能的函数,可以把它们编写成递归函数。某些问题(如汉诺塔问题)用递归算法来实现,所写程序的代码十分简洁,但并不意味着执行效率就高。为了进行递归调用,系统要自动安排一系列的内部操作,通常使效率降低,而且并不是所有问题都可用递归算法来实现,一个问题要采用递归方法来解决时,必须符合以下 3 个条件。

(1)找出递归问题的规律,运用此规律使程序控制反复地进行递归调用。把一个问题转化为一个新的问题,而这个新问题的解法仍与原问题的解法相同,只是所处理的对象有所不同,是有规律地递增或递减。

(2)可以通过转化过程使问题得以解决。

(3)找出函数递归调用结束的条件,否则程序无休止地进行递归,不但解决不了问题,而且会出错，也就是说，必须要有终止递归的条件。

在递归函数程序设计的过程中，只要找出递归问题的规律和递归调用结束的条件两个要点，问题就会迎刃而解，递归函数的典型例子是阶乘函数。数学中整个 n 的阶乘按下列公式计算。

n!=1×2×3×…×n

在归纳算法中，它由下列两个计算式表示。

n!=n*(n-1)!
1!=1

由公式可知，求 $n!$ 可以转化为 $n*(n-1)!$，而$(n-1)!$的解决方法仍与求 $n!$的解法相同，只是处理对象比原来的递减 1，变成 $n-1$。对于（$n-1$）!又可转化为求（$n-1$）*(n-2)!，依此类推，当 $n=1$ 时，$n!=1$，这是结束递归的条件，从而使问题得以解决。求 4 的阶乘时，其递归过程是：

4! = 4*3!

3! =3*2!

2! =2*1!

1! =1

按上述相反过程回溯计算就会得到计算结果：

1! =1

2! =2

3! =6

4! =24

上面给出的阶乘递归算法用函数实现时，就形成了阶乘的递归函数。根据递归公式很容易写出以下的递归函数 f( )。

【例 6-7】阶乘的递归函数。

```c
#include<stdio.h>
int f(int n)
{
  if(n==1)
  return(1);
  else
  return(n*f(n-1));
}
main()
{ int x=4;
  printf("n!=%d\n",f(x));
}
```

输出结果：

n!=24

该函数的功能是求形式参数 x 为给定值的阶乘，返回值是阶乘值。从函数的形式上可以看出，函数体中最后一个语句出现了 f(n-1)。这正是调用该函数自己，所以它是一个递归函数。假如在程序中要求计算 4!，则从调用 f(4) 开始了函数的递归过程。递归函数的执行过程如图 6-2 所示。

分析递归调用时，应当弄清楚当前是在执行第几层调用，在这一层调用中各内部变量的值是什么，上一层函数的返回值是什么，这样才能确定本层的函数的返回值。现以上面的求阶乘函数为例，最初的调用语句为 f(4)。分析步骤如下。

（1）进入第 1 层调用，n 接受主调函数实参的值 4，进入函数体后，由于 n≠1，所以执行 else

下的 return(n*f(n-1))语句，首先要求出函数值 f(n-1)，因此进行第 2 层调用，这时实参表达式 n-1 的值为 3。

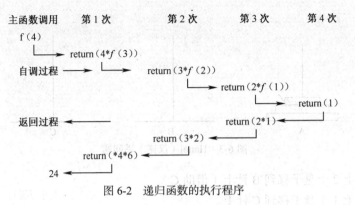

图 6-2 递归函数的执行程序

（2）进入第 2 层调用，形参 n 接受来自上一层的实参值 3，n≠1，执行 return(n*f(n-1))语句，需要先求函数值 f(n-1)，因此进行第 3 层调用，这时实参的值为 2。

（3）进入第 3 层调用，形参 n 接受来自上一层的实参值 2，因为 n≠1，所以执行 return(n*f(n-1)) 语句，需要进行第 4 层调用，实参表达式 n-1 的值为 1（等价于 f(1)）。

（4）进入第 4 层调用，形参 n 接受来自上一层的实参值 1，因为 n=1，因此执行 return(1)。在此遇到了递归结束条件，递归调用终止，并返回本层调用所得的函数值 1。至此，自调用过程终止，程序控制开始逐步返回。每次返回时，函数的返回值乘 n 的当前值，其结果作为本次调用的返回值。

（5）返回到第 3 层调用，f(n-1)(即 f(1))的值为 1，本层的 n 值为 2，表达式 n*f(n-1)的值为 2，返回函数值为 2。

（6）返回到第 2 层调用，f(n-1)(即 f(2))的值为 2，本层的 n 值为 3，表达式 n*f(n-1)的值为 6，返回函数值为 6。

（7）返回到第 1 层调用，f(n-1)(即 f(3))的值为 6，本层的 n 值为 4，因此返回到主调函数的函数值为 24。

（8）返回到主调函数，表达式 f(4)的值为 24。

从上述递归函数的执行过程中可以看到，作为函数内部变量的形式参数 n，每次调用时它都有不同的值。随着自调用过程的层层进行，n 在每层都取不同的值。在返回过程中，返回到每层时，n 恢复该层的原来值。递归函数中局部变量的这种性质是由它的存储特性决定的。这种变量在自调用过程中，它们的值被依次压入堆栈存储区。而在返回过程中，它们的值按后进先出的顺序一一恢复。由此得出结论：在编写递归函数时，函数内部使用的变量应该是 auto 堆栈变量。

C 编译系统对递归函数的自调用次数没有限制，但是当递归层次过多时可能会产生堆栈溢出。在使用递归函数时应特别注意这个问题。

【例 6-8】Hanoi（汉诺）问题，也称梵塔问题，这是一个典型的用递归方法解决的问题。有 3 根针 A、B、C，A 针上有 64 个盘子，盘子大小不等，大的在下，小的在上。要求把这 64 个盘子从 A 针移到 C 针，在移动过程中可以借助 B 针，每次只允许移动一个盘子，且在移动过程中在 3 根针上都保持大盘在下，小盘在上。要求编程序打印出移动的步骤。

将 n 个盘子从 A 针移到 C 针可以分解为 3 个步骤：①将 A 针上 n-1 个盘借助 C 针先移到 B

针上。②把 A 针上剩下的一个盘移到 C 针上。③将 $n-1$ 个盘从 B 针借助 A 针移到 C 针上。

下面以图 6-3 所示的 3 个盘子为例，想要将 A 针上 3 个盘子移到 C 针上，可以分解为以下 3 个步骤。

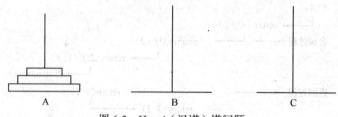

图 6-3　Hanoi（汉诺）塔问题

（1）将 A 针上 2 个盘子移到 B 针上（借助 C）。

（2）将 A 针上 1 个盘子移到 C 针上。

（3）将 B 针上 2 个盘子移到 C 针上（借助 A）。

其中，第（2）步可以直接实现。第（1）步又可以用递归方法分解如下。

（4）将 A 针上 1 个盘子从 A 针上移到 C 针上。

（5）将 A 针上 1 个盘子从 A 针上移到 B 针上。

（6）将 C 针上 1 个盘子从 C 针上移到 B 针上。

第 1 步可以分解如下。

（7）将 B 针上 1 个盘子从 B 针上移到 A 针上。

（8）将 B 针上 1 个盘子从 B 针上移到 C 针上。

（9）将 A 针上 1 个盘子从 A 针上移到 C 针上。

将以上综合起来，可得到移动的步骤为

A→C，A→B，C→B，A→C，B→A，B→C，A→C

上面第（1）步和第（3）步，都是把 $n-1$ 个盘从一个针移到另一个针上，采取的办法是一样的，只是针的名字不同而已。为使之一般化，可以将第（1）步和第（3）步表示为

将 "one" 针上 $n-1$ 个盘移到 "two" 针，借助 "three" 针。

只是在第（1）步和第（3）步中，one、two、three 和 A、B、C 的对应关系不同。第（1）步中的对应关系是

one-A，two-B，three-C

第（3）步中的对应关系是

one-B，two-C，three-A

因此，可以把上面 3 个步骤分成两步来操作。

（1）将 $n-1$ 个盘从一个针移到另一个针上（$n>1$）。这是一个递归的过程。

（2）将一个盘子从一个针上移到另一个针上。

下面编写程序，分别用两个函数实现上面的操作，用 hanoi( )函数实现上面第（1）步操作，用 move( )函数实现上面第（2）步操作。

```
hanoi (n, one, two,three);
```

表示将 n 个盘子从 "one" 针移到 "three" 针，借助 "two" 针。

```
move(getone,putone);
```

表示将一个盘子从 "getone" 针移到 "putone" 针。getone 和 putone 也是代表 A、B、C 之一，

根据每次不同的情况分别取 A、B、C 代入。

程序如下：

```c
#include<stdio.h>
void move (char getone, char putone)
{
printf("%c-->%c\n",getone,putone);
}
void hanoi(int n,char one,char two,char three)
/*将 n 个盘从 one 借助 two，移到 three*/
{
if(n==1)
move(one,three);
else
{
    hanoi(n-1,one,three,two);
    move(one,three);
    hanoi(n-1,two,one,three);
}
}
main()
{
int m;
printf("input the number of diskes:");
scanf("%d",&m);
printf("the step to moving %3d diskes:\n",m);
hanoi(m,'A','B','C');
}
```

运行结果：

```
input the number of diskes:3
the step to moving 3 diskes:
A->C
A->B
C->B
A->C
B->A
B->C
A->C
```

6.6 局部变量和全局变量

6.6.1 局部变量

局部变量也称为内部变量。局部变量是在函数内进行定义说明的，其作用域仅限于函数内，离开该函数后再使用这种变量是非法的。

例如：

```c
int f1(int a)          /*函数 f1*/
{
int b,c;
…
```

```
          }
  a,b,c有效
      int f2(int x)              /*函数f2*/
      {
      int y,z;
      ...
      }
  x,y,z有效
      main()
      {
        int m,n;
        ...
      }
  m,n有效
```

在函数 f1( )内定义了 3 个变量，a 为形参，b、c 为一般变量。在函数 f1( )的范围内 a、b、c 有效，或者说 a、b、c 变量的作用域限于函数 f1( )内。同理，x、y、z 的作用域限于函数 f2( )内。m、n 的作用域限于 main( )函数内。关于局部变量的作用域还有以下几点说明。

（1）主函数中定义的变量只能在主函数中使用，不能在其他函数中使用。同时，主函数中不能使用其他函数中定义的变量，因为主函数也是一个函数，它与其他函数是平行关系，这一点是与其他语言不同的，应予以注意。

（2）形参变量是属于被调函数的局部变量，实参变量是属于主调函数的局部变量。

（3）允许在不同的函数中使用相同的变量名，它们代表不同的对象，分配不同的单元，互不干扰，也不会发生混淆。例如，在前例中，形参和实参的变量名都为 n，是完全允许的。

（4）在复合语句中也可定义变量，其作用域只在复合语句范围内。

例如：

```
main()
{
    int i=2,j=3,k;
    k=i+j;
    {
      int k=8;
      printf("%d\n",k);
    }
    printf("%d,%d\n",i,k);
}
```

本程序在函数 main( )中定义了 i、j、k 3 个变量，其中 k 未赋初值。而在复合语句内又定义了一个变量 k，并赋初值为 8。应该注意，这两个 k 不是同一个变量。在复合语句外由函数 main( )定义的 k 起作用，而在复合语句内则由在复合语句内定义的 k 起作用。因此，程序第 4 行的 k 为函数 main( )所定义，其值应为 5。第 7 行输出 k 值，该行在复合语句内，由复合语句内定义的 k 起作用，其初值为 8，故输出值为 8。第 9 行输出 i、k 值，i 是在整个程序中有效的，第 3 行对 i 赋值为 2，所以输出也为 2。而第 9 行已在复合语句之外，输出的 k 应为函数 main( )所定义的 k，此 k 值由第 4 行已获得值为 5，故输出也为 5。

6.6.2 全局变量

全局变量也称为外部变量，它是在函数外部定义的变量。全局变量不属于哪一个函数，它属于一个源程序文件，其作用域是整个源程序。在函数中使用全局变量，一般应做全局变量说明。只有在函数内经过说明的全局变量才能使用。全局变量的说明符为 extern。但在一个函数之前定义的全局变量，在该函数内使用可不再加以说明。

例如：

```
int a,b;                /*外部变量*/
void f1()               /*函数 f1*/
{
   …
}
float x,y;              /*外部变量*/
int fz()                /*函数 fz*/
{
   …
}
main()                  /*主函数*/
{
   …
}
```

从上例可以看出，a、b、x、y 都是在函数外部定义的外部变量，都是全局变量。但 x、y 定义在函数 f1 之后，而在 f1 内又无对 x、y 的说明，所以它们在 f1 内无效。a、b 定义在源程序最前面，因此在 f1、f2 及 main( )内不加说明也可使用。

【例 6-9】输入正方体的长、宽、高 l、w、h，求体积及 3 个面 $x*y$、$x*z$、$y*z$ 的面积。

程序如下：

```
#include<stdio.h>
int s1,s2,s3;
int vs( int a,int b,int c)
{
    int v;
    v=a*b*c;
    s1=a*b;
    s2=b*c;
    s3=a*c;
    return v;
}
main()
{
    int v,l,w,h;
    printf("\ninput length,width and height\n");
    scanf("%d %d %d",&l,&w,&h);
    v=vs(l,w,h);
    printf("\nv=%d,s1=%d,s2=%d,s3=%d\n",v,s1,s2,s3);
}
```

运行结果：

```
input length,width and height
10 20 30
v=6000,s1=200,s2=600,s3=300
```

外部变量与局部变量同名。

```
#include<stdio.h>
int a=3,b=5;             /*a,b 为外部变量*/
```

```
int max(int a,int b)          /*a,b 为局部变量*/
{
    int c;
    c=a>b?a:b;
    return(c);
}
main()
{
    int a=8;
    printf("%d\n",max(a,b));
}
```

运行结果：

8

如果在同一个源文件中，外部变量与局部变量同名，则在局部变量的作用范围内，外部变量被"屏蔽"，即它不起作用。

说明

（1）可以利用全局变量来减少函数实参与形参的个数，从而减少内存空间以及传递数据时的时间消耗。

（2）建议不要随意使用全局变量，原因如下。

① 全局变量在程序的全部执行过程中都占用存储单元而不是仅在需要时才开辟单元。

② 它使函数的通用性降低了，因为函数在执行时要依赖于其所在的外部变量。如果将一个函数移到另一个文件中，需要将有关的外部变量及其值一起移过去。模块的功能要单一，其他模块的相互影响要尽量少，而用全局变量是不符合这个原则的。一般要求把 C 语言程序中的函数做成一个封闭体，除了可以通过"实参—形参"的渠道与外界发生联系外，没有其他渠道，这样的程序可移植性好，可读性强。

③ 使用全局变量过多，会降低程序的清晰性，人们往往难以清楚地判断出每个时刻各个外部变量的值。在各个函数执行时都可能改变外部变量的值，程序容易出错。因此，要限制使用全局变量。

（3）如果外部变量在文件开头定义，则在整个文件范围内都可以使用该外部变量，如果不在文件开头定义，按上面规定作用范围只限到文件终了。如果在定义点之前的函数想引用该外部变量，则应该在该函数中用关键字 extern 做"外部变量说明"，表示该变量在函数的外部定义，在函数内部可以使用它们。

【例 6-10】

```
#include<stdio.h>
int max(int x,int y)              /*定义 max 函数*/
{
    int z;
    z=x>y?x:y;
    return(z);
}
main()
{
    extern int a,b;               /*外部变量说明*/
    printf("%d",max(a,b));
}
int a=13;
```

```
    int b=-8;                        /*外部变量定义*/
```
运行结果：
```
13
```
　　由于外部变量定义在函数 main( )之后，因此在 main( )函数中引用外部变量 a 和 b 之前，应该用 extern 进行外部变量说明，说明 a 和 b 是外部变量。如果不进行 extern 说明，编译时将会出错，系统不会认为是已定义的外部变量。一般做法是外部变量的定义放在引用它的所有函数之前，这样可以避免在函数中多加一个 extern 说明。

　　外部变量定义和外部变量说明并不是同一回事。外部变量的定义只能有一次，它的位置在所有函数之外，而同一文件中的外部变量的说明可以有多次，它的位置在函数之内（哪个函数要用就在哪个函数中说明）。系统根据外部变量的定义（而不是根据外部变量的说明）分配存储单元。对外部变量的初始化只能在定义时进行，而不能在说明中进行。原则上，所有函数都应当对所用的外部变量进行说明（用 extern），只是为了简化起见，允许在外部变量的定义点之后的函数可以省这个"说明"。

　　如果在同一个源文件中，外部变量与局部变量同名，则在局部变量的作用范围内，外部变量不起作用。

【例 6-11】
```
#include<stdio.h>
int a=3,b=5;                        /*a,b 为外部变量,a,b 作用范围*/
int max(int a,int b)
{
    int c;                          /*形参 a,b 作用范围*/
    c=a>b?a:b;
    return (c);
}
main()                              /*局部变量 a 作用范围*/
{
    int a=8;                        /*a 为局部变量*/
    printf("%d",max(a,b));
}
```
运行结果为
```
8
```
　　这里故意重复使用 a，b 作为变量名，请读者区别不同的 a，b 的含义和作用范围。第 1 行定义了外部变量 a，b 并使之初始化。第 2 行开始定义函数 max( )，a，b 是形参，形参也是局部变量。函数 max( )中的 a，b 不是外部变量 a，b，它们的值是由实参传给形参的，外部变量 a，b 在 max( )函数范围内不起作用。最后 5 行是 main( )函数，它定义了一个局部变量 a，因此全局变量 a 在 main( )函数范围内不起作用，而全局变量 b 在此范围内有效。因此，printf( )函数中的 max(a，b)相当于 max(8，5)，程序运行后得到结果为 8。

6.7　变量的存储类别

6.7.1　动态存储与静态存储的存储方式

　　变量的存储方式可分为"静态存储"和"动态存储"两种。

　　静态存储变量通常是在变量定义时就分配存储单元并一直保持不变，直至整个程序结束。全局变量即属于此类存储方式。动态存储变量是在程序执行过程中，使用它时才分配存储单元，使用完毕立即释放。典型的例子是函数的形式参数，在函数定义时并不给形参分配存储单元，只是在函数被调用时，才予以分配，函数调用完毕立即释放。如果一个函数被多次调用，则反复地分配、释放形参变量的存储单元。从以上分析可知，静态存储变量是一直存在的，而动态存储变量则时而存在时而消失。我们把这种由于变量存储方式不同而产生的特性称变量的生存期。生存期表示了变量存在的时间。生存期和作用域是从时间和空间两个不同的角度来描述变量的特性，这两者既有联系，又有区别。一个变量究竟属于哪一种存储方式，并不能仅从其作用域来判断，还应有明确的存储类型说明。

　　在 C 语言中，对变量的存储类型说明有以下 4 种。

　　（1）auto：　　　　　自动变量。

　　（2）register：　　　寄存器变量。

　　（3）extern：　　　　外部变量。

　　（4）static：　　　　静态变量。

　　自动变量和寄存器变量属于动态存储方式，外部变量和静态变量属于静态存储方式。对于一个变量的说明不仅要说明其数据类型，还要说明其存储类型。因此，变量说明的完整形式应为

　　存储类型说明符　数据类型说明符　变量名，变量名…；

　　例如：

static int a,b;	说明 a,b 为静态类型变量
auto char c1,c2;	说明 c1,c2 为自动字符变量
static int a[5]={1,2,3,4,5};	说明 a 为静态整型数组
extern int x,y;	说明 x,y 为外部整型变量

6.7.2　auto 变量

　　这种存储类型是 C 语言程序中使用最广泛的一种类型。C 语言规定，函数内凡未加存储类型说明的变量均视为自动变量，也就是说，自动变量可省去说明符 auto。在前面各章的程序中所定义的变量，凡未加存储类型说明符的都是自动变量。

　　例如：

```
{
    int i,j,k;
    char c;
    …
}
```

　　等价于：

```
{
    auto int i,j,k;
    auto char c;
    …
}
```

　　自动变量具有以下特点。

　　（1）自动变量的作用域仅限于定义该变量的个体内。在函数中定义的自动变量，只在该函数内有效。在复合语句中定义的自动变量只在该复合语句中有效。

例如：

```
int kv(int a)
{
   auto int x,y;
   {
      auto char c;
   }               /*c 的作用域*/
   …
}                  /*a,x,y 的作用域*/
```

（2）自动变量属于动态存储方式，只有在使用它，即定义该变量的函数被调用时才给它分配存储单元，开始它的生存期。函数调用结束，释放存储单元，结束生存期。因此，函数调用结束之后，自动变量的值不能保留。在复合语句中定义的自动变量，在退出复合语句后也不能再使用，否则将引起错误。

（3）由于自动变量的作用域和生存期都局限于定义它的个体内（函数或复合语句内），因此，不同的个体中允许使用同名的变量而不会混淆。即使在函数内定义的自动变量也可与该函数内部的复合语句中定义的自动变量同名。

【例 6-12】

```
main()
{
   auto int a,s=100,p=100;
   printf("\ninput a number:\n");
   scanf("%d",&a);
   if(a>0)
     {
     auto int s,p;
     s=a+a;
     p=a*a;
     printf("s=%d p=%d\n",s,p);
     }
   printf("s=%d p=%d\n",s,p);
}
```

运行结果：

```
input a number:
21
s=42 p=441
s=100 p=100
```

本程序在 main( )函数中和复合语句内两次定义变量 s、p 为自动变量。按照 C 语言的规定，在复合语句内，应由复合语句中定义的 s、p 起作用，故 s 的值应为 a+ a，p 的值为 a*a。退出复合语句后的 s、p 应为函数 main( )所定义的 s、p，其值在初始化时给定，均为 100。从输出结果可以分析出两个 s 和两个 p 虽变量名相同，但却是两个不同的变量。

（4）对构造类型的自动变量（如数组），不可进行初始化赋值（在后续章节中会详细讲述）。

6.7.3　用 static 声明的局部变量

在局部变量的说明前加上 static 说明符就构成静态局部变量。
例如：

```
static int a,b;
```

```
static float array[5]={1,2,3,4,5};
```

静态局部变量属于静态存储方式，它具有以下特点。

（1）静态局部变量在函数内定义，但不像自动变量那样，调用时就存在，退出函数时就消失。静态局部变量始终存在着，也就是说，它的生存期为整个源程序。

（2）静态局部变量的生存期虽然为整个源程序，但是其作用域仍与自动变量相同，即只能在定义该变量的函数内使用该变量。退出函数后，尽管该变量还继续存在，但不能使用它。

（3）允许对构造类静态局部变量赋初值。

（4）对基本类型的静态局部变量，若在说明时未赋以初值，则系统自动赋予 0 值。而对自动变量不赋初值，其值是不定的。

根据静态局部变量的特点，可以看出它是一种生存期为整个源程序的量。虽然离开定义它的函数后不能使用，但如再次调用定义它的函数时，它又可继续使用，而且保存了前次被调用后留下的值。因此，当多次调用一个函数且要求在调用之间保留某些变量的值时，可考虑采用静态局部变量。虽然用全局变量也可以达到上述目的，但全局变量有时会造成意外的副作用，因此仍以采用局部静态变量为宜。

【例 6-13】

```
main()
{
  int i;
  void f();        /*函数说明*/
  for(i=1;i<=5;i++)
  f();             /*函数调用*/
}
void f()           /*函数定义*/
{
  auto int j=0;
  ++j;
  printf("%d\n",j);
}
```

运行结果：

```
1
1.
1
1
1
```

程序中定义了函数 f( )，其中的变量 j 为自动变量并赋予初始值为 0。当函数 main( )中多次调用 f( )时，j 均赋初值为 0，故每次输出值均为 1。现在把 j 改为静态局部变量，程序如下。

```
#include "stdio.h"
main()
{
  int i;
  void f();
  for (i=1;i<=5;i++)
  f();
}
void f()
{
  static int j=0;
```

```
    ++j;
    printf("%d\n",j);
}
```
运行结果:
```
1
2
3
4
5
```
由于 j 为静态变量，能在每次调用后保留其值并在下一次调用时继续使用，所以输出值为累加的结果。读者可自行分析其执行过程。

6.7.4　register 变量

上述各类变量都存放在存储器内，因此当对一个变量频繁读写时，必须要反复访问内存储器，从而花费大量的存取时间。为此，C 语言提供了另一种变量，即寄存器变量。这种变量存放在 CPU 的寄存器中，使用时，不需要访问内存，而直接从寄存器中读写，这样可提高效率。寄存器变量的说明符是 register。对于循环次数较多的循环控制变量及循环体内反复使用的变量均可定义为寄存器变量。

【例 6-14】求 $\sum\limits_{i=1}^{200} i$ 。

```
#include<stdio.h>
main()
{
    register int i,s=0;
    for(i=1;i<=200;i++)
        s=s+i;
    printf("s=%d\n",s);
}
```
运行结果:
```
s=20100
```
本程序循环 200 次，i 和 s 都将频繁使用，因此可定义为寄存器变量。

对寄存器变量还要说明以下几点。

（1）只有局部自动变量和形式参数才可以定义为寄存器变量，这是因为寄存器变量属于动态存储方式。凡需要采用静态存储方式的量不能定义为寄存器变量。

（2）在 Turbo C、MS C 等微机上使用的 C 语言中，实际上是把寄存器变量当成自动变量处理的，因此速度并不能提高。而在程序中允许使用寄存器变量只是为了与标准 C 保持一致。

（3）即使能真正使用寄存器变量的机器，由于 CPU 中寄存器的个数是有限的，因此使用寄存器变量的个数也是有限的。

6.7.5　用 extern 声明外部变量

外部变量有如下两个特点。

（1）外部变量和全局变量是对同一类变量的两种不同角度的提法。全局变量是从它的作用域提出的，外部变量是从它的存储方式提出的，表示了它的生存期。

（2）当一个源程序由若干个源文件组成时，在一个源文件中定义的外部变量在其他的源文件中也有效。例如，有一个源程序由源文件 F1.C 和 F2.C 组成。

```
F1.C
int a,b;                /*外部变量定义*/
char c;                 /*外部变量定义*/
main()
{
...
}
F2.C
extern int a,b;         /*外部变量说明*/
extern char c;          /*外部变量说明*/
func (int x,y)
{
...
}
```

在 F1.C 和 F2.C 两个文件中都要使用 a、b、c 3 个变量。在 F1.C 文件中把 a、b、c 都定义为外部变量，在 F2.C 文件中用 extern 把 3 个变量说明为外部变量，表示这些变量已在其他文件中定义过，编译系统不再为它们分配内存空间。对构造类型的外部变量，如数组等可以在说明时进行初始化赋值，若不赋初值，则系统自动定义它们的初值为 0。

6.8　内部函数和外部函数

6.8.1　内部函数

所谓内部函数就是定义于另一个函数内部的函数（GNU C 不支持内部函数）。内部函数名在它被定义的模块中是局部有效的，如下面定义了一个函数 square( )，并调用了它两次。

```
foo ( double a, double b )
{
double square (double z) { return z * z; }
return square (a) square (b);
}
```

包含在内部函数内的任何变量对于内部函数都是可见的。

函数内部允许变量定义的地方就能定义内部函数，即在任何程序块（block）内，第 1 条语句之前。从内部函数名所在有效区域之外通过存储它的地址或把它的地址传给其他函数来调用它也是可行的。

```
hack (int *array, int size)
{
void store (int index, int value)
{ array[index] = value; }
intermediate (store, size);
}
```

这里，函数 store( )的地址作为参数传给了函数 intermediate( )。假如函数 intermediate( )调用了函数 store( )，函数 store( )的参数就会被存储到 array 里面了。但是，这种方式只有当包含 store 的包含函数（hack）没有返回时才有效。

假如当包含函数已退出后再通过地址方式来调用内部函数，结果是不可预料的。假如试着在内部函数的包含域退出之后调用它，而它使用了某些已不可见的变量，可能会得到正确的结果，但是去冒这种风险并不明智。然而，假如内部函数没有使用到任何已不可见的量则应该是安全的。

6.8.2　外部函数

在定义函数时，如果在函数的最左端加关键字 extern，表示此函数是外部函数，可供其他文件调用。

如函数首部可以写为

```
extern int fun (int a,int b);
```

这样，函数 fun( )就可以被其他文件调用。C 语言规定，如果在定义函数时省略 extern，则隐含为外部函数。本书前面所用的函数都是外部函数。

在需要调用此函数的文件中，用关键字 extern 对函数进行声明，表示该函数是在其他文件中定义的外部函数。

【例 6-15】有一个字符串，内有若干个字符，今输入一个字符，要求程序将字符串中的该字符删去，用外部函数实现。

```
file1.c(文件 1)
#include<stdio.h>
void main()
{
extern void enter_string(char str[]);
extern void delete_string(char str[],char ch);
extern void print_string(char str[]);   /*以上 3 行声明在本函数中将要调用的在其他文件中定义的 3 个函数*/
char c;
char str[80];
enter_string(str);
scanf("%c",&c);
print_string(str);
}
file2.c(文件 2)
#include <stdio.h>
void enter_string(char str[80])              /*定义外部函数 enter_string */
{
gets(str);   /*向字符数组输入字符串*/
}
file3.c(文件 3)
#include <stdio.h>
void delete_string(char str[],char ch)       /*定义外部函数 delete_string */
{
int  i,j;
for(i=j=0;str[i]!='\0';i++)
   if(str[i]!=ch)
     str[j++]=str[i];
str[j]= '\0';
}
file4.c（文件 4）
```

```
#include <stdio.h>
void print_string(char str[])                /*定义外部函数 print_string */
{
printf("%s\n",str);
}
```

运行情况如下：

abcdefgc✓   （输入 str）

c✓   （输入要删去的字符）

abdefg   （输出已删去指定字符的字符串）

整个程序由 4 个文件组成，每个文件包含一个函数。主函数是主控函数，除声明部分外，由 4 个函数调用语句组成。其中，scanf( )是库函数，另外 3 个是用户自己定义的函数。函数 delete_string( ) 的作用是根据给定的字符串和要删除的字符 ch，对字符串进行删除处理。

本章小结

函数可视为一种独立的模块。当需要某项功能时，直接调用编写完成的函数来执行即可。事实上，整个 C 语言程序的编写，就是由这些具有各种功能的函数组成的。

C 语言的函数可以分为系统本身提供的标准函数及用户自己定义的自定义函数。使用标准函数需要将所使用的相关函数头文件包含（include）进来。

调用函数的程序代码位于自定义函数定义之后，不需要事先声明。如果调用函数的程序代码位于自定义函数定义之前，就必须在尚未调用函数前，先行声明自定义函数的原型。

自变量就是函数调用时的参数，当调用函数时，函数会将自变量的值传递给函数定义内的参数，所以参数和自变量的个数与数据类型一定是相对应的。调用函数时，当函数不需要传入参数时，那么小括号中可以置入空格或 void 数据类型。

在 C 语言中，对于传递参数方式，可以根据传递和接收的是参数数值或参数地址分为两种：传数值调用和传地址调用。所谓传值调用是指主程序调用函数的实际参数时，系统会将实际参数的数值传递并复制给函数中相应的形式参数。由于函数内的形式参数已经不是原来的变量，因此当函数内的形式参数执行完毕，并不会改变原先主程序中调用的变量内容。所谓函数的传址调用表示在调用函数时，系统并没有分配实际的地址给函数的形式参数，而是将实际参数的地址直接传递给所对应的形式参数。

在 C 程序中也可以将函数指针用来作为另一个函数的参数。如果函数指针作为参数，同一个函数可按不同的情形，改变参数列表中函数指针所指向的函数地址，也就是该函数可以按照函数指针来决定调用不同的函数。

全局变量又称为外部变量，是声明在程序块与函数之外，且在声明指令以下的所有函数以及程序块都可以使用该全局变量。全局变量的生命周期是从声明开始，一直到整个程序结束为止。

局域变量是声明在函数或程序块内的变量，该变量只可以在此块内存取，而此块外的程序代码都无法存取该变量。当一个程序中有多个程序块时，每个程序块的局部变量是不能互相混用的。

C 语言也提供了 5 种变量存储类型修饰符，包括 auto、static、extern、static extern 与 register。在声明变量时，可以将"类型修饰符"与变量一起声明。

　　加上 auto 修饰符的变量称为"自动变量"，必须声明在函数的区块内，也就是该函数的局部变量。当在声明变量时，没有特别指定类型修饰符，系统就会自动预设为 auto。

　　如果在函数或程序区段中声明 static 变量，当函数执行完毕后，它的内存地址并不会被清除，会一直保留到程序全部结束时才清除，又称为"静态局部变量"。

　　寄存器变量就是使用 CPU 的寄存器来存储变量，由于 CPU 的寄存器速度较快，因而可以加快变量存取的速度，通常用于那些存取十分频繁的变量。

　　递归函数在程序设计上是相当好用而且重要的概念，使用递归可使得程序变得非常简洁，但设计时必须非常小心，因为很容易造成无限循环或导致内存的浪费。

习　题

一、选择题

1. 下列程序执行后输出的结果是（　　）。

```
#include "stdio.h"
int d=1;
void fun(int q)
{
int d=5;
d+=q++;
printf("%d",d);
}
main()
{
int a=3;
fun(a);
d+=a++;
printf("%d\n",d);
}
```

A. 84　　　　　　B. 96　　　　　　C. 94　　　　　　D. 85

2. 以下函数的类型是（　　）。

```
func(double x)
{ printf("%f\n",x*x);}
```

A. 与参数 x 的类型相同　　　　　　B. void 类型
C. int 类型　　　　　　　　　　　　D. 无法确定

3. 以下程序的输出结果是（　　）。

```
#include "stdio.h"
main()
{
double f(int x);
int i,m=3;
float   a=0.0;
for(i=0;i<m;i++)
    a+=f(i);
    printf("%f\n",a);
}
double f(int n)
{
```

```
int i;
double s=1.0;
for(i=1;i<=n;i++)
    s+=1.0/i;
  return s;
}
```

A. 5.500000   B. 3.000000   C. 4.000000   D. 8.25

4. 以下程序的输出结果是（　　　）。

```
#include <stdio.h>
long fun(int n)
{
long s;
if(n==1||n==2)
  s=2;
else
  s=n-fun(n-1);
  return s;
}
main()
{ printf("%ld\n",fun(3)); }
```

A. 1   B. 2   C. 3   D. 4

5. C 语言中可以执行程序的开始执行点是（　　　）。

    A. 程序中第 1 条可以执行的语句

    B. 程序中第 1 个函数

    C. 程序中的 main( )函数

    D. 包含文件中的第 1 个函数

6. C 语言程序中，当调用函数时，（　　　）。

    A. 实参和形参各占一个独立的存储单元

    B. 实参和形参可以共用存储单元

    C. 可以由用户指定是否共用存储单元

    D. 由计算机系统自动确定是否共用存储单元

7. 以下所列的各函数首部中，正确的是（　　　）。

    A. void   play(var: interger,var   b:integer)

    B. void play(int a,b)

    C. void   play (int a, int b)

    D. sub play (a as integer,b as integer)

8. 以下程序的输出结果是（　　　）。

```
#include <stdio.h>
void fun(int x,int y,int z)
{ z=x*x+y*y; }
main()
{
int a=31;
fun(5,2,a);
printf("%d",a);
}
```

A. 0   B. 29   C. 31   D. 无定值

二、读程序题

1.
```
main()
{ int n; long t,f();
scanf("%d",&a);
t=f(n);
printf("%d!=%ld",n,t);
}
long f(int num)
{ long x=1;  int i;
  for(i=0;i<=2;i++)
     x*=i;
   return x;
}
```
若输入的值分别是 5、6，程序的运行结果是_____。

2.
```
main()
{ int i,p,sum;    for(i=0;i<=2;i++)
  { scanf("%d",&p);
     sum=s(p); printf("sum=%d\n",sum);
  }}
 s (int p)
{ int sum=10; sum=sum+p;  return (sum);}
```
若输入的值分别是 1、3、5，程序的运行结果是_____。

3. 以下程序的运行结果为_____。
```
main()
{ int a=2,b;
 b=f(a);  printf("b=%d",b);}
f(int x)
{int y; y=x*x; return y;}
```

4. 以下程序的运行结果为_____。
```
main()
{ printabc1():
printfabc2();
printabc1();
}
printabc1()
{ printf("********\n");}
printfabc2()
{ printf("欢迎使用 c 语言\n"):}
```

5. 以下程序的运行结果为_____。
```
#include "stdio.h"
main()
{ int k=4,m=1,p;
  p=func(k,m);
  printf("%d, ",p);
  p=func(k,m);
  printf("%d\n",p);
}
func(int a, int b)
{static  int m=0,i=2;
  i+=m+1;
  m=i+a+b;
```

```
        return m;
    }
```

三、程序设计题

1. 用递归函数求从键盘输入的两个数的最大公约数和最小公倍数。

2. 编写实现"（x+y）^2"的函数。

3. 编写函数：计算并返回一个整数的平方。

4. 编写一个判断奇偶数的函数，要求在主函数中输入一个整数，通过被调用函数输出该数是奇数还是偶数。

5. 编写一个函数，输入一个十六进制数，输出相应的十进制数。

6. 编写一个函数，输入一行字符，将此字符串中单词的个数的返回值输出。

第 7 章
数组

学习目标

通过本章的学习，读者能够了解到 C 语言中的一种构造数据类型——数组（Array）的特点，掌握数组的定义和引用方法，了解数组的存储结构和基本操作，了解使用数组处理字符与字符串的各种应用。

学习要求

- 了解构造数据类型的概念，了解数组的定义和特点。
- 掌握一维数组的定义、引用和基本操作。
- 了解多维数组的概念，掌握二维数组的定义、引用和基本操作。
- 掌握字符数组的定义、引用和对字符串进行处理的基本函数。
- 掌握程序举例，体会编程思路。

7.1　一维数组的定义和一维数组元素的引用

7.1.1　一维数组的定义

可以把数组看作是一个具有相同名称与数据类型的集合，并且在内存中占有一块连续的内存空间。存取数组中的数据时，配合索引值（Index）就可以找出数据在数组中的位置。

通常数组的使用可以分为一维数组、二维数组与多维数组等，基本的原理都相同。另外，在 C 语言中并没有字符串这种数据类型，而是使用字符数组来表示，因此字符串与数组的关系相当密切。

数组是有序数据的集合。数组中的每一个元素都属于同一个数据类型，用一个统一的数组名和下标来唯一地确定数组中的元素。

一维数组的定义方式为：

类型定义符 数组变量名[成员个数];

其中，成员个数必须是一个大于等于 1 的常量，包括整型常量、符号常量和字符常量，但不能是一个变量。例如：

```
int a[10];
char mn['a'];
```

```
#define CLASS 32
long students_name[CLASS];
```
都是合法的。

在 int a[10]中，表示定义了一个 int 型的数组，其变量名为 a，10 是这个数组中能用的元素个数，也就是相当于从 a[0]~a[9]这 10 个 int 型数据。

在 char mn['a']中用的是字符常量定义成员个数，其实是用它的 ASCII 值来定义，它相当于 char mn[97]。

在#define CLASS 32
```
long students_name[CLASS];
```
中，用的是符号常量来定义成员个数，在用这个符号常量之前要先定义。

既然不能以变量来定义成员个数，也就是说，当定义数组以后，其成员就是确定不能改变的，所以它占用的内存空间也是固定的。

7.1.2 一维数组的初始化

在定义数组时可以对数组元素赋初值，格式为：

数据类型符 数组名称[常量表达式]={表达式 1，表达式 2，…，表达式 n}；

该语法表示，在定义一个数组的同时，将各数组元素赋初值，规则是将第 1 个表达式的值赋给第 1 个数组元素，第 2 个表达式的值赋给第 2 个数组元素，依此类推。

例如：

int a[5]={1, 2, 3, 4, 5};

初始化后的结果如图 7-1 所示。

图 7-1　初始化各元素的值

① 表达式列表要用大括号括起来，表达式列表为数组元素的初始值列表。
② 表达式之间用逗号分隔。
③ 表达式的个数不能超过数组元素的个数。

如果表达式个数小于数组元素的个数，则未指定初值的单元被赋值为 0。例如：

int a[5]={1, 2, 3 };

初始化后的结果如图 7-2 所示。

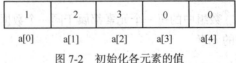

图 7-2　初始化各元素的值

如果在定义数组时给变量赋初值，还可以省略定义数组的大小，系统自动认定数组的大小为初值列表中表达式的个数。例如，下面定义的数组 f 的大小为 3。

float f[]={1.5, 2.5, 5.0};

但是，如果数组没有赋初值，在定义时则不能省略数组的大小。

提示　　　不能用数组名称直接对两个数组赋值，下面的代码是错误的。

```
long a[3]={1, 2, 3}, b[3];
b=a;
```

在 C 语言中，数组名称不是代表数组元素的全部，而是代表数组在内存中的首地址，数组名称不能被赋值。如果要复制一个数组，只能将数组中的每个元素逐个复制。

【例 7-1】输入 10 个学生的成绩，求最高成绩、最低成绩和平均成绩。

可以定义一个长度为 10 的 int 型数组，用来存放 10 名学生的成绩。

利用循环，遍历数组的每一个元素，将第 1 个元素和其他 9 个元素比较，得出最大值和最小值；使用累加变量在循环中累加所有变量的值。

```
#include<stdio.h>
void main()
{
    int nScore[10], i, nLowest, nHighest, nSum=0;
    /*输入 10 个学生的成绩*/
    printf("\nPlease input scores: ");
    for(i=0;i<10;i++)
        scanf("%d", &nScore[i]);
    /*计算平均值、最高分数和最低分数*/
    nLowest= nHighest =nScore[0];
    for(i=0;i<10;i++)
    {
        nSum+=nScore[i];
        if(nScore[i]<nLowest)
            nLowest=nScore[i];
        if(nScore[i]> nHighest)
        nHighest =nScore[i];
    }
/*打印结果*/
    printf("Average score= %3.1f ", (float)nSum/10);
    printf("\nLowest score=%d, nHighest score=%d", nLowest, nHighest);
}
```

程序运行后，输入 10 个学生的成绩：

```
Please input scores:  65 32 77 61 92 68 84 95 77 62
Average score= 71.3
Lowest score=32, nHighest score=95
```

说明

① 在程序中用 nSum 累加了数组所有元素的和；用 nLowest 和 nHighest 同所有数组元素比较，得到最高分和最低分。

② 将 10 个整数存入数组，删除数组中的某个元素。例如，数组中有 1、2、3、4、5、6、7、8、9、10，共 10 个元素，删除第 5 个元素后，数组中剩下 9 个元素 1、2、3、4、6、7、8、9、10。

③ 首先定义一个长度为 10 的 int 型数组，用来存放 10 个整数。循环输入数组的每个元素，以及要删除元素的序号（假设序号为 n）。

④ 使用循环，将数组中序号 n 后的所有元素向前移动一位，然后删除最后一个元素。这里要注意，数组的下标是从 0 开始的，序号为 n 的数组元素，对应数组的下标应该是 n-1。

读者可以思考：如果向数组中插入一个元素，循环应该如何来写？

```c
#include<stdio.h>
void main()
{
    int nArray[10], i, num;
    /*输入 10 个整数*/
    printf("\nPlease input 10 integers: ");
    for(i=0;i<10;i++)
        scanf("%d", &nArray [i]);
    /*输入要删除的元素序号*/
    printf("\nPlease input sequence number of the element to delete: ");
    scanf("%d", &num);
    /*从 nArray [num]（第 num+1 个元素）开始，依次向前移动一位*/
    for(i=num;i<10;i++)
        nArray [i-1]= nArray [i];
    /*删除最后一个元素*/
    nArray [10]=0;
    /*输出处理后的数组，最后一位不需要输出*/
    printf("\nProcessed array: ");
    for(i=0;i<9;i++)
        printf("%d ", nArray [i]);
}
```

程序运行后，输入 10 个整数：

```
Please input 10 integers: 1 2 3 4 5 6 7 8 9 10
Please input sequence number of the element to delete: 5
Processed array: 1 2 3 4 6 7 8 9 10
```

7.1.3　一维数组的引用

C 语言规定，不能直接存取整个数组，对数组进行操作时需要引用数组的元素，引用的格式为

数组名称[下标]

其中，下标可以是整型变量或整型表达式。C 语言规定，下标的最小值是 0，最大值为数组的大小减 1。例如：

```c
int a[5];
```

对数组 a 的元素进行存取时，第 1 个数组元素的引用为 a[0]，第 5 个为 a[4]而不是 a[5]。引用数组元素时，数组元素本身相当于一个变量。因此，对该数组元素的操作类似于变量操作。例如，下面的代码可以交换数组元素 a[0]和 a[1]的值。

```c
int a[10], t;
t=a[0];
a[0]=a[1];
a[1]=t;
```

下面的代码接受用户的键盘输入，并将用户输入的数据存放在数组元素 a[0]中。

```
int a[10];
scanf("%d", &a[0]);
```

因为数组下标可以是整型变量，所以可以利用循环结构对数组元素进行操作。

```
int a[10], i;
for(i=0;i<10;i++)
a[i]=i+1;
```

结果是把 1 到 10 共 10 个整数依次存放在 a[0]～a[9]共 10 个数据单元中。

需要注意的是，如果定义数组的长度为 n，那么引用数组元素的下标最多到 $n-1$。在上面的例子中，数组 a 有 10 个元素，引用数组元素最多只能到 a[9]。超界引用数组元素可能导致异常。

提示　定义数组和引用数组元素一定要使用下标运算符[ ]，不能使用括号。下面的代码是错误的。

```
int a(5);
a(0)=1;
```

【例 7-2】给数组赋值然后逆序输出。

程序如下：

```
#include "stdio.h"
void main()
{
    auto int i, a[8];
    for(i=0;i<8;i++)
        scanf("%d", &a[i]);
    for(i=7;i>=0;i--)
        printf("%d", a[i]);
}
```

运行结果：

```
1 3 6 9 5 8 7 4
4 7 8 5 9 6 3 1
```

7.1.4　一维数组的定义和元素引用举例

【例 7-3】编写程序，定义一个含有 30 个元素的 int 型数组。依次给数组元素赋奇数 1、3、5、……然后按每行 10 个数顺序输出，最后再按每行 10 个数逆序输出。

本题示范了如何利用 for 循环的循环控制变量，顺序或逆序地逐个引用数组元素，这是对数组元素进行操作的基本方法。另外，本题也展示了在连续输出数组元素数据的过程中，如何利用循环控制变量来进行换行的两种方法。程序如下。

```
#include <stdio.h>
#define M 30
void main()
{
    int s[M], i, k=1;
    for(i=0;i<M;i++){s[i]=k;k+=2;}          /*给 s 数组元素依次赋 1, 3, …*/
        printf("\nSequence Output: \n");      /*按从前到后的顺序输出*/
    for(i=0;i<M;i++)
    {
        printf("%4d", s[i]);
        if((i+1)%10 == 0)
```

```
        printf("\n");                          /*利用 i 控制换行符的输出*/
    }
    printf("\nInvert Output: \n");
    for(i=M-1;i>=0;i--)
        printf("%3d%c", s[i], (i%10 == 0)? '\n': ' ');
                            /*利用条件表达式来决定输出换行符还是输出空格*/
    printf("\n");
}
```

以上程序的输出如下。

```
Sequence Output:
   1   3   5   7   9  11  13  15  17  19
  21  23  25  27  29  31  33  35  37  39
  41  43  45  47  49  51  53  55  57  59
Invert Output:
  59  57  55  53  51  49  47  45  43  41
  39  37  35  33  31  29  27  25  23  21
  19  17  15  13  11   9   7   5   3   1
```

7.2　一维数组应用举例

【例 7-4】从键盘输入 10 个数，用起泡法按升序排序并输出。

程序如下：

```
#include <stdio.h>
int main()
{
    int a[10];
      int i, j, tem;
    for(i=0;i<=9;i++)
    {
        printf("请输入第%d个数: ", i+1);
        scanf("%d", &a[i]);
    }
    for(i=9;i>0;i--)                   //请注意这句!
        for(j=0;j<i;j++)
        if(a[j]>a[j+1])
        {
            tem=a[j];
            a[j]=a[j+1];
            a[j+1]=tem;
        }
        for(i=0;i<=9;i++)
        printf("%d  ", a[i]);
    return 0;
}
```

运行结果：

请输入第 1 个数：1

请输入第 2 个数：2

请输入第 3 个数：4
请输入第 4 个数：5
请输入第 5 个数：7
请输入第 6 个数：6
请输入第 7 个数：7
请输入第 8 个数：8
请输入第 9 个数：9
请输入第 10 个数：9
1 2 4 5 7 6 7 8 9 9

【例 7-5】一个顾客买了价值 x 元的商品（不考虑角、分），并将 y 元钱交给售货员。编写一程序：在各种币值都很充分的情况下，使售货员能用张数最少的钱币找给顾客。

问题分析：无论买商品的价值 x 是多少，找给他的钱最多需要以下 6 种币值，即 0、20、10、5、2、1，为了达到找给顾客钱的张数最少的目的，应该尽量多地取大面额的币种，由大面额到小面额币种逐步进行，这样，6 种币值就可以放在数组 b 中，而统计 6 种面额的数量，可以设置 6 个元素的累加器数组 s。

程序如下：

```c
#include <stdio.h>
int main()
{
    int i,j,x,y,a,b[7]={0,50,20,10,5,2,1},s[7];
     scanf("%d,%d",&x,&y);
     z=y-x;
     for(i=1;i<=6;i++)
       {a=z/b[i];
        s[i]=a;
        z=z-a*b[i];}
printf("%d-%d=%d",y,x,z:);
for(i=1;i<=6;i++)
if(s[i]!=0)
 printf("%d元------%d张\n",b[i],s[i]);
}
```

【例 7-6】从键盘输入 7 个数，存入一维数组中，将其中的值前后倒置后重新存入该数组中并输出。

```c
#include <stdio.h>
int main()
{
  int a[7]={1, 5, 7, 3, 6, 9, 8};
    int i, tem;
  for(i=0;i<=6;i++)
  {
    printf("请输入第%d个数： ", i+1);
    scanf("%d", &a[i]);
  }
  for(i=0;i<=int(7/2);i++)
  {
    tem=a[i];
    a[i]=a[6-i];
        a[6-i]=tem;
```

```
    }
    for(i=0;i<=6;i++)
        printf("%d ", a[i]);
    return 0;
}
```

运行结果：

请输入第 1 个数：4

请输入第 2 个数：4

请输入第 3 个数：5

请输入第 4 个数：7

请输入第 5 个数：2

请输入第 6 个数：6

请输入第 7 个数：1

1 6 2 7 5 4 4

7.3　二维数组的定义和二维数组元素的引用

7.3.1　二维数组的定义

二维数组常用来表示一个矩阵。二维数组的定义形式为：

数据类型符　数组名称[整型常量表达式 1][整型常量表达式 2]

例如：

```
int TwoD[2][3];
```

定义了一个 2×3（2 行 3 列）的数组，共 6 个数组元素，数组名称为 TwoD，数组元素的类型为 int。

数据类型符、数组名称和整型常量表达式的用法和一维数组相同。

错误定义的二维数组，如下。

```
float a[3, 4]; /*试图定义一个 3 行 4 列的二维数组。语法错误*/
```

应该定义为 float a[3][4];。

7.3.2　二维数组的初始化

在定义二维数组时，可以对数组元素赋初值，具体形式如下。

（1）分行对数组元素赋初值。例如：

```
int a[2][4]={{1, 2, 3, 4}, {5, 6, 7, 8}};
```

初始化的结果用二维表格表示如下：

```
a[0][0]: 1 a[0][1]: 2 a[0][2]: 3 a[0][3]: 4
a[1][0]: 5 a[1][1]: 6 a[1][2]: 7 a[1][3]: 8
```

其中，单元格中冒号前表示对应的数组元素，冒号后的值表示初始化后的值。

按照数组的内存映像顺序为数组元素赋初值，未指定的单元赋 0。例如：

```
int a[2][4]={1, 2, 3, 4};
```

初始化的结果用二维表格表示如下：

```
a[0][0]: 1 a[0][1]: 2 a[0][2]: 3 a[0][3]: 4
a[1][0]: 0 a[1][1]: 0 a[1][2]: 0 a[1][3]: 0
```

（2）初始化时只为每一行提供有限数量的初值。例如：

```
int a[2][4]={{1, 2}, {3, 4}};
```

初始化的结果用二维表格表示如下：

```
a[0][0]: 1 a[0][1]: 2 a[0][2]: 0 a[0][3]: 0
a[1][0]: 3 a[1][1]: 4 a[1][2]: 0 a[1][3]: 0
```

（3）如果提供全部的初值数据，则定义数组时可以不指定第 1 维的大小。例如：

```
int a[][4]={1, 2, 3, 4, 5, 6, 7, 8};
```

系统会根据初值数据的个数和第 2 维大小自动计算 a 的第 1 维大小。但是，不能同时省略第 2 维的大小，下面的初始化代码会导致编译出错。

```
int a[][]={1, 2, 3, 4, 5, 6, 7, 8};
```

例如，某个班有 10 个同学。编写程序，输入 10 个学生的语文、数学和英语的成绩，输出每个学生的平均分数和全班各科的平均成绩，以及全班所有成绩的平均值。

根据题意，有 10 个学生，每个学生有 3 门成绩，可以定义一个 10×3 的二维数组存放这些数据。

用循环嵌套，输入 10 名学生、每人 3 科的成绩。

使用嵌套循环（外层 10 次，内层 3 次），计算每个学生的平均分数。在内层循环前面初始化累加变量，在内层循环中累加，这样可以得到每个学生 3 门课程的成绩总分。然后在内层循环后面用总分除以 3，就可以得到每个学生的平均成绩。

使用嵌套循环（外层 3 次，内层 10 次），计算每门课程的平均成绩。在内层循环前面初始化累加变量，在内层循环中累加，这样可以得到每门课程所有学生的成绩总分。然后在内层循环后面用总分除以 10，就可以得到每门课程的平均成绩。

【例 7-7】

```
#include<stdio.h>
vodi main()
{
    int nScore[10][3], i, j;
    float fStudAverScore[10], fSubjectAverScore[3];
    float fSumRow, fSumColumn, fSumAll=0;
    /*输入 10 个学生的各科成绩*/
    printf("\nPlease input scores of students: ");
    for(i=0;i<10;i++)
    for(j=0;j<3;j++)
    scanf("%d", & nScore [i][j]);
    /*计算每个人的平均成绩*/
    for(i=0;i<10;i++)
    {
        fSumRow=0; /*fSumRow 用来统计各科成绩之和*/
        for(j=0;j<3;j++)
        fSumRow+= nScore [i][j];
        fStudAverScore[i]= fSumRow/3;
    }
    /*计算各科的平均成绩*/
```

```
        for(j=0;j<3;j++)
        {
            fSumColumn =0;  /* fSumColumn 用来统计每科所有人的成绩之和*/
            for(i=0;i<10;i++)
            fSumColumn += nScore [i][j];
            fSubjectAverScore [j]= fSumColumn /10;
        }
        /*计算各科的平均成绩之和*/
        for(i=0;i<3;i++)
        fSumAll += fSubjectAverScore [i];
        /*打印输出每个人的平均成绩*/
        for(i=0;i<10;i++)
        printf("\nStudent %d's average score =%3.1f", i, fStudAverScore[i]);
        /*打印输出每科的平均成绩*/
        for(i=0;i<3;i++)
        printf("\nCourse %d's average value =%3.1f", i, fSubjectAverScore [i]);
        /*打印输出全班各科的平均成绩*/
        printf("\nAverage of all = %3.1f", fSumAll/3 );
    }
Please input scores of students:
81    83    85
92    96    98
78    77    79
82    84    87
96    83    86
78    83    94
99    93    87
64    68    78
79    73    86
82    85    88
Student 0's average score =83.0
Student 1's average score =95.3
Student 2's average score =78.0
Student 3's average score =84.3
Student 4's average score =88.3
Student 5's average score =85.0
Student 6's average score =93.0
Student 7's average score =70.0
Student 8's average score =79.3
Student 9's average score =85.0
Course 0's average value =83.1
Course 1's average value =82.5
Course 2's average value =86.8
Average of all = 84.1
```

程序定义了一个 10 行 3 列的二维数组 nScore[10][3]，用来存放 10 个学生的 3 门成绩；定义了数组 fStudAverScore[10]，用来存放 10 个学生的 3 门课程的平均成绩；定义了数组 fSubjectAverScore[3]，用来存放 3 个学科的总平均成绩。

程序利用了几个循环过程，累加了成绩总和，并求出平均值。最后的总平均值可以由数组 fStudAverScore 计算，也可以由数组 fSubjectAverScore 计算。

【例 7-8】输入 $m \times n$ 个整数矩阵，将矩阵中最大元素所在的行和最小元素所在的行对调后输出（m、n 小于 10）。

因为 *m*、*n* 都是未知量，要进行处理的矩阵行列大小是变量，但可以定义一个比较大的二维数组，只使用其中的部分数组元素。本例中 *m*、*n* 均小于 10，可以定义 10×10 的二维数组。

首先使用嵌套循环遍历二维数组的每个元素，从中找到最大元素和最小元素，同时记录最大元素和最小元素的行号 nMaxI 和 nMinI。

用一个 *n* 次的循环，将 nMaxI 行的所有元素和 nMinI 行的所有元素对换。

程序如下：

```c
#include<stdio.h>
main()
{
    long lMatrix[10][10], lMin, lMax, lTemp;
    int i, j, m, n, nMaxI=0, nMinI=0;

    /*输入矩阵的 m 和 n*/
    printf("\nPlease input m of Matrix: \n");
    scanf("%d", &m);
    printf("Please input n of Matrix: \n");
    scanf("%d", &n);
    /*输入矩阵的每个元素*/
    printf("\nPlease input elements of Matrix(%d*%d): \n", m, n);
    for(i=0;i<m;i++)
        for(j=0;j<n;j++)
        {
            scanf("%ld", &lTemp);
            lMatrix[i][j]=lTemp;
        }
/*遍历二维数组的每个元素，记录最大元素所在的行号和最小元素所在的行号*/
lMin=lMax=lMatrix[0][0];
for(i=0;i<m;i++)
    for(j=0;j<n;j++)
    {
        if(lMatrix[i][j]>lMax)
        {
            lMax=lMatrix[i][j];
            nMaxI=i;
        }
        if(lMatrix[i][j]<lMin)
        {
            lMin=lMatrix[i][j];
            nMinI=i;
        }
    }
/*用循环将最大行和最小行的所有元素互换*/
for(j=0;j<n;j++)
{
    lTemp=lMatrix[nMaxI][j];
    lMatrix[nMaxI][j]=lMatrix[nMinI][j];
    lMatrix[nMinI][j]=lTemp;
}
/*打印输出结果*/
printf("\nResult matrix: \n");
```

```
for(i=0;i<m;i++)
{
    for(j=0;j<n;j++)
    printf("%ld ", lMatrix[i][j]);
    printf("\n");
}
}
```

运行结果：

```
Please input m of Matrix:
4
Please input n of Matrix:
4
Please input elements of Matrix(4*4):
1    4    57    7
43   5    6     8
-1   4    6     8
5    6    7     8
Result matrix:
-1       4        6        8
43       5        6        8
1        4        57       7
5        6        7        8
```

7.3.3 二维数组元素的引用

二维数组的引用形式为：

数组名称[下标1][下标2]

如果定义了一个 $m \times n$ 的二维数组，那么下标 1 的范围是 $0 \sim m-1$，下标 2 的范围是 $0 \sim n-1$。
例如：

```
int a[2][3];
```

定义了一个 2 行 3 列的数组，那么它的 6 个数组元素为：

```
a[0][0], a[0][1] , a[0][2],
a[1][0], a[1][1] , a[1][2]
```

这 6 个数组元素相当于 6 个 int 型的变量，可以直接对它们进行操作：

```
a[0][0]=1;
a[0][1]=a[0][0]*2;
```

同一维数组元素的应用类似，二维数组引用的下标也可以是整型变量。下面的代码利用循环
将一个 3×4 二维数组的所有数组元素赋值为 0：

```
int i, j, matrix[3][4];
for(i=0;i<3;i++)
for(j=0;j<4;j++)
matrix[i][j]=0;
```

7.4 二维数组程序举例

【例 7-9】编写程序，打印出以下形状杨辉三角。

```
1
1    1
1    2    1
1    3    3    1
1    4    6    4    1
1    5    10   10   5    1
1    6    15   20   15   6    1
1    7    21   35   35   21   7    1
1    8    28   56   70   56   28   8    1
1    9    36   84   126  126  84   36   9    1
```

可以将杨辉三角行的值放在矩阵的下半三角中，如果需打印 10 行杨辉三角形应该定义大于或等于 10×10 的方形矩阵，只是矩阵上半部和其余不并不适用。

杨辉三角具有如下特点。

（1）第 1 列对角线上的元素都是 1。

（2）除第 1 行和对角线上的元素之外，其他元素的值均为前一行上的同列元素和前一列元素之和。

程序如下：

```c
#include <stdio.h>
#define N 10                                /* 维数 */
int main()
{
    int i;
    int j;
    int a[N][N];                            /* 定义存放杨辉三角的二维数组 */
    for(i=0;i<N;i++)
    {
        a[i][0]=1;                          /* 每行开始值为 1 */
        a[i][i]=1;                          /* 每行结束值为 1 */
    }
    for(i=2;i<N;i++)
        for(j=1;j<i;j++)
            a[i][j]=a[i-1][j-1]+a[i-1][j];  /* 规律：左上与正上元素之和 */
    for (i=0;i<N;i++)
    {
        for(j=0;j<=i;j++)
            printf("%-5d", a[i][j]);
        printf("\n");
    }
    return 0;
}
```

【例 7-10】输入二维数组行数，通过程序实现循环向内输出自然数。

程序如下：

```c
#include<stdio.h>
void main()
{
int a, b, k, i, j, t, s, m, n;
int f[20][20];
printf("请输入您要的数组行数：\n");
scanf("%d", &n);
```

```
    i=j=0; a=b=n; t=s=0; k=1;
    for(m=1;m<2*n;m++)  /*控制循环的次数*/
    {
        if(m%4==1)        /*用来列升序付值，周期为 4，b 控制升序的个数*/
        {
            for(;j<b;j++)
            {
                f[i][j]=k;
                k++;
            }
            i++;j--;b--;
        }
        else if(m%4==2)    /*用来行升序排列付值，周期为 4，a 控制升序的个数*/
        {
            for(;i<a;i++)
            {
                f[i][j]=k;
                k++;
            }
            j--;i--;a--;
        }
        else if(m%4==3)    /*用来列降序排列付值，周期为 4,s 控制最小值*/
        {
            for(;j>=s;j--)
            {
                f[i][j]=k;
                k++;
            }
            i--;j++;s++;
        }
        else              /*用来行降序排列付值，周期为 4，t+1 控制最小值*/
        {
            for(;i>=t+1;i--)
            {
                f[i][j]=k;
                k++;
            }
            j++;i++;t++;
        }
    }
    for(i=0;i<n;i++)
    {
        for(j=0;j<n;j++)
        {
            printf("%3d ", f[i][j]);
        }
        printf("\n");
    }
}
```

运行结果：

请输入您要的数组行数：

```
5
   1   2   3   4   5
  16  17  18  19   6
  15  24  25  20   7
  14  23  22  21   8
  13  12  11  10   9
```

【例 7-11】 矩阵转置。

有一矩阵为　1　2　3　，求其转置矩阵。
　　　　　　　4　5　6

程序如下：

```
#include<stdio.h>
main( )
{    int    a[2][3]={{1,2,3},{4,5,6}};
     int    b[3][2], i , j;
     printf("array a: \n");
     for( i=0; i<=1; i++)
   {    for( j=0; j<=2; j++)
        {    printf("%5d", a[i][j]);
             b[j][i]=a[i][j];
        }
        printf("\n");
   }
     printf("array b: \n");
     for(i=0; i<=2; i++)
   {    for( j=0; j<=1; j++)
             printf("%5d",b[i][j]);
        printf("\n");
   }
}
```

【例 7-12】 求二维数组中最大元素值及其行列号。

```
#include <stdio.h>
main()
{  int a[3][4]={{1,2,3,4},{9,8,7,6},{-10,10,-5,2}};
   int i,j,row=0,colum=0,max;
   max=a[0][0];
   for(i=0;i<=2;i++)
      for(j=0;j<=3;j++)
         if(a[i][j]>max)
      {  max=a[i][j]; row=i;colum=j;}
   printf("max=%d,row=%d, \
      colum=%d\n",max,row,colum);
}
```

7.5　字符数组

7.5.1　字符数组的定义

字符数组的形式与前面介绍的数值数组相同。

例如：char c[10];

由于字符型和整型通用，也可以定义为 int c[10]，但这时每个数组元素占 4 个字节的内存单元。

字符数组也可以是二维或多维数组。

例如：char c[3][4];即为二维字符数组，数组中共有 12 个元素。

7.5.2 字符数组的初始化

(1) char ch[5]={'B','o','y'};

初始化字符串数组时，编译器自动将字符串最后一个字符后面加上'\0'，以表示字符串的结束。

(2) char arr[10]= "HI";

如果数组的大小大于字符串的长度+1，那么把字符串结束后面的元素也都初始化为'\0'，此时{}可以省略。

(3) char ch[]="Hello";

字符数组定义后，如果将数组直接赋一个字符串，此时数组维数可缺省。

7.5.3 字符数组的引用

【例 7-13】输出一个已定义好的二维数组。

程序如下：

```
#include<stdio.h>
main()
{
  int i'j;
  char a[][5]={ 'C','L', 'A','N','G','U','A','G','E','E'};
  for(i=0;i<=1;i++)
    {
      for(j=0;j<=4;j++)
        printf("%c",a[i][j]);
        printf("\n");
    }
}
```

运行结果：

```
CLANG
UAGEE
```

【例 7-14】输出一个字符串。

程序如下：

```
#include <stdio.h>
void main()
{
char c[10]={ 'I',' ','a','m',' ','a',' ','b','o','y'};
int i;
for(i=0;i<10;i++)
printf("%c", c[i]);
printf("\n");
}
```

运行结果：

```
I  am a boy
```

【例 7-15】输出一个菱形图。

程序如下：

```
#include <stdio.h>
void main()
{
char diamond[][5]={{ ' ',' ','*'},{' ','*',' ','*'}, {'*',' ',' ',' ','*'}'
{' ','*',' ','*'}, { ' ',' ','*'}};
int I'j;
for(i=0;i<5;i++)
    {
for(j=0;j<5;j++)
printf("%c", diamond[i][j]);
printf("\n");
    }
}
```

运行结果：

```
      *
    *   *
  *       *
    *   *
      *
```

7.5.4　字符串和字符串结束标志

在 C 语言中没有专门的字符串变量，通常用一个字符数组来存放一个字符串常量。前面介绍字符串常量时，已说明字符串总是以'\0'作为串的结束符。因此，当把一个字符串常量存入一个数组时，也把结束符'\0'存入数组，并以此作为该字符串是否结束的标志。有了'\0'标志后，就不必再用字符数组的长度来判断字符串的长度了。

C 语言允许用字符串的方式对数组作初始化赋值。

例如：

```
char c[]={'c',' ','p','r','o','g','r','a','m'};
```

可写为

```
char c[]={"C program"};
```

或去掉{}写为

```
char c[]="C program";
```

用字符串方式赋值比用字符逐个赋值要多占一个字节，用于存放字符串结束标志'\0'。上面的数组 c 在内存中的实际存放情况为

C		p	r	o	g	r	a	m	\0

'\0'是由 C 编译系统自动加上的。由于采用了'\0'标志，所以在用字符串赋初值时一般不需指定数组的长度，而由系统自行处理。

7.5.5　字符数组的输入和输出

在采用字符串方式后，字符数组的输入和输出变得简单方便。

除了上述用字符串赋初值的办法外，还可用 printf( )函数和 scanf( )函数一次性输出/输入一个

字符数组中的字符串，而不必使用循环语句逐个地输入/输出每个字符。

```
include "stdio.h"
main()
{
  char c[]="BASIC\ndBASE";
  printf("%s\n",c);
}
printf("%s",c[]);
```

在本例的 printf( )函数中，使用的格式字符串为"%S"，表示输出的是一个字符串。而在输出表列中给出数组名则可。

【例 7-16】

```
include "stdio.h"
main()
{
  char st[15];
  printf("input string: \n");
  scanf("%s", st);
  printf("%s\n", st);
}
```

在本例中，由于定义数组长度为 15，因此输入的字符串长度必须小于 15，以留出一个字节用于存放字符串结束标志'\0'。应该说明的是，对一个字符数组，如果不进行初始化赋值，那么必须说明数组长度。还应该特别注意的是，当用 scanf( )函数输入字符串时，字符串中不能含有空格，否则将以空格作为串的结束符。

例如，当输入的字符串中含有空格时，运行情况为：

```
input string:
this is a book
```

输出为：

```
this
```

从输出结果可以看出，空格以后的字符都未能输出。为了避免这种情况，可多设几个字符数组分段存放含空格的串。

程序可改写为如下形式。

【例 7-17】

```
#include<stdio.h>
void main()
{
  char st1[4],st2[4],st3[4],st4[4];
  printf("input string:\n");
  scanf("%s%s%s%s",st1,st2, st3,st4);
  printf("%s %s %s %s\n",st1, st2,st3,st4);
}
```

运行结果：

```
input string:
asdf
fghj
hjkl
```

```
sadf
asdf fghj hjkl sadf
```

本程序分别设了 4 个数组，输入的一行字符的空格分段分别装入 4 个数组，然后分别输出这 4 个数组中的字符串。

在前面介绍过，scanf( )的各输入项必须以地址方式出现，如&a，&b 等。但在前例中却是以数组名方式出现的，这是为什么呢？

这是因为在 C 语言中规定，数组名就代表了该数组的首地址。整个数组是以首地址开头的一块连续的内存单元。

如字符数组 char c[10]，在内存可表示为

c[0]	c[1]	c[2]	c[3]	c[4]	c[5	c[6]	c[7]	c[8]	c[9]

设数组 c 的首地址为 2 000，也就是说 c[0]单元地址为 2 000，则数组名 c 就代表这个首地址。因此，在 c 前面不能再加地址运算符&，如果写作 scanf("%S",&c);则是错误的。在执行函数 printf("%S"，c）时，按数组名 c 找到首地址，然后逐个输出数组中各个字符直到遇到字符串终止标志'\0'为止。

【例 7-18】输入 5 个国家的名称，按字母顺序排列输出。

本题编程思路如下：5 个国家名应由一个二维字符数组来处理，然而 C 语言规定可以把一个二维数组当成多个一维数组处理。因此，本题又可以按 5 个一维数组处理，而每一个一维数组就是一个国家名字符串。用字符串比较函数比较各一维数组的大小并排序，输出结果即可。

编程如下：

```
#include<stdio.h>
main()
{
    char st[20], cs[5][20];
    int i,j,p;
    printf("input country's name:\n");
    for(i=0;i<5;i++)
      gets(cs[i]);
      printf("\n");
    for(i=0;i<5;i++)
    {
      p=i;strcpy(st, cs[i]);
      for(j=i+1;j<5;j++)
   if(strcmp(cs[j],st)<0)
   {
    p=j;strcpy(st,cs[j]);
   }
   if(p!=i)
   {
   strcpy(st,cs[i]);
   strcpy(cs[i],cs[p]);
   strcpy(cs[p],st);
   }
  puts(cs[i]);
  }
  printf("\n");
}
```

运行结果：

```
input country's name:
```

```
China
Ecuador
Brazil
Canada
Germany

Brazil
Canada
China
Ecuador
Germany
```

在本程序的第 1 个 for 语句中，用 gets( )函数输入 5 个国家名字符串。上面说过，C 语言允许把一个二维数组按多个一维数组处理，本程序中 cs[5][20]为二维字符数组，可分为 5 个一维数组 cs[0]、cs[1]、cs[2]、cs[3]、cs[4]，因此在 gets( )函数中使用 cs[i]是合法的。在第 2 个 for 语句中又嵌套了一个 for 语句组成双重循环，这个双重循环完成按字母顺序排序的工作。在外层循环中把字符数组 cs[i]中的国家名字符串复制到数组 st 中，并把下标 i 赋予 p。进入内层循环后，把 st 与 cs[i]以后的各字符串作比较，若有比 st 小者则把该字符串复制到 st 中，并把其下标赋予 p。内循环完成后，如 p 不等于 i 说明有比 cs[i]更小的字符串出现，因此交换 cs[i]和 st 的内容。至此，已确定了数组 cs 的第 i 号元素的排序值。然后输出该字符串。在外循环全部完成之后即完成全部排序和输出。

7.5.6　字符串处理函数

C 语言提供了丰富的字符串处理函数，大致可分为字符串的输入、输出、合并、修改、比较、转换、复制和搜索等几类。使用这些函数可大大减轻编程的负担。用于输入/输出的字符串函数，在使用前应包含头文件 "stdio.h"，使用其他字符串函数则应包含头文件 "string.h"。

下面介绍几个最常用的字符串函数。

1. 字符串输出函数 puts( )

格式：puts （字符数组名）

功能：把字符数组中的字符串输出到显示器，即在屏幕上显示该字符串。

【例 7-19】

```
#include"stdio.h"
main()
{
  char c[]="BASIC\ndBASE";
  puts(c);
}
```

运行结果：

```
BASIC
dBASE
```

从程序中可以看出，puts( )函数中可以使用转义字符，因此输出结果成为两行。puts( )函数完全可以被 printf( )函数取代。当需要按一定格式输出时，通常使用 printf( )函数。

2. 字符串输入函数 gets( )

格式：gets （字符数组名）

功能：从标准输入设备（键盘）上输入一个字符串。

本函数得到一个函数值，即为该字符数组的首地址。

【例 7-20】

```
#include"stdio.h"
```

```
main()
{
    char st[15];
    printf("input string: \n");
    gets(st);
    puts(st);
}
```

运行结果：

```
input string:
jilin
jilin
```

可以看出，当输入的字符串中含有空格时，输出仍为全部字符串。说明 gets( )函数并不以空格作为字符串输入结束的标志，而只以 Enter 键作为输入结束标志。这是与 scanf( )函数不同的。

3. 字符串连接函数 strcat( )

格式：strcat (字符数组名 1，字符数组名 2)

功能：把字符数组 2 中的字符串连接到字符数组 1 中字符串的后面，并删去字符串 1 后的串结束标志 "\0"。本函数返回值是字符数组 1 的首地址。

【例 7-21】

```
#include<string.h>
#include<stdio.h>
void main()
{
    static char st1[30]= "My name is ";
    char st2[10];
    printf("input your name:\n");
    gets(st2);
    strcat(st1, st2);
    puts(st1);
}
```

运行结果：

```
input your name:
David
My name is David
```

本程序将初始化赋值的字符数组与动态赋值的字符串连接起来。需要注意的是，字符数组 1 应定义足够的长度，否则不能全部装入被连接的字符串。

4. 字符串复制函数 strcpy( )

格式：strcpy (字符数组名 1，字符数组名 2)

功能：把字符数组 2 中的字符串复制到字符数组 1 中。串结束标志 "\0" 也一同复制。字符数组名 2 也可以是一个字符串常量，这时相当于把一个字符串赋予一个字符数组。

【例 7-22】

```
#include<string.h>
#include<stdio.h>
void main()
{
    char st1[15],st2[]="C Language";
    strcpy(st1,st2);
    puts(st1);printf("\n");
}
```

运行结果：

```
C Language
```

本函数要求字符数组 1 有足够的长度，否则不能全部装入所复制的字符串。

5. 字符串比较函数 strcmp( )

格式：`strcmp(字符数组名1，字符数组名2)`

功能：按照 ASCII 值顺序比较两个数组中的字符串，并由函数返回值返回比较结果。

（1）字符串 1=字符串 2，返回值 = 0。

（2）字符串 2 >字符串 2，返回值 >0。

（3）字符串 1 <字符串 2，返回值< 0。

本函数也可用于比较两个字符串常量或比较数组和字符串常量。

【例 7-23】

```
#include"string.h"
#include"stdio.h"
main()
{
int k;
  static char st1[15],st2[]="C Language";
  printf("input a string:\n");
  gets(st1);
  k=strcmp(st1,st2);
  if(k==0) printf("st1=st2\n");
  if(k>0) printf("st1>st2\n");
  if(k<0) printf("st1<st2\n");
}
```

运行结果：

```
input a string:
language
st1>st2
```

本程序中把输入的字符串 st1 和数组 st2 中的串比较，比较结果返回到 k 中，根据 k 值再输出结果提示串。当输入为 dbase 时，由 ASCII 值可知"dBASE"大于"C Language"，故 k > 0，输出结果为"st1 > st2"。

6. 测字符串长度函数 strlen( )

格式： `strlen(字符数组名)`

功能：测字符串的实际长度（不含字符串结束标志"\0"）并作为函数返回值。

【例 7-24】

```
#include<string.h>
#include<stdio.h>
void main()
{
    int k;
    static char st[]="C language";
    k=strlen(st);
    printf("The lenth of the string is %d\n",k);
}
```

运行结果：

```
The lenth of the string is 10
```

7.6 函数之间对数组和数组元素的引用

7.6.1 数组元素作实参

对库函数的调用不需要再进行说明，但必须把该函数的头文件用 include 命令包含在源文件头部。数组可以作为函数的参数使用，进行数据传送。数组作函数参数有两种形式，一种是把数组元素（下标变量）作为实参使用，另一种是把数组名作为函数的形参和实参使用。

数组元素作函数实参，数组元素就是下标变量，它与普通变量并无区别。因此，它作为函数实参使用与普通变量是完全相同的，在发生函数调用时，把作为实参的数组元素的值传送给形参，实现单向的值传送。

【例 7-25】判别一个整数数组中各元素的值，若大于 0 则输出该值，若小于等于 0 则输出 0值。编程如下：

```
#include<stdio.h>
void nzp(int v)
{
  if(v>0)
  printf("%d ", v);
  else
  printf("%d ", 0);
}
main()
{
  int a[5], i;
  printf("input 5 numbers\n");
  for(i=0;i<5;i++)
  {
     scanf("%d", &a[i]);
     nzp(a[i]);
  }
}
void nzp(int v)
{
 …
}
main()
{
  int a[5], i;
  printf("input 5 numbers\n");
  for(i=0;i<5;i++)
  {
     scanf("%d", &a[i]);
     nzp(a[i]);
  }
}
```

本程序中首先定义一个无返回值的函数 nzp( )，并说明其形参 v 为整型变量。在函数体中根据 v 值输出相应的结果。在 main( )函数中用一个 for 语句输入数组各元素，每输入一个就以该元素作实参调用一次 nzp( )函数，即把 a[i]的值传送给形参 v，供 nzp( )函数使用。

7.6.2　数组名作实参

用数组名作函数参数与用数组元素作实参有几点不同。

（1）用数组元素作实参时，只要数组类型和函数的形参变量的类型一致，那么作为下标变量的数组元素的类型也和函数形参变量的类型是一致的。因此，并不要求函数的形参也是下标变量。换句话说，对数组元素的处理是按普通变量对待的。用数组名作函数参数时，则要求形参和相对应的实参必须是类型相同的数组，必须有明确的数组说明。当形参和实参二者不一致时，即会发生错误。

（2）当普通变量或下标变量作函数参数时，形参变量和实参变量是由编译系统分配的两个不同的内存单元。在函数调用时发生的值传送是把实参变量的值赋予形参变量。当用数组名作函数参数时，不是进行值的传送，即不是把实参数组的每一个元素的值都赋予形参数组的各个元素。因为实际上形参数组并不存在，编译系统不为形参数组分配内存。那么，数据的传送是如何实现的呢?我们曾介绍过，数组名就是数组的首地址，因此在数组名作函数参数时所进行的传送只是地址的传送，也就是说，把实参数组的首地址赋予形参数组名。形参数组名取得该首地址之后，也就等于有了实在的数组。实际上是形参数组和实参数组为同一数组，共同拥有一段内存空间。

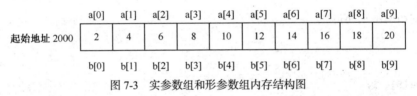

图 7-3　实参数组和形参数组内存结构图

图 7-3 所示的实参数组和形参数组内存结构说明了这种情形，图中设 a 为实参数组，类型为整型。a 占有以 2 000 为首地址的一块内存区。b 为形参数组名。当发生函数调用时，进行地址传送，把实参数组 a 的首地址传送给形参数组 b，于是 b 也取得该地址 2 000。于是 a、b 两数组共同占有以 2 000 为首地址的一段连续内存单元。从图中还可以看出，a 和 b 下标相同的元素实际上也占相同的两个内存单元(整型数组每个元素占 2 字节)。例如，a[0]和 b[0]，都占用 2 000 和 2 001单元，当然 a[0]等于 b[0]，依此类推，则有 a[i]等于 b[i]。

例如，数组 a 中存放了一个学生 5 门课程的成绩，求平均成绩。

程序如下：

```c
#include<stdio.h>
float aver(float a[5])
{
    int i;
    float av, s=a[0];
    for(i=1;i<5;i++)
    s=s+a[i];
    av=s/5;
    return av;
}
void main()
{
```

```
        float sco[5], av;
        int i;
        printf("\ninput 5 scores: \n");
        for(i=0;i<5;i++)
            scanf("%f", &sco[i]);
        av=aver(sco);
        printf("average score is %5.2f", av);
    }
    float aver(float a[5])
    {
        …
    }
    void main()
    {
        …
        for(i=0;i<5;i++)
            scanf("%f", &sco[i]);
        av=aver(sco);
        …
    }
```

本程序首先定义了一个实型函数 aver( )，有一个形参为实型数组 a，长度为 5。在函数 aver( )
中，把各元素值相加求出平均值，返回给主函数。主函数 main( )中首先完成数组 sco 的输入，然
后以 sco 作为实参调用 aver( )函数，函数返回值送 av，最后输出 av 值。从运行情况可以看出，程
序实现了所要求的功能。

（3）前面已经讨论过，在变量作函数参数时，所进行的值传送是单向的，即只能从实参传向
形参，不能从形参传回实参。形参的初值和实参相同，而形参的值发生改变后，实参并不变化，
两者的终值是不同的。而当用数组名作函数参数时，情况则不同。由于实际上形参和实参为同一
数组，因此当形参数组发生变化时，实参数组也随之变化。当然，这种情况不能理解为发生了"双
向"的值传递。但从实际情况来看，调用函数之后实参数组的值将随形参数组值的变化而变化。
为了说明这种情况，把上例改为如下的形式，改用数组名作函数参数。

```
#include<stdio.h>
void nzp(int a[5])
{
    int i;
    printf("\nvalues of array a are: \n");
    for(i=0;i<5;i++)
    {
        if(a[i]<0) a[i]=0;
        printf("%d ", a[i]);
    }
}
void main()
{
    int b[5], i;
    printf("\ninput 5 numbers: \n");
    for(i=0;i<5;i++)
        scanf("%d", &b[i]);
    printf("initial values of array b are: \n");
    for(i=0;i<5;i++)
```

```
        printf("%d ", b[i]);
    nzp(b);
    printf("\nlast values of array b are: \n");
    for(i=0;i<5;i++)
        printf("%d ", b[i]);
}
void nzp(int a[5])
{
    …
}
void main()
{
    int b[5], i;
    …
    nzp(b);
    …
}
```

本程序中函数 nzp( )的形参为整数组 a，长度为 5。主函数中实参数组 b 也为整型，长度也为 5。在主函数中首先输入数组 b 的值，然后输出数组 b 的初始值。接着以数组名 b 为实参调用 nzp( ) 函数。在函数 nzp( )中，按要求把赋值单元清 0，并输出形参数组 a 的值。返回主函数之后，再次输出数组 b 的值。从运行结果可以看出，数组 b 的初值和终值是不同的，数组 b 的终值和数组 a 是相同的。这说明实参和形参为同一数组，它们的值同时改变。用数组名作为函数参数时还应注意以下几点。

① 形参数组和实参数组的类型必须一致，否则将引起错误。

② 形参数组和实参数组的长度可以不相同，因为在调用时，只传送首地址而不检查形参数组的长度。当形参数组的长度与实参数组不一致时，虽不至于出现语法错误（编译能通过），但程序执行结果将与实际不符，这是应予以注意的。

【例 7-26】

```
#include<stdio.h>
void nzp(int a[8])
{
    int i;
    printf("\nvalues of array aare: \n");
    for(i=0;i<8;i++)
    {
        if(a[i]<0)a[i]=0;
        printf("%d", a[i]);
    }
}
void main()
{
    int b[5], i;
    printf("\ninput 5 numbers: \n");
    for(i=0;i<5;i++)
    scanf("%d", &b[i]);
    printf("initial values of array b are: \n");
    for(i=0;i<5;i++)
        printf("%d", b[i]);
```

```
        nzp(b);
    printf("\nlast values of array b are: \n");
    for(i=0;i<5;i++)
        printf("%d", b[i]);
}
```

本程序与上例程序相比，nzp( )函数的形参数组长度改为 8，在函数体中，for 语句的循环条件也改为 i<8。因此，形参数组 a 和实参数组 b 的长度不一致。编译能够通过，但从结果看，数组 a 的元素 a[5]、a[6]、a[7]显然是无意义的。

③ 在函数形参表中，允许不给出形参数组的长度，或用一个变量来表示数组元素的个数。

例如：可以写为

```
void nzp(int a[])
```

或写为

```
void nzp(int a[], int n)
```

其中，形参数组 a 没有给出长度，而由 n 值动态地表示数组的长度。n 的值由主调函数的实参进行传送。

```
void nzp(int a[], int n)
{
    int i;
    printf("\nvalues of array a are: \n");
    for(i=0;i<n;i++)
    {
        if(a[i]<0) a[i]=0;
        printf("%d ", a[i]);
    }
}
void main()
{
    int b[5], i;
    printf("\ninput 5 numbers: \n");
    for(i=0;i<5;i++)
        scanf("%d", &b[i]);
    printf("initial values of array b are: \n");
    for(i=0;i<5;i++)
        printf("%d ", b[i]);
    nzp(b, 5);
    printf("\nlast values of array b are: \n");
    for(i=0;i<5;i++)
        printf("%d ", b[i]);
}
void nzp(int a[], int n)
{
    …
}
void main()
{
    …
    nzp(b, 5);
    …
}
```

本程序 nzp( ) 函数的形参数组 a 没有给出长度，由 n 动态确定长度。在 main( ) 函数中，函数调用语句为 nzp（b，5），其中实参 5 将赋予形参 n 作为形参数组的长度。

④ 多维数组也可以作为函数的参数。在函数定义时可以对形参数组指定每一维的长度，也可省去第 1 维的长度。因此，以下写法都是合法的。

```
int MA(int a[3][10])
```

或

```
int MA(int a[][10])
```

本章小结

数组是属于 C 语言中的一种延伸数据类型，可以把数组看作是一个具有相同名称与数据类型的集合，并在内存中占有一块连续的内存空间。

一维数组是最基本的数组结构，只利用到一个索引值。声明语法可以分为单纯声明和声明并设置两种。一维数组可以扩展到二维或多维数组，在使用上和一维数组相似，都是处理相同数据类型的数据，差别只在于维度的声明。二维数组可以视为一维数组的线性延伸处理，也可以视为平面上列与行的组合。

字符数组声明的最重要的特点是必须使用空字符（'\0'）来代表一个字符数组的结束，例如'a'与'a'字符常量和字符串常量，其中前者的长度为 1，后者的长度为 2。当声明字符串常量时，如果已经设置初始值，其中字符串长度可以不用再设置了。不过，当没有设置初始值时，就必须设置字符串长度，以便让编译器知道需要保留多少内存地址给字符串使用。

如果有许多关系相似的字符串，如一个班级中所有学生的姓名，字符串数组就可以派上用场了。在 C 语言中并不会主动计算字符串的大小，所以在声明或使用上都必须注意字符串的长度是否超出了声明范围。由于字符串不是 C 语言的基本数据类型，所以无法利用数组名直接指定给另一个字符串，如果需要指定字符串，必须从字符数组中一个一个的取出元素内容进行复制。字符串连接功能是将 B 字符串连接到 A 字符串后方，也就是利用数组地址将 B 字符串的第 1 个字符的内存地址排到 A 字符串最后 1 个字符的内存地址中。字符串的比较就是比对两个字符串内容是否是完全相同。比较方法也是使用循环从头开始逐一比对字符串的每一个字符在 ASCII 中的数字大小并排序，直到出现字符不相同或结束字符（'\0'）为止。

习 题

一、填空题

1. 若有定义：double x[3][5];，则 x 数组中行下标的下限为_____，列下标的上限为_____。

2. 当从键盘输入 18 并按 Enter 键后，下面程序的运行结果是_____。

```
main()
{int x, y,i,a[8],j,u,v;
 scanf("%d",&x);
 y=x;i=0;
 do
```

```
        {u=y/2;
         a[i]=y%2;
         i++;y=u;
        }while(y>=1)
        for(j=i-1;j>=0;j--)
          printf("%d", a[j]);}
```

3. 下面的程序用冒泡法对数组 a 进行降序排序，请填空。

```
main()
{int a[5]={4,7,2,5,1};
    int i,j,m;
    for(i=0;i<4;i++)
      for(j=0;j<4-i;j++)
        if(_____)
          { m=a[i];
            a[i]=a[i+1];
            a[i+1]=m }
```

二、选择题

1. 给出以下定义：

```
char x[]="abcdefg";
char y[]={'a','b','c','d','e','f','g'};
```

则正确的叙述为（　　）。

  A. 数组 x 和数组 y 等价　　　　　　B. 数组 x 和数组 y 的长度相同

  C. 数组 x 的长度大于数组 y 的长度　　D. 数组 x 的长度小于数组 y 的长度

2. 不能把字符串：Hello!赋给数组 b 的语句是（　　）。

  A. char b[10]={ 'H', 'e', 'l', 'l', 'o', '!' };

  B. char b[10];b="Hello! ";

  C. char b[10];strcpy(b，"Hello! ");

  D. char b[10]= "Hello! ";

3. 若有以下说明：

```
int a[12]={1,2,3,4,5,6,7,8,9,10,11,12};
char c='a',d, g;
```

则数值为 4 的表达式是（　　）。

  A. a[g-c]　　　　B. a[4]　　　　C. a['d'-'c']　　　　D. a['b'-c]

4. 下面程序的运行结果是（　　）。

```
#include<stdio.h>
main()
{cahr ch[7]={ "12ab56"}; int i, s=0;
for(i=0;ch[I]>= '0'&&ch[i]<= '9';i+=2)
s=10*s+ch[i]- '0';
printf("%d\n",s);}
```

  A. 1　　　　　　　　　　　　　　B. 1 256

  C. 12ab56　　　　　　　　　　　　D. 1<CR>2<CR>5<CR>6

5. 当运行以下程序时，从键盘输入：AhAMa□Aha<CR>，则以下程序运行结果是（　　）。

```
#include<stdio.h>
main()
{char s[80], c='a'; int I=0;
```

```
scanf("%s", s);
While(s[I]!= '\0')
{if(s[I]==c) s[I]=s[I]-32;
else if(s[I]==c-32) s[I]=s[I]+32'
i++'}
puts(s);}
```

A. ahAMa   B. AhAMa   C. AhAMa□ahA   D. ahAMa□ahA

三、编程题

1. 输入 10 个不大于 6 位的数，分别进行由大到小和由小到大的顺序排序，并输出到屏幕上。

2. 在程序中定义一个有 10 个元素的数组，把前 9 个元素赋上值并按从小到大的顺序排好序，现在从键盘输入一个数，把它插到这个数组中相应的位置，使这个 10 个数依然是按从小到大的顺序排列，并把这 10 个数输出到屏幕。例如，原有的 9 个数是 0、1、2、3、5、6、7、8、9，现在输入 4，那么输入后的顺序则是：0、1、2、3、4、5、6、7、8、9。

3. 输入一个 9 位数，把它的每个数位的数值按从小到大的顺序排列，并输出到屏幕。例如，输入 321 654 987，变成 123 456 789 后输出到屏幕。

4. 输入两个 4 位以内的数，要求把它们连成一个数。例如，输入 12 和 567，输出 12 567；又如输入 1 234 和 6 578，则输出 12 346 578。

5. 输入 N 个数，将这 N 个数用与输入时相反的顺序显示在屏幕上，例如，

```
N=5
23 34 32 12 54
54 12 32 34 23
```

6. 输入 10 个数，将每个数与平均值的差依次显示在屏幕上。

7. 输入一串小写字母（以 "." 为结束标志），统计出每个字母在该字符串中出现的次数（若某字母不出现，则不要输出），例如，

```
输入：aaaabbbccc.
输出：a: 4
     b: 3
     c: 3
```

8. 输入一个不大于 32 767 的正整数 N，将它转换成一个二进制数，例如，

```
输入：100
输出：1100100
```

9. 输入 N 个数，将这 N 个数按从小到大的顺序显示出来。

第8章
地址和指针

学习目标

通过本章的学习，使读者掌握 C 语言中广泛使用的一种数据类型——指针。能够运用指针的声明和使用方法，利用指针变量表示各种数据结构、数组和字符串，掌握指针与数组的关系，了解特殊的指针使用方法。

学习要求

- 了解地址和指针的特点，掌握指针和内存地址的密切关系。
- 掌握指针和数组的关系，学会使用指针访问数组中的元素。
- 解特殊指针的使用方法，了解指向函数的指针的高级应用。

8.1　地址和指针的概念

在计算机中，所有的数据都是存放在存储器中的。一般把存储器中的一个字节称为一个内存单元，不同的数据类型所占用的内存单元数不等，如整型量占 4 个字节单元，字符型量占 1 个字节单元等。为了正确地访问这些内存单元，必须为每个内存单元编上号。根据内存单元的编号即可准确地找到该内存单元。既然根据内存单元的编号或地址可以找到所需的内存单元，所以通常也把这个地址称为指针。内存单元的指针和内存单元的内容是两个不同的概念，下面用一个通俗的例子来说明它们之间的关系。用户到银行去存取款时，银行工作人员将根据用户的账号去找存款单，找到之后在存单上写入存款、取款的金额。在这里，账号就是存单的指针，存款数是存单的内容。对于一个内存单元来说，单元的地址即为指针，其中存放的数据才是该单元的内容。在 C 语言中，允许用一个变量来存放指针，这种变量称为指针变量。因此，一个指针变量的值就是某个内存单元的地址或称为某内存单元的指针。

8.2　指针变量

8.2.1　指针变量的定义

我们知道，变量在计算机内是占有一块存储区域的，变量的值就存放在这块区域之中。在计算机内部，通过访问或修改这块区域的内容来访问或修改相应的变量。对于变量的访问形式之一，就是先求出变量的地址，然后再通过地址对它进行访问，这就是下面要介绍的指针及其指针变量。

所谓变量的指针，实际上指变量的地址。变量的地址虽然在形式上类似于整数，但在概念上不同于以前介绍过的整数，它属于一种新的数据类型，即指针类型。一般用"指针"来指明这样一个表达式&x 的类型，而用"地址"作为它的值。也就是说，若 x 为一整型变量，则表达式&x 的类型是指向整数的指针，而它的值是变量 x 的地址。同样，若定义 double d;，则&d 的类型是指向双精度数 d 的指针，而&d 的值是双精度变量 d 的地址。所以，指针和地址是用来叙述一个对象的两个方面。虽然&x、&d 的值分别是整型变量 x 和双精度变量 d 的地址，但&x、&d 的类型是不同的，一个是指向整型变量 x 的指针，而另一个则是指向双精度变量 d 的指针。习惯上，很多情况下指针和地址这两个术语混用了。

可以用下述方法来定义一个指针类型的变量。

```
int *ip;
```

首先说明了它是一个指针类型的变量，注意在定义中不要漏写符号"*"，否则它为一般的整型变量。另外，在定义中的 int 表示该指针变量为指向整型的指针类型的变量，有时也可称 ip 为指向整数的指针。ip 是一个变量，它专门存放整型变量的地址。

指针变量的一般定义为

类型标识符　*标识符；

其中，标识符是指针变量的名字，标识符前加了"*"号，表示该变量是指针变量；而"类型标识符"表示该指针变量所指向的变量的类型。一个指针变量只能指向同一种类型的变量，也就是说，不能定义一个指针变量，既能指向一个整型变量又能指向双精度变量。

指针变量在定义中允许初始化，例如：

```
int i, *ip=&i;
```

这里是用&i 对 ip 进行初始化，而不是对*ip 初始化。和一般变量一样，对于外部或静态指针变量在定义中若不带初始化项，指针变量被初始化为 NULL，它的值为 0。当指针值为零时，指针不指向任何有效数据，有时也称指针为空指针。因此，当调用一个要返回指针的函数时，常使用返回值为 NULL 来指示函数调用中某些错误情况的发生。

8.2.2　指针变量的引用

指针变量同普通变量一样，使用之前不仅要定义说明，而且必须赋予具体的值。未经赋值的指针变量不能使用，否则将造成系统混乱，甚至死机。指针变量的赋值只能赋予地址，绝对不能赋予任何其他数据，否则将引起错误。在 C 语言中，变量的地址是由编译系统分配的，用户不知道变量的具体地址。

两个有关的运算符如下。

（1）&：取地址运算符。

（2）*：指针运算符（或称"间接访问"运算符）。

C 语言中提供了地址运算符&来表示变量的地址。

其一般形式为

&变量名；

如&a 表示变量 a 的地址，&b 表示变量 b 的地址。

设有指向整型变量的指针变量 p，如要把整型变量 a 的地址赋予 p，可以有以下两种方式。

① 指针变量初始化的方法。

```
int a;
int *p=&a;
```

② 赋值语句的方法。

```
int a;
int *p;
p=&a;
```

不允许把一个数赋予指针变量，故下面的赋值是错误的。

```
int *p;
p=1000;
```

被赋值的指针变量前不能再加 "*" 说明符，如写为 *p=&a 也是错误的。

假设：

```
int i=200, x;
int *ip;
```

我们定义了两个整型变量 i、x，还定义了一个指向整型数的指针变量 ip。i、x 中可存放整数，而 ip 中只能存放整型变量的地址。我们可以把 i 的地址赋给 ip。

```
ip=&i;
```

此时指针变量 ip 指向整型变量 i，假设变量 i 的地址为 1 800，这个赋值可形象理解为图 7-1 所示的联系。

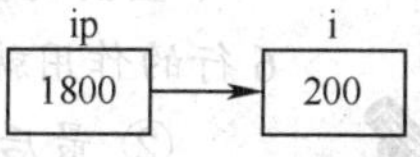

以后便可以通过指针变量 ip 间接访问变量 i，例如：

```
x=*ip;
```

运算符 * 访问以 ip 为地址的存储区域，而 ip 中存放的是变量 i 的

图 8-1　给指针变量赋值

地址，因此，*ip 访问的是地址为 1 800 的存储区域（因为是整数，实际上是从 1 800 开始的两个字节），它就是 i 所占用的存储区域，所以上面的赋值表达式等价于

```
x=i;
```

另外，指针变量和一般变量一样，存放在它们之中的值是可以改变的，也就是说，可以改变它们的指向，例如：

```
int i, j, *p1, *p2;
i='a';
j='b';
p1=&i;
p2=&j;
```

这时赋值表达式：

```
p2=p1
```

就使 p2 与 p1 指向同一对象 i，此时 *p2 就等价于 i，而不是 j。

如果执行如下表达式：

```
*p2=*p1;
```

则表示把 p1 指向的内容赋给 p2 所指的区域。通过指针访问它所指向的一个变量是以间接访问的形式进行的，所以比直接访问一个变量要费时间，而且不直观。因为通过指针要访问哪一个变量，取决于指针的值（即指向），如 "*p2=*p1；" 实际上就是 "j=i；"，前者不仅速度慢，而且目的不明。但由于指针是变量，可以通过改变它们的指向，以间接访问不同的变量，这给程序员带来设计的灵活性，也使程序代码编写变得更为简洁和有效。

指针变量可出现在表达式中，设

```
int x, y, *px=&x;
```

指针变量 px 指向整数 x，则*px 可出现在 x 能出现的任何地方。例如：

```
y=*px+5;    /*表示把 x 的内容加 5 并赋给 y*/
y=++*px;    /*px 的内容加上 1 之后赋给 y，++*px 相当于++(*px)*/
y=*px++;    /*相当于 y=*px; px++*/
```

【例 8-1】指针变量的使用。

```
#include"stdio.h"
main()
{
  int a, b;
  int *pointer_1, *pointer_2;
  a=100;b=10;
  pointer_1=&a;
  pointer_2=&b;
  printf("%d, %d\n", a, b);
  printf("%d, %d\n", *pointer_1, *pointer_2);
}
```

① 在开头处虽然定义了两个指针变量 pointer_1 和 pointer_2，但它们并未指向任何一个整型变量，只是提供两个指针变量，规定它们可以指向整型变量。程序第 5 行和第 6 行的作用就是使 pointer_1 指向 a，pointer_2 指向 b。

② 最后一行的*pointer_1 和*pointer_2 就是变量 a 和 b。最后两个 printf( )函数的作用是相同的。

③ 程序中有两处出现*pointer_1 和*pointer_2，请区分它们的不同含义。

④ 程序第 5 行和第 6 行的"pointer_1=&a"和"pointer_2=&b"不能写成"*pointer_1=&a"和"*pointer_2=&b"。

请对下面关于"&"和"*"的问题进行思考。

（1）如果已经执行了"pointer_1=&a;"语句，则&*pointer_1 是什么含义？

（2）*&a 的含义是什么？

【例 8-2】输入 a 和 b 两个整数，按先大后小的顺序输出 a 和 b。

```
#include"stdio.h"
main()
{
  int *p1, *p2, *p, a, b;
  scanf("%d, %d", &a, &b);
  p1=&a;p2=&b;
  if(a<b)
      { p=p1;p1=p2;p2=p; }
  printf("\na=%d, b=%d\n", a, b);
  printf("max=%d, min=%d\n", *p1, *p2);
}
```

运行结果：

```
9, 3
a=9, b=3
max=9, min=3
```

8.3　指向函数的指针

8.3.1　用函数指针变量调用函数

C 语言通过&和*操作符来操作数据的地址，但它并没有提供一个用一般的方式来操作代码的地址。然而，C 语言并没有完全切断程序员操作代码地址的可能，它提供了一些"受限制的"方式来操作代码的地址。之所以说这些方式是"受限制的"，是因为这些方式并不像操作数据地址那样自由和灵活。

在 C 语言中，指针变量可以指向一个函数。我们已经知道代码也是有地址的，一个函数在编译时会被分配给一个入口地址，这个入口地址就是该函数中第 1 条指令的地址，这就是该函数的指针。当调用一个函数时，除了通过函数名来调用以外，还可以通过指向该函数的指针变量来调用。一个指向函数的指针的初始值不能为空，因为它在使用之前必须被赋予一个真实的函数地址。指向函数的指针变量的一般定义形式如下（其中的函数类型是指函数返回值的类型）：

函数类型　(*指针变量名)　();

【例 8-3】请看下面这段示例代码，它使用普通的函数名方式来实现函数的调用，此函数用于实现矩形法求解 $\int_b^a x^2 \mathrm{d}x$ 。

```
#include "stdio.h"
#include "math.h"
double func1(double a , double b)
{
  double sum = 0.0;
  double length = 0.000001;
  double x = a;
  while(x < b)
  {
    sum += x*x*0.000001;
    x+=0.000001;
  }
  return sum;
}
void main()
{
  double result = 0.0;
  result = func1(0.0, 1.0);
  printf("%g\n", result);
}
```

运行结果：

```
0.333333
```

现在改写上面的代码，使用一个指向函数的指针变量来调用函数。

```
#include "stdio.h"
#include "math.h"
double func1(double a , double b)
{
```

```
    double sum = 0.0;
    double length = 0.000001;
    double x = a;
    while(x < b)
    {
        sum += x*x*0.000001;
        x+=0.000001;
    }
    return sum;
}
void main()
{
    double result = 0.0;
    double (*p)(double, double);
    p = func1;
    result = (*p)(0.0, 1.0);
    printf("%g\n", result);
}
```

运行结果：

```
0.333333
```

① 语句 "double (*p)(double, double);" 定义 p 为一个指向函数的指针变量，此函数的返回值类型为 double 型。double (*p)( )并非是指向某一固定函数的，它仅仅表示定义了这样一个类型的变量，在程序中可以将不同的函数地址赋给它，由此它所指向的函数就会随之变化。

② (*p)两侧的括号不能省略，这样的语法意味着 p 先与*结合，是一个指针变量；再与后面的括号( )结合，表示此指针变量指向函数而非变量。如果将*p 两侧的括号去掉，则变成 double *p( )，这样表示的意思是函数 p( )的返回值类型是一个指向 double 型变量的指针。本书前面也介绍过因为( )的优先级高于*，所以 p 会先与( )结合，由此就声明了一个函数而非指针。

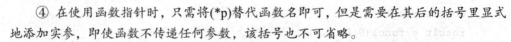

③ 赋值语句 "p = func1;" 的意思是将函数 func1 的入口地址（即函数中第 1 条指令的地址）赋给指针变量 p。可见，在给函数指针变量赋值时，只需要给出函数名即可，并不需要给出参数。因此，如果将上面的赋值语句改写成 "p = func1(0.0, 1.0);" 则是错误的！但是由于这里仅仅使用了函数名，而不带括号和参数，为了不让编译器将其与变量混淆，必须在使用之前进行声明，表明 func1 是函数名而非变量名，这样编译时它们才会被当作函数名来处理。

④ 在使用函数指针时，只需将(*p)替代函数名即可，但是需要在其后的括号里显式地添加实参，即使函数不传递任何参数，该括号也不可省略。

⑤ 数组名可以代表数组的起始地址（数组中首元素的地址)，所以函数名也可以代表函数的入口地址（函数中的首条指令的地址)。但是，对于指向函数的指针变量，它只能指向函数的入口处而无法指向函数中某一条具体的指令，因此对于 p+n、p++等指针运算，对指向函数的指针是没有意义的。

⑥ 获得一个函数地址的方法与获得一个变量地址的方法一样，于是前面程序中的语句 "p = func1;" 也可以写作 "p = &func1;"。但是，必须保证函数 func1( )已经在某个地方被声明过了。

指向函数的指针可以获得函数的入口地址，但它并不能像操作数组一样获得函数中每一条指令的地址，这样的操作是相对受限的。但人们不禁要问，这种语法有什么用处呢？函数指针最常用的地方是作为参数传递给其他的函数。指向函数的指针也可以作为参数以实现函数地址的传递，也就是将函数名传递给形式参数。我们知道，在某个函数中调用另外一个函数仅仅需要在此函数中直接调用所需的函数就可以了，这是 C 语言所支持的非常基本的函数调用语法。如此看来，将函数指针作为参数来传递，然后在函数体中使用有些是多此一举。然而，将函数指针作为参数来使用还是非常有用的，尤其在每次函数所调用的其他函数无法固定时，这就显得尤为重要了。假设有函数 fun( )，在某次执行过程中需要调用函数 func1( )，而下一次需要调用函数 func2( )，再下一次又可能调用 func3( )。如果使用函数指针，则不必对函数 fun( )进行修改，只需要在其调用函数时通过不同的函数名来作为形参传递即可。这种方法极大地增加了函数使用的灵活性，可以编写一个通用的函数来实现各种专用的功能，这符合结构化程序设计思想的方法。

8.3.2 用指向函数的指针作函数参数

函数指针可以因所指向的地址不同，而执行不同的函数内容。事实上，在 C 程序中也可以将函数指针用作另一个函数的参数。如果函数指针作为参数，同一个函数可按照不同的形式，改变参数列表中函数指针所指向的函数地址，也就是该函数可以按照函数指针来决定调用不同的函数。简单地说，就是函数也可以作为另一个函数的参数。

参数型函数指针与一般的函数指针声明相同，只是声明位置不同。一般函数指针可以声明成全局型或区域型变量，而参数型函数指针则直接声明于函数的参数列表中，如下所示。

返回值数据类型　函数名（参数 1 数据类型，参数 2 数据类型，…，

返回值数据类型　（*函数指针名称）（参数 1 数据类型，参数 2 数据类型，…））；

下面这个程序 3 次调用一个以指向函数的指针作参数的函数，指向函数的指针 3 次分别指向 3 个函数，简化了程序，避免定义 3 个调用函数。尤其在有多个函数需要调用且所调用的函数时刻在变换时更能显其优越性。

【例 8-4】用一个指向函数的指针作函数参数。

```c
#include "stdio.h"
void main()
{
    int max();
    int min();
    int add();
    int a, b;
    printf("please enter two numbers: ");
    scanf("%d, %d", &a, &b);
    printf("max=");
    math (a, b, max);
    printf("min=");
    math (a, b, min);
    printf("sum=");
    math (a, b, add);
}
int max(int x, int y)
{
```

```
    int z;
    z=(x>y)?x: y;
    return (z);
}
int min(int x, int y)
{
    int z;
    z=(x<y)?x: y;
    return (z);
}
int add(int x, int y)
{
    int sum;
    sum=x+y;
    return (sum);
}
```

现在定义一个 math( )函数分别指向函数 max( )、函数 min( )和函数 add( )，因此函数 max( )可以调用不同的函数来进行相关的计算。

```
math (int x, int y, int(*common)(int, int))
{
    int result;
    result=(*common)(x, y);
    printf("%d\n", result);
}
```

8.4　对指针变量的操作

8.4.1　通过指针来引用一个存储单元

C 语言提供了一个称作"间接访问运算符"（也称间址寻址运算符）的单目运算符："*"。当指针变量中存放了一个确切的地址值时，就可以用"间接访问运算符"通过指针来引用该地址的内存单元。

有以下定义和语句：

```
int *p, i =10;, j;
p=&i;
```

则以下语句：

```
j=*p;
```

是把 p 所指定内存单元（i）的内容（整数 10）赋予变量 j，这里*p 代表 p 所指定的变量 i（注意：此处的*号既不是乘号，也不是语句中用来说明指针的说明符）。

以上语句等价于：j=i;

间接访问运算符是一个单目运算符，必须出现在运算对象的左边，其运算对象或者是存放地址的指针变量，或者是地址。例如：

```
        j=*(&i);
```

表达式&i 求出变量 i 地址，以上赋值语句表示取地址&i 中的内容赋予 j。由于运算符*和&的优先级相同，且自左向右结合，因此表达式中的括号可以省略，即可写为：

```
j=*&i;
```

以下语句的作用是指针变量 p 所在单元中的内容加 1 后赋予变量 j：

```
j=*p+1;
```

由第 3 章中可知，在赋值语句 x=x; 中，x 在赋值号左边和赋值号右边代表着不同的含义。当利用指针来引用一个内存单元时，也有同样的情况。假设有以下定义语句：

```
int *p, k=0;
p=&k;
```

以上语句把整数 100 存放在 k 中：

```
*p=100;              /*等价于 k=100;*/
```

此后若有语句：

```
*p=*p+1;
```

则取指针变量 p 所指定存储单元中的值，加 1 后存放入 p 所指定的内存单元中，即使变量 k 中的值增 1 而为 101。显然，当*p 出现在赋值号的左边时，代表指针所指的存储单元；当*p 出现在赋值号的右边时，代表的是指针所指的存储单元内容。

以上语句可写成：

```
*p+=1 或++*p;       或   （*p）++;
```

在表达式++*p 中，++和*两个运算符的优先级相同，但按自右至左的方向结合，因此++*p 相当于++（*p）。而在表达式（*p）++中一对括号不可少，（*p）++表示先取 p 作为表达式的值，然后增 1 作为表达式的值。不可写成*p++，否则将先计算*p 作为表达式的值（在此为 100），然后再使指针变量 p 本身增 1，所以*p++并不使 p 所指存储单元中的值增 1，而是移动了指针。

若有以下定义语句：

```
int **p, *s, k=20;
s=&k;p=&s;
```

可以用图 8-2 来形象地表示 p、s 和 k 的关系。

则*s 代表存储单元 k，*p 代表存储单元 s，因此**p 也代表存储单元 k。

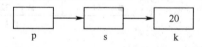

图 8-2　变量 p.s 和 k 的关系

【例 8-5】用指针指向两个变量，通过指针运算选出值小的那个数。

程序如下：

```
#include<stdio.h>
main()
{
  int a, b, min, *pa, *pb, *pmin;
  pa=&a;pb=&b;pmin=&min;
  scanf("%d%d", pa, pb);         /*输入的值依次存放入 pa、pb 所指存储单元中*/
  printf("a=%d b=%d\n", a, b);   /*通过输出，验证 a、b 中的值*/
  *pmin=*pa;                     /*假定 a 中的最小，将其赋给 min*/
  if(*pa>pb) *pmin=*pb;          /*若 b 中的最小，将其赋给 min*/
  print("min=%d\n", min);        /*输出小值 */
}
```

当运行程序时输入 41　32（此处空格代表 Enter 键)，程序输出如下；

```
a=41 b=32
min = 32
```

以上程序运行结果说明，当指针指向变量时，完全可以通过指针来对指针存储单元进行存取。

8.4.2 指针的移动和比较

1. 指针移动

所谓移动指针就是对指针变量加上或减去一个整数，或通过赋值运算，使指针变量指向相邻的存储单元。因此，只有当指针指向一连串连续的存储单元时，指针的移动才有意义。

当指针指向一连串的存储单元时，可以对指针变量加上或减去一个整数的运算，也可以对指向同一串连续存储单元的两个指针进行相减的运算。除此之外，不可以对指针进行任何其他的算术运算。

假定在内存中开辟了如图 8-3 所示的 5 个连续的、存放 int 类型的存储单元，并分别给它们取代号为：a[0]、a[1]、a[2]、a[3]、a[4]（在这里，这些符号只是作为连续存储单元的一种记号，a[0] 在低地址，a[4] 在高地址，读者先不必去理解它们的其他含义），在这些代号所代表的存储单元中，分别有值为：11、22、33、44、55，同时还假定已定义了 p、q 是指向整型变量的指针，且 p 以图 8-3（a）所示，指向存储单元 a[0]。现在我们来解释以下各条语句连续性执行后的结果。

```
q=p+2;        /*如图 7-3(a)所示，使指针 q 指向存储单元 a[2]*/
q++;          /*向高地址移动指针 q，使指针 q 指向存储单元 a[3]*/
q++;          /*向高地址移动指针 q，使指针 q 指向存储单元 a[4]*/
q--;          /*使指针 q 向低地址移动，指针 q 指向存储单元 a[3]*/
p++;          /*当前指针 p 和 q 的指向，如图 7-3(b)所示*/
```

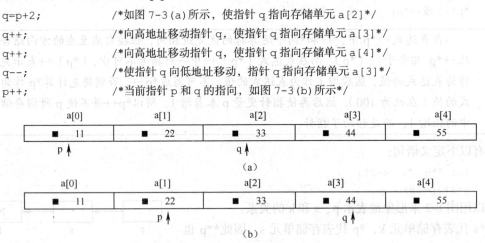

图 8-3 指针变量指向连续的存储单元

现在若有语句 i=*p；j=*q；则 i 中的值为 22，j 中的值为 44；若有语句 k=q-p;，则 k 中的值为 2。

在对指针进行加、减运算时，数字"1"不再代表十进制整数"1"，而是指一个存储单元长度。至于 1 个长度占多少字节的存储空间，则视指针的类型而定。如果 p 和 q 的类型是 int，位移 1 个存储单元长度就是位移 2 个字节；如果 p 和 q 的类型是字符型，则位移 1 个存储单元长度就是位移 1 个字节；若 p 和 q 的类型是双精度型，则位移 1 个存储单元长度就是位移 8 个字节，其他依此类推。增 1 表示指针向地址值大（高地址）的方向移动一个存储单元，减 1 表示向地址值小（低地址）的方向移动一个存储单元。因此，当在程序中移动指针时，无论指针的类型是什么，只需简单加、减一个整数而不必去管它移动的具体长度，系统将会根据指针的类型自动地确定位移的字节数。

当移动指针时，类型为 int 的指针只能用来指向 int，不能用以指向其他类型的变量。如果用类型为 int 的指针来指向一串 double 类型的变量，当移动指针时，对于整数 1，系统将按照类型来确定移动 2 个字节，而不是移动 4 个字节。

2. 指针比较

在关系表达式中可以对两个指针进行比较。例如，p 和 q 是两个指针变量，以下语句是完全正确的。

```
if (p<q) printf ("p points to lower memory than q.\n");
if(p=='\0') printf ("p points to null.\n");
```

通常两个或多个指针指向同一个目标（如一连串连续的存储单元）时比较才有意义。

8.5　一维数组和指针

8.5.1　一维数组和数组元素的地址

一维数组和数组元素的地址，在 C 语言中，可以认为是一个存放地址值的指针变量名，其中的地址值是数组第 1 个元素的地址，也就是数组所占一串连续存储单元的起始地址。定义数组时的类型即是此指针变量的类型；这个指针变量中的地址值不可改变，也就是说，不可以给数组名重新赋值。因此，也可以认为数组名是一个地址常量。若在函数体中有以下定义：

```
int a[10], *p, x;
```

语句 a=&x;或 a++;都是非法的，因为不能给 a 重新赋地址值。

8.5.2　通过数组的首地址引用数组元素

由以上叙述可知：a 是 a 数组元素的首地址，a（即 a+0）的值即等于&a[0]，则 a+1 的值等于&a[1]、a+2 的值等于&a[2]、a+9 的值等于&a[9]。

我们曾经讨论过：可以通过"间接访问运算符"——"*"来引用地址所在的存储单元，因此对于数组元素 a[0]，可以用表达式*&a[0]来引用，也可以用*（a+0）来引用，可以写成*a；而对于数组元素 a[1]，可以用表达式*&a[1]来引用，也可以用*（a+1）来引用，因为 a+1 即是 a[1]的地址，使用"间接访问运算符"可以引用地址所代表的存储单元，因此，*（a+1）就是 a[1];……对于数组元素 a[9]，可以用表达式*&a[9]来引用，也可以用*（a+9）来引用，因此，可以通过以下语句逐个输出 a 数组元素中的值：

```
for(k=0;k<10;k++)prinf("%4d", *(a+k));
```

此语句相当于

```
for(k=0;k<10;k++)prinf("%4d", a[k]);
```

8.5.3　通过指针引用一维数组元素

在 C 语言中，数组和指针有着紧密的联系，凡是由数组下标完成的操作皆可用指针来实现。我们已经知道，要实现对数组的操作，就必须定位数组元素，以前使用的方法是通过数组的下标实现数组元素定位。但对于一个熟练的 C 语言程序员，使用更多的是利用指针来访问数组元素，因为使用指针处理数组既高效又方便。

1. 定义指向一维数组的指针变量

可以用如下的方法定义指向一维数组的指针变量：

```
int a[6]={10, 20, 30, 40, 50, 60};
int *p=a;
```

第 1 个语句定义了一维整型数组 a，第 2 个语句定义了指针变量 p，同时利用 a 数组的首地址对指针变量 p 进行初始化，从而使指针 p 指向了数组 a 的首元素。

当然，由于数组的首地址就是数组首元素的地址，因此，也可使用 a[0]元素的地址完成对变量 p 的初始化，如

```
int *p=&a[0];
```

经过上面的定义之后，就可以使用指针 p 对数组进行访问了。例如，由于 p 已经指向了 a[0]元素，要输出元素 a[0]，就可以使用如下的方法：

```
printf("%d", *p);
```

现在的问题是，怎样用指针 p 去访问数组的其他元素呢？方法很简单，当 p 初始化为首元素地址后，p+i 指向的就是数组的第 i 个元素 a[i]，即 p+i 与&a[i]是同一个值，其对应关系如图 8-4 所示。

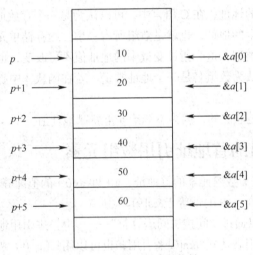

图 8-4　一维数组元素的指针

① 用指针指向数组元素时，只与元素序号有关，并不考虑每个数组元素占用的存储单元数，即对任何类型的数组 arr，当用 arr（或&arr[0]）为指针变量 p 赋值后，如下表达式成立：

```
p+i==&arr[i];
```

② 必须注意，在定义指向数组的指针变量时，使用的数据类型要和数组的数据类型一致。

2. 通过指针引用数组元素

若有如下定义：

```
float arr[20];
float *p=arr;
```

则通过指针 p 引用数组元素的方法如下。

（1）用指针变量和指针运算符表示数组元素，对第 i 个元素，指向它的指针为 p+i，其数组元素表示为*（p+i）。

（2）用带下标的指针变量表示数组元素，p[i]与 arr[i]等价，也与*(p+i)等价。

另外，由于数组名 arr 也是数组首元素地址，因此，也可以用 arr+i 指向第 i 个数组元素，该数组元素即可表示为*（arr+i）。

3. 举例

【例 8-6】用指针实现一维数组的输入和输出。

程序如下：

```
#include<stdio.h>
void main()
{
  int a[10];
  int *p=a, i;
  for(i=0;i<10;i++)
    scanf("%d", p+i);
  for(i=0;i<10;i++)
    printf("%d ", *p++);
}
```

程序结果：

```
2 6 5 8 69 1 4 35 5 9
2 6 5 8 69 1 4 35 5 9
```

在数据输入时，输入 a 数组的第 i 个值使用的地址形式是 p+i，每执行一次，就为一个新的数组元素输入一个数值，但是指针 p 的值在数据输入过程中，始终没有改变。在数据输出语句中，使用了 p++的形式，每输出一个数据，指针变量 p 的值就产生一次增量，从而指向下一个数组元素。

下面的程序同样能实现数组的输入和输出功能，请读者分析：

（1）第 2 个 for 语句之前的"p=a;"语句有什么作用？

（2）若省略第 2 个 for 语句之前的"p=a;"语句，会产生什么结果？

【例 8-7】

```
#include<stdio.h>
void main()
{
    int a[10];
    int *p=a, i;
    for(i=0;i<10;i++)
        scanf("%d", p++);
    p=a;
    for(i=0;i<10;i++)
        printf("%d ", *(p+i));
}
```

该程序也可编写成如下形式：

```
#include<stdio.h>
void main()
{
    int a[10];
    int *p;
    for(p=a;p<(a+10);p++)
        scanf("%d", p);
    for(p=a;p<(a+10);p++)
```

```
        printf("%d ", *p);
}
```

在这个程序中，直接使用指针变量作为 for 语句的循环控制变量，可以使程序变得更简洁。当然，也可以使用数组名的形式对数组元素进行操作，程序如下：

```
#include<stdio.h>
void main()
{
    int i, a[10];
    for(i=0;i<10;i++)
        scanf("%d", a+i);
    for(i=0;i<10;i++)
        printf("%d", *(a+i));
}
```

尽管用指针和数组名都能对数组元素进行访问，但二者有很大的区别：指针是一个变量，它的值可以变化，能进行赋值和其他运算；而数组名是数组的首地址，是一个常量，其值不能改变。

8.5.4　用带下标的指针变量引用一维数组元素

有以下定义和语句：

```
int *p, s[10], i;
p=s;
```

且 10>i>=0，我们已将知道，可以用&s[i]、s+i 和 p+i 3 种表达式表示 s[i]的地址，也可以用 s[i]、*（s+i）和*（p+i）3 种方法表示数组元素 s[i]。很明显，s[i]可以用表达式*（s+i）来表示。同理，*（p+i）也应可以用 p[i]的形式来表示。实际上，在 C 语言中，一对方括号并不是仅用作表示数组元素的记号，而是一种运算符。以此，当 p 指向 s 数组的首地址时，表示数组元素 s[i]的表达式应当有：

（1）s[i]　　（2）*(s+i)　　（3）*(p+i)　　（4）p[i]

共 4 种形式。但在这里，s 和 p 有着明显的区别，s 是不可改变的，而 p 中的地址值却是可以改变的。所以，s++、s=p、p=&s 等运算都是非法的，而 p++、p=s、p=&s[i]则都是合法的表达式。因此，若有 p=s+2，这时 p 中存放的是数组元素 s[2]的地址，p 指向数组元素 s[2]，*（p+0）也就是 p[0]代表的数组元素 s[2]。

8.5.5　数组元素的地址作实参

当数组元素为实数时，因为是地址值，所以对应的形参也应当是与基类型相同的指针变量。

【例 8-8】编写函数，对具有 10 个元素的 char 类型数组，从下标为 4 的元素开始，全部设置为星号"*"，保持前 4 个元素中的内容不变。

以下程序中用 setstar(int *a, int n)函数来实现此操作。在函数 main( )中，对 c 数组的整体元素置初值，调用 setstar( )函数时，把数组元素 c[4]，同样可以带下标的形式来引用 main( )函数中的 c 数组，*a 或 a[0]代表数组元素 c[4]，*（a+1）或 a[1]代表数组元素 c[5]，…，*（a+5）或 a[5]代表数组元素 c[9]。注意：在 setstar( )函数中，通过指针 a 引用主函数中的 c 数组时，不可越过 c 数组最后一个元素的位置。

程序如下：

```
#include<stdio.h>
#define M 10
```

```
#define B 4
void setstar(char *, int);
void arrout(char *, int);
int main()
{
    char c[M]={ 'A', 'B', 'C', 'D', 'E', 'F', 'G', 'H', 'I', 'J'};
    setstar(&c[4], M-B);
    arrout(c, M);
}
void setstar(char *a, int n)
{
    int i;
    for(i=0;i<n;i++)
        *(a+i) = '*' ;
}
void arrout(char *a, int n)
{
    int i;
    for(i=0;i<n;i++)
    printf("%c", a[i]);
    printf("%n");
}
```

输出结果：

ABCD******

setstar( )函数的首部还可以写成以下形式：

```
setstar(int a[], int n);
```

或

```
setstar(int a[M-B], int n);
```

这和用数组名作实参的情况相同。实质上，setstar( )函数把 c[4]的地址作为一串连续存储单元的首地址。

8.5.6　函数的指针形参和函数体中的数组区别

若有以下程序，程序中定义了 fun( )函数，形参 a 指向主函数中的 w 数组，函数组定义了一个 b 数组，函数把 b 数组的起始地址作为函数的返回值，欲使主函数中的指针 p 指向函数体内 b 数组的开头。

```
#include<stdio.h>
#define N 10
int *fun(int a[N], int n)
{
    int b[N];
    return b;
}
void main()
{
    int w[N];
    p=fun(w, N);
}
```

以上程序涉及几个概念。

在函数 fun( )中，形参 a 在形式上写作为 a[N]，实际上它也可以写作 a[]或*a。但无论写成哪种形式，C 编译程序都将其作为一个指针处理。在调用 fun( )函数时，系统只为形参 a 开辟了存储单元，并把 main( )函数中 w 数组的起始地址存入其中，使它指向 w 数组的首地址。因此，在 fun( )函数中，凡是指针变量可以参与运算，形式指针 a 同样可以参与。例如，可以进行 a++的操作，使它移动去指向 w 数组的其他元素，还可以通过赋值语句使它不再指向 w 数组的元素。

函数 fun( )的函数体重定义了一个 b 数组，在调用 fun( )函数时，系统为它开辟一串连续的元素，b 是一个地址常量，不可对它重新赋值。虽然 a 和 b 有相同的说明形式，它们一个是作为形参的指针，一个是函数体内定义的数组，具有完全不同的含义。

当函数 fun( )执行完毕，返回主函数时，系统释放 a 和 b 所占存储单元，指针变量 a 和数组 b 将不再存在。因此，函数 fun( )不应把 b 的值作为返回值。如果把 b 的值作为返回值，主函数中的指针变量 p 将不指向任何对象而成为"无向指针"。

8.6　二维数组和指针

8.6.1　二维数组和数组元素的地址

有整型二维数组 a[3][4]如下：

```
0   1   2   3
4   5   6   7
8   9   10  11
```

设数组 a 的首地址为 1 000。在前面曾经介绍过，C 语言允许把一个二维数组分解为多个一维数组来处理，因此，数组 a 可分解为 3 个一维数组，即 a[0]，a[1]，a[2]。每一个一维数组又含有 4 个元素，如 a[0]数组，含有 a[0][0]，a[0][1]，a[0][2]，a[0][3]4 个元素。数组及数组元素的地址表示如下：a 是二维数组名，也是二维数组 0 行的首地址，等于 1 000。a[0]是第 1 个一维数组的数组名和首地址，因此也为 1 000。*(a+0)或*a 是与 a[0]等效的，它表示一维数组 a[0]第 0 号元素的首地址，也为 1 000。&a[0][0]是二维数组 a 的 0 行 0 列元素首地址，同样是 1 000。因此，a，a[0]，*(a+0)，*a，&a[0][0]是相等的。同理，a+1 是二维数组 1 行的首地址，等于 1 008。a[1]是第 2 个一维数组的数组名和首地址，因此也为 1 008。&a[1][0]是二维数组 a 的 1 行 0 列元素地址，也是 1 008。因此 a+1，a[1]，*(a+1)，&a[1][0]是相等的。由此可得出：a+i，a[i]，*(a+i)，&a[i][0]是等同的。此外，&a[i]和 a[i]也是等同的。在二维数组中不能把&a[i]理解为元素 a[i]的地址，因为不存在元素 a[i]。

C 语言规定，a+i 是一种地址计算方法，表示数组 a 第 i 行首地址。由此得出：a[i]，&a[i]，*(a+i) 和 a+i 是等同的。另外，a[0]也可以看成是 a[0]+0 是一维数组 a[0]的 0 号元素的首地址，而 a[0]+1 则是 a[0]的 1 号元素首地址，由此可得出 a[i]+j 则是一维数组 a[i]的 j 号元素地址，它等于&a[i][j]。由 a[i]=*(a+i)得 a[i]+j=*(a+i)+j，由于*(a+i)+j 是二维数组 a 的 i 行 j 列元素的地址，该元素的值等于*(*(a+i)+j)。

```
#include<stdio.h>
#define PF "%d, %d, %d, %d, %d, \n"
main()
```

```
{
    static int a[3][4]={0, 1, 2, 3, 4, 5, 6, 7, 8, 9, 10, 11};
    printf(PF, a, *a, a[0], &a[0], &a[0][0]);
    printf(PF, a+1, *(a+1), a[1], &a[1], &a[1][0]);
    printf(PF, a+2, *(a+2), a[2], &a[2], &a[2][0]);
    printf("%d, %d\n", a[1]+1, *(a+1)+1);
    printf("%d, %d\n", *(a[1]+1), *(*(a+1)+1));
}
```

8.6.2 通过地址引用二维数组元素

用二维数组名作地址表示数组元素。

另外，由上述说明，还可以得到二维数组元素的一种表示方法：

对于二维数组 a，由 a 指向 a[0]数组，由 a+1 指向 a[1]数组，由 a+2 指向 a[2]数组，依此类推。因此，*a 与 a[0]等价、*(a+1)与 a[1]等价、*(a+2)与 a[2]等价，即由*(a+i)指向 a[i]数组。由此，对于数组元素 a[i][j]，用数组名 a 的表示形式为

`*(*(a+i)+j)`

指向该元素的指针为

`*(a+i)+j`

数组名虽然是数组的地址，但它和指向数组的指针变量不完全相同。指针变量的值可以改变，即它可以随时指向不同的数组或同类型变量，而数组名自它定义时就确定下来，不能通过赋值的方式使该数组名指向另外一个数组。

【例 8-9】求二维数组元素的最大值。

该问题只需遍历数组元素，即可求解。因此，可以通过顺序移动数组指针的方法实现。程序如下：

```
#include<stdio.h>
void main()
{
    int a[4][4]={{6, 5, 9, 4}, {8, 4, 98, 2}, {8, 2, 8, 9}, {1, 5, 8, 9}};
    int *p, max;
    for(p=a[0], max=*p;p<a[0]+12;p++)
        if(*p>max)
            max=*p;
    printf("MAX=%d\n", max);
}
```

执行结果：

```
MAX=88
```

这个程序的主要算法都是在 for 语句中实现的：p 是一个 int 型指针变量；p=a[0]是置数组的首元素地址为指针初值；max=*p 将数组的首元素值 a[0][0]作为最大值初值。

【例 8-10】求二维数组元素的最大值，并确定最大值元素所在的行和列。

本例较上例有更进一步的要求，需要在比较的过程中，把较大值元素的位置记录下来，显然仅用指针移动方法是不行的，需要使用能提供行列数据的指针表示方法。

程序如下：

```
#include<stdio.h>
void main()
```

```
{
int a[3][4]={{3, 17, 8, 11}, {66, 7, 8, 19}, {12, 88, 7, 16}};
int *p=a[0], max, i, j, row, col;
max=a[0][0];
row=col=0;
for(i=0;i<3;i++)
  for(j=0;j<4;j++)
    if(*(p+i*4+j)>max)
      {
        max=*(p+i*4+j);
        row=i;
        col=j;
      }
printf("a[%d][%d]=%d\n", row, col, max);
}
```

运行结果：

```
a[2][1]=88
```

8.6.3 通过建立一个指针数组引用二维数组元素

要用指针处理二维数组，首先要解决从存储的角度对二维数组的认识问题。我们知道，一个二维数组在计算机中存储时，是按照先行后列的顺序依次存储的，当把每一行看作一个整体，即视为一个大的数组元素时，这个存储的二维数组也就变成了一个一维数组了。而每个大数组元素对应二维数组的一行，我们就称之为行数组元素，显然每个行数组元素都是一个一维数组。因此，用两级数组的观点来看待二维数组时，一个 $M \times N$ 的二维数组 a，可分解为如下所示的一维数组。

```
行数组元素　数组元素
二维数组　a[0] a[0][0] 数组
               a[0][1]
                ……
               a[0][N-1]
         a[1] a[1][0] 数组
               a[1]
               a[1][1]
              ……
               a[1][N-1]
              ……
        a[M-1] a[M-1][0] 数组
               a[M-1]
               a[M-1][1]
              ……
               a[M-1][N-1]
```

下面讨论指针和二维数组元素的对应关系，清楚了二者之间的关系，就能用指针处理二维数组了。

设 p 是指向数组 a 的指针变量，若有

p=a[0];

则 p+j 将指向 a[0]数组中的元素 a[0][j]。

由于 a[0]、a[1]、…、a[M-1]等各个行数组依次连续存储，则对于 a 数组中的任意元素 a[i][j]，

指针的一般形式如下:

p+i*N+j

元素 a[i][j]相应的指针表示为

*(p+i*N+j)

同样,a[i][j]也可使用指针下标法表示,如:

p[i*N+j]

例如,有如下定义:

int a[3][4]={{10, 20, 30, 40, }, {50, 60, 70, 80}, {90, 91, 92, 93}};

则数组 a 有 3 个元素,分别为 a[0]、a[1]、a[2]。而每个元素都是一个一维数组,各包含 4 个元素,如 a[1]的 4 个元素是 a[1][0]、a[1][1]、a[1]2]、a[1][3]。数组 a 的分解情况如下所示:

```
数组 a    a[0]   10   20   30   40
          a[1]   50   60   70   80
          a[2]   90   91   92   93
```

若有:

int *p=a[0];

则数组 a 的元素 a[1][2]对应的指针为 p+1*4+2。

元素 a[1][2]也就可以表示为*(p+1*4+2)。

用下标表示法,a[1][2]表示为 p[1*4+2]。

特别说明:对上述二维数组 a,虽然 a[0]、a 都是数组的首地址,但二者指向的对象不同,a[0]是一维数组的名字,它指向的是 a[0]数组的首元素,对其进行 "*" 运算,得到的是一个数组元素值,即 a[0]数组首元素值,因此,*a[0]与 a[0][0]是同一个值;而 a 是一个二维数组的名字,它指向的是它所属元素的首元素,它的每一个元素都是一个行数组,因此,它的指针移动单位是 "行",所以 a+i 指向的是第 i 个行数组,即指向 a[i]。对 a 进行 "*" 运算,得到的是一维数组 a[0]的首地址,即*a 与 a[0]是同一个值。当用 int *p;定义指针 p 时,p 指向的是一个 int 型数据,而不是一个地址,因此,用 a[0]对 p 赋值是正确的,而用 a 对 p 赋值是错误的。

8.6.4 通过建立一个行指针引用二维数组元素

通过上面的讲解,我们已经知道,二维数组名是指向行的,它不能对如下说明的指针变量 p 直接赋值:

int a[3][4]={{10, 11, 12, 13}, {20, 21, 22, 23}, {30, 31, 32, 33}}, *p;

其原因就是 p 与 a 的对象性质不同,或者说二者不是同一级指针。C 语言可以通过定义行数组指针的方法,使得一个指针变量与二维数组名具有相同的性质。行数组指针的定义方法如下:

数据类型 (*指针变量名)[二维数组列数];

例如,对上述 a 数组,行数组指针定义如下:

int (*p)[4];

它表示数组*p 有 4 个 int 型元素,分别为(*p)[0]、(*p)[1]、(*p)[2]、(*p)[3],即 p 指向的是有 4 个 int 型元素的一维数组,即 p 为行指针,如下所示。

p (*p)[0] (*p)[1] (*p)[2] (*p)[3]

此时可用如下方式对指针 p 赋值:

p=a;

赋值后 p 的指向如下所示。

```
p       10      11      12      13
p+1     20      21      22      23
p+2     30      31      32      33
```

8.7 二组数组名和指针数组作实参

8.7.1 二维数组名作实参时实参和形参之间的数据传递

可以用二维数组名作为实参或者形参，在被调用函数中对形参数组定义时可以指定所有维数的大小，也可以省略第 1 维的大小说明，如

```
void Func(int array[3][10]);
void Func(int array[][10]);
```

二者都是合法而且等价的，但是不能把第 2 维或者更高维的大小省略，如下面的定义是不合法的：

```
void Func(int array[][]);
```

因为从实参传递来的是数组的起始地址，在内存中按数组排列规则存放（按行存放），并不区分行和列，如果在形参中不说明列数，则系统无法决定数组应为多少行多少列，不能只指定第 1 维而不指定第 2 维，下面写法是错误的：

```
void Func(int array[3][]);
```

实参数组维数可以大于形参组，如实参数组定义为

```
void Func(int array[3][10]);
```

而形参数组定义为

```
int array[5][10];
```

这时形参数组只取实参数组的一部分，其余部分不起作用。

读者可以看到，将二维数组当作参数的时候，必须指明所有维数大小或者省略第一维，但是不能省略第二维或者更高维的大小，这是由编译器原理限制的。读者在学编译原理这门课程的时候知道编译器是这样处理数组的：

对于数组 `int p[m][n];`

如果要取 p[i][j]的值(i>=0 && i<m && 0<=j && j < n)，编译器是这样寻址的，它的地址为

```
p + i*n + j;
```

可以看出，如果省略了第二维或者更高维的大小，编译器将不知道如何正确地寻址。但是，在编写程序的时候却需要用到各个维数都不固定的二维数组作为参数，编译器不能识别怎么办呢？编译器虽然不能识别，但是我们完全可以不把它当作一个二维数组，而是把它当作一个普通的指针，再另外加上两个参数指明各个维数，然后为二维数组手工寻址，这样就实现了将二维数组作为函数的参数传递的目的。根据这个思想，可以把维数固定的参数变为维数随机的参数，例如：

```
void Func(int array[3][10]);
void Func(int array[][10]);
```

变为

```
void Func(int **array, int m, int n);
```

在转变后的函数中，式子 array[i][j]是不对的，因为编译器不能正确地为它寻址，所以需要模

仿编译器的行为把式子 array[i][j]手工转变为

```
*((int*)array + n*i + j);
```

在调用函数的时候，需要注意一下，如下面的例子：

```
int a[3][3] =
{
    {1, 1, 1},
    {2, 2, 2},
    {3, 3, 3}
};
Func(a, 3, 3);
```

根据不同编译器的不同设置，可能出现 warning 或者 error，可以进行强制转换，如下。

```
Func((int**)a, 3, 3);
```

其实多维数组和二维数组原理是一样的，读者可以自己扩充多维数组。

8.7.2 指针数组作实参时实参和形参之间的数据传递

指针数组的元素是指针变量，用指针数组可以方便地实现对一组字符串的处理。用指针数组作函数参数，就可以实现多字符串处理的通用函数。

【例 8-11】将一组字符串按字典顺序排序后输出。

把一组数值存放在一维数组中后，通过比较的方法，很容易实现排序。与数值的排序相比，字符串既没有固定的长度，也不像一维数组元素那样个体之间依次连续存储，字符串没有固定的存储位置。但是，由于具有了如下两个条件，对字符串的排序操作也就不复杂了。

条件 1：使用指针数组，把各个字符串的开始地址存储起来，通过指针数组就能方便地间接访问各个字符串。图 8-5 为用下列形式定义 days 数组后，指针数组 days 与各个字符串的指向关系。

```
char *days[7]={ "Sunday", "Monday", "Tuesday",
"Wednesday", "Thursday", "Friday", "Saturday"};
```

Sunday	Monday	Tuesday	Wednesday	Thursday	Friday	Saturday
Days[0]	Days[1]	Days[2]	Days[3]	Days[4]	Days[5]	Days[6]

图 8-5 指针数组 days 与字符串的指向关系

条件 2：使用字符串比较函数 strcmp( )，比较两个字符串的大小。

通过字符串比较函数便可设计实现字符串排序的函数。下面程序中的 string_sort( )函数用冒泡排序算法实现了对 string 指向的 n 个字符串的排序。

```
#include "stdio.h"
#include "string.h"
void main()
{
    void string_sort(char *[], int);
    void string_out(char *[], int);
    char *days[7]={ "Sunday", "Monday", "Tuesday",
                    "Wednesday", "Thursday",
                    "Friday", "Saturday"};
```

```
        string_sort(days, 7);
        string_out(days, 7);
    }
    void string_sort(char *string[], int n)
    {
        char *temp;
        int i, j;
        for(i=1;i<n;i++)
        {
            for(j=0;j<n-i-1;j++)
                if(strcmp(string [j], string [j+1])>0)
                {
                    temp= string [j];
                    string [j]= string [j+1];
                    string [j+1]=temp;
                }
        }
    }
    void string_out(char * string [], int n)
    {
        int i;
        for(i=0;i<n;i++)
            printf("%s ", string [i]);
    }
```

执行结果：

```
Friday Monday Saturday Sunday Thursday Tuesday Wednesday
```

string_sort( )函数是一个冒泡排序函数，对于 n 个字符串共进行 n-1 趟排序。第 1 趟排序结束后，指针数组 string 的最后一个元素指向了最大的字符串，即 string[n-1]存储了最大字符串的首地址；第 2 趟排序结束后，string[n-2]存储了次大字符串的首地址……最后一趟（第 n-1）排序结束后，指针数组 string 的首元素 string[0]存储了最小字符串的首地址。因此，在主函数中，执行 string_sort（days，7）调用后，指针数组 days 各个元素的值为各字符串字典顺序的首元素地址值，如图 8-6 所示。

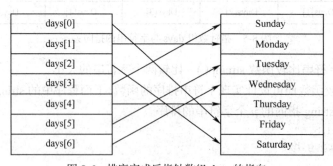

图 8-6　排序完成后指针数组 days 的指向

由此可见，调用 string_out( )函数，顺序输出 days 数组指向的字符串时，将得到一个按照字典顺序排列的字符串序列。

需要特别注意的是，程序在排序的时候并没有交换字符串，而是通过交换指向字符串的指针完成排序工作的。

8.7.3　使指针指向一个字符串

【例 8-12】用指针将一个字符串逆序存储。

本题的思路：使用两个指针分别指向字符串的首尾，然后交换两个指针所指位置的值，交换后将两个指针同时向中间移动一个位置，然后再交换，直至两个指针相碰或越过则停止循环。

程序如下：

```
#include<stdlib.h>
#include<stdio.h>
void str(char *p1)          /* 传入字符串的首地址 */
{
    char *p2;
    int t;
    p2=p1;
    while(*p1)              /* 使指针 p1 指向字符串的结束标志 */
     p1++;
     p1--;                 /* 使指针指向 p1 指向字符串的最后一个字符 */
                           /* 此时指针 p2 和 p1 分别指向字符串的首尾处 */
    while(p2<p1)
    {
        t=*p1;             /* 交换首尾字符 */
        *p1=*p2;
        *p2=t;
        p1--;              /* 指针 p1 和 p2 向中间移动 */
        p2++;
    }
}
void main(void)
{
    char a[50];
    scanf("%s",a);         /* 从键盘接收一个字符串 */
    str(a);
    printf("%s",a);
}
```

运行结果：

```
David
divaD
```

8.8　函数之间地址值的传递

8.8.1　形参为指针变量时实参和形参之间的数据传递

函数的参数不仅可以是整型、实型和字符型等数据，还可以是指针类型。它的作用是将一个变量的地址传送到另一个函数中。

【例 8-13】输入的两个整数，按大小顺序输出。请用函数处理，而且用指针类型的数据作函数参数。

```
#include "stdio.h"
int swap(int *p1, int *p2)
{
    int temp;
    temp=*p1;
    *p1=*p2;
    *p2=temp;
}
main()
{
    int a, b;
    int *pointer_1, *pointer_2;
    scanf("%d, %d", &a, &b);
    pointer_1=&a;pointer_2=&b;
    if(a<b)  swap(pointer_1, pointer_2);
    printf("\n%d, %d\n", a, b);
}
```

运行结果:

3, 5

5, 3

① swap( )函数是用户定义的函数,它的作用是交换两个变量(a 和 b)的值。swap( )函数的形参 p1、p2 是指针变量。程序运行时,先执行 main( )函数,输入 a 和 b 的值。然后将 a 和 b 的地址分别赋予指针变量 pointer_1 和 pointer_2,使 pointer_1 指向 a,pointer_2 指向 b。

② 接着执行 if 语句,由于 a<b,因此执行 swap( )函数。注意:实参 pointer_1 和 pointer_2 是指针变量,在函数调用时,将实参变量的值传递给形参变量,采取的依然是"值传递"方式。因此,虚实结合后形参 p1 的值为&a,p2 的值为&b。这时 p1 和 pointer_1 指向变量 a,p2 和 pointer_2 指向变量 b。

③ 接着执行 swap( )函数的函数体,使*p1 和*p2 的值互换,也就是使 a 和 b 的值互换。

④ 函数调用结束后,p1 和 p2 不复存在(已释放)。

⑤ 最后在 main( )函数中输出的 a 和 b 的值是已经过交换的值。

请注意:交换*p1 和*p2 的值是如何实现的? 请找出下列程序段的错误。

```
swap(int *p1, int *p2)
{
    int *temp;
    *temp=*p1;      /*此语句有问题*/
    *p1=*p2;
    *p2=temp;
}
```

请考虑下面的函数能否实现 a 和 b 互换。

```
swap(int x, int y)
{
    int temp;
    temp=x;
```

```
    x=y;
    y=temp;
}
```

如果在 main( ) 函数中用 "swap(a，b);" 调用 swap( ) 函数，会有什么结果呢?

【例 8-14】请注意，不能通过改变指针形参的值而使指针实参的值改变。

```
#include<stdio.h>
int swap(int *p1, int *p2)
{
    int *p;
    p=p1;
    p1=p2;
    p2=p;
}
main()
{
    int a, b;
    int *pointer_1, *pointer_2;
    scanf("%d, %d", &a, &b);
    pointer_1=&a;pointer_2=&b;
    if(a<b)
        swap(pointer_1, pointer_2);
    printf("%d, %d\n", *pointer_1, *pointer_2);
}
```

运行结果:

```
2, 1
2, 1
```

【例 8-15】输入 a、b、c 3 个整数，按从大到小顺序输出。

```
#include<stdio.h>
int swap(int *pt1, int *pt2)
{
  int temp;
  temp=*pt1;
  *pt1=*pt2;
  *pt2=temp;
}
int exchange(int *q1, int *q2, int *q3)
{
  if(*q1<*q2)swap(q1, q2);
  if(*q1<*q3)swap(q1, q3);
  if(*q2<*q3)swap(q2, q3);
}
void main()
{
  int a, b, c, *p1, *p2, *p3;
  scanf("%d, %d, %d", &a, &b, &c);
  p1=&a;p2=&b; p3=&c;
  exchange(p1, p2, p3);
  printf("\n%d, %d, %d \n", a, b, c);
```

```
}
```
运行结果：
```
5，2，9
9，5，2
```

8.8.2 通过传送地址值在被调用函数中直接改变调用函数中的变量的值

到目前为止，我们已经知道形参值的改变对应实参的值，把数据从被调用函数返回到调用函数的唯一途径是通过 return 语句返回函数值，这就限定了只能返回一个数据。但是，在例 8-15 中通过传送地址值，可以在被调用函数中对调用函数中的变量进行引用，这也就使得通过形参改变对应实参的值成为可能，利用此形式就可以把两个或两个以上的数据从被调用函数返回到调用函数。

【例 8-16】调用 swap( )函数，交换主函数中变量 x 和变量 y 中的数据。
```c
#include<stdio.h>
void swap(int *, int *);
void main ()
{
    int x=30, y=20;
    printf(" (1)x=%d  y=%d\n", x, y);
    swap(&x, &y);
    printf(" (4)x=%d  y=%d\n", x, y);
}
void swap(int *a, int *b)
{
    int t;
    printf(" (2)a=%d  b=%d\n", *a, *b);
    t=*a;
    *a=*b;
    *b=t;
    printf(" (3)a=%d  b=%d\n", *a, *b);
}
```
运行结果：
```
（1）    x=30    y=20
（2）    a=30    b=20
（3）    a=20    b=30
（4）    x=20    y=30
```
由于没有通过 return 语句返回函数值，所以定义 swap( )函数为 void 类型。由本例可见，C 语言程序中可以通过传送地址的方式在被调用函数中直接改变调用函数中的变量的值，从而实现函数之间数据的传递。

【例 8-17】编写函数 order(int *a, int *b)，使调用函数中的第 1 个实参存放两个数中的较小的数，第 2 个参数存放两个数中较大的数。
```c
#include <stdio.h>
void swap(int *x1, int *x2)
{
```

```
        int t;
        t=*x1;
        *x1=*x2;
        *x2=t;
    }
    void order(int *a, int *b)
    {
        if(*a>*b)
        swap(a, b);
    }
    main()
    {
        int x, y;
        printf("Enter x, y: \n");
        scanf("%d, %d", &x, &y);
        printf("x=%d y=%d\n", x, y);
        order(&x, &y);
        printf("x=%d y=%d\n", x, y);
    }
```

运行结果：

```
Enter x, y:
3, 2
x=3 y=2
x=2 y=3
```

请读者自己动手画出各函数中变量之间的关系。

在 order( )函数中只有一条语句，此语句的功能是：如果 a 所指存储单元中的数大于 b 所指存储单元中的数，则交换这两个存储单元中的数，否则什么也不做。实际上，语句的作用是比较 main( )函数中变量 x 和 y 中的值，若 x 中的值大于 y 中的值，则交换 x 和 y 中的数。

8.8.3　函数返回地址值

函数值的类型不仅可以是简单的数据类型，还可以是指针类型。

【例 8-18】以下函数把主函数中变量 i 和 j 中存放的较大数的地址作为函数值传回。

```
# include<stdio.h>
int *fun(int *, int *);            /*函数说明语句*/
void main()
{
    int *p, i, j;
    printf("Enter two number: \n");
    scanf("%d, %d", &i, &j);
    p=fun(&i, &j);                 /*p将得到 i 或 j 的地址*/
    printf("i=%d, j=%d, *p=%d\n", i, j, *p);
}

int *fun(int *a, int *b)
{
    if(*a>*b)
        return a;
```

```
        return b;
    }
```

运行结果：

```
Enter two number:
5, 12
i=5, j=12, *p=12
```

程序运行时，若给 i 输入 99，给 j 输入 101，函数将返回主函数变量 j 的地址，使 p 指向变量 j，从而输出 i=99，j=101，*p=101。

8.9 通过实参向函数传递函数名或指向函数的指针变量

1. 指向函数指针变量的定义

在 C 语言中，函数名代表该函数的入口地址，因此可以定义一种指向函数的指针来存放这种地址。例如：

```
#include<stdio.h>
double fun(int a, int *p)
{ … }
main()
{
    double(*fp)(int, int *), y;
    int n;
    fp= fun;
    …
    y = (*fp)(56, &n);      /*此处通过指向函数的指针调用 fun 函数*/
    …
}
```

在这里，说明符(*fp)(int，int *)说明 fp 是一个指向函数的指针变量，这个函数必须是 double 类型。说明符中若省去了*fp 外的一对括号，写成*fp (int，int *)，则说明 fp 就不是指针变量，而是一个函数，该函数的返回类型是基类型为 double 的指针类型。说明符后面一对圆括号中是类型名，如果所指函数没有形参，这一对括号也不可以省略。

表达式 fp= fun；把 fun( )函数的地址赋予指针变量 fp，此处 fp 类型必须与 fun 类型相同。

2. 函数名或指向函数的指针变量作实参

函数名或指向函数的指针变量可以作为实参传给函数，这时，对应的形参应当是类型相同的指针变量。

【例 8-19】通过 tuans( )函数传送不同的函数名，求 $\tan x$ 和 $\tot x$ 值。

程序如下：

```
#include<stdio.h>
#include<math.h>
double tran( double ( * )( double ), double ( * )( double ), double);
void main( )
{
```

```
    double y, v;
    v = 60*3.1416/180.0;
    y = tran( sin, cos, v );         /* 第 1 次调用 */
    printf("tan( 60 ) = %10.6f\n", y);
    y = tran( cos, sin, v );         /* 第 2 次调用 */
    printf("cot( 60 ) = %10.6f\n", y);
}
double tran( double ( *f1 )( double ), double ( *f2 )( double ), double x )
{
    return( *f1 )( x )/( *f2 )( x ) ;
}
```

运行结果：

```
tan( 60 ) =   1.732061
cot( 60 ) =   0.577347
```

函数 tran( )有 3 个形参 f1、f2、x。其中，f1 和 f2 是两个指向函数的指针变量，它们所指函数的返回值必须是 double 类型，所指函数有一个 double 类型的形参，第 3 个形参 x 是 double 类型的简单变量。

程序中，v 的值是 60 度角的弧度。在第 1 次调用中，把库函数 sin( )的地址传给指针变量 f1，把库函数 cos( )的地址传给指针变量 f2，tran()函数的返回值是 sin（x）/cos（x）；在第 2 次调用中，把库函数 cos( )的地址送给指针变量 f1，把库函数 sin( )的地址送给指针变量 f2，tran( )函数的返回值即是 cos（x）/sin（x）。

8.10　传给 main( )函数的参数

在此之前，在编写 main( )函数时，其后一对圆括号中是空的，没有参数。其实，在支持 C 语言的环境中，在运行 C 程序时，可以通过运行 C 程序的命令行把参数传给 C 程序。main( )函数通常可用两个参数，例如：

```
main( int argc, char  *argv )
{ … }
```

其中，argc 和 argv 是两个参数名，可由用户自己命名，但是它们的类型是固定的。第 1 个参数 argc 必须是整型；第 2 个参数 argv 是一个字符型的指向数组指针的指针，这个字符型指针数组的每一个指针都指向一个字符串。因此，第 2 个参数 argv 还可直接定义成基类型为字符的指针数组：

```
char *argv[]
```

当对包含以上主函数的名为 myc 的文件进行编译连接，生成名为 myc.exe 的可执行文件后，即可在操作系统提示符下输入以下命令执行程序：

```
myc
```

这就称为命令行，myc 即为执行程序的命令。这时 argc 中的值为 1，argv[0]中将存放字符串"myc"的首地址，即指向字符串"myc"。若输入：

```
myc OK  GOOD    （此处空格代表 Enter 键）
```

此命令行中的 OK 和 GOOD 称为命令行参数。这时，argc 中的值为 3，也就是说，在 argc 中存入了命令行中字符串的个数，argv 的结构如图 8-7 所示。

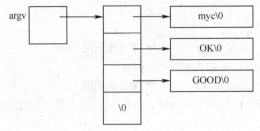

图 8-7   argv 结构图

argv[0]、argv[1]、argv[2]分别指向字符串"myc""OK!""GOOD"。其中，为了执行程序，字符串 argv[0]必不可少，argc 的值至少为 1。从 argv[1]开始都是可选的命令行。另外，按标准规定，argv[argc]由系统置'\0'。

命令行中，各参数之间用空格符或 Tab 符隔开，空格不作为参数的内容。若要把空格作为参数的内容，可以把字符串放在一对双引号内。

【例 8-20】若以下文件存放在 myc.c 文件中，在编译连接后，生成一个 myc.exe 文件，输出 argc 和 argv 中的数据。

```c
#include<stdio.h>
main( int argc, char *argv[] )
{
    int i;
    printf("argc = %d\n", argc);
    for(i=0;i<argc;i++)
    printf("%s", argv[i]);
    printf("\n");
}
```

运行结果：

```
argc = 1
E:\PROGRA~1\C-FREE~1.5\temp\Untitled16.exe
```

若在命令行输入：

```
myc A COMMAND LINE
```

程序将输出：

```
argc = 4
A COMMAND LINE
```

本章小结

指针变量就是一种用来存储内存地址的变量，当指针变量指到目标地址后，可以通过程序移动指针（包括对指针变量值进行数值运算），取得该地址所代表内存的数据值。当需要使用哪个数据时，就读取哪个地址的内存空间内容即可。如果知道变量所在的内存地址，可以通过取址运算符"&"来求出变量所在的地址。

声明指针时，必须首先定义指针的数据类型，并在数据类型后加上"*"符号，再赋予指针名称，即可声明一个指针变量。不同的变量类型在内存中所占空间不同，当指针变量加 1 时，以指针变量的声明类型所占的大小为单位来决定移动多少个单位。

由于指针变量存储的是其所指向的内存地址，而指针变量本身所占有的内存空间也有一个地址，因此可以声明"指针的指针"（Pointer of Pointer），就是"指向指针变量的指针变量"来存储指针所使用到的内存地址与存取变量值，或者可以称为"多重指针"。

"数组名"就是指向数组中第 1 个元素的内存地址，也可以代表该数组在内存中的起始地址。而"索引值"就是其他元素相对于第 1 个元素的内存地址的"偏移量"。数组可以直接当成指针常量来操作，而数组名地址则是数组第 1 个元素的地址。不过，由于数组的地址是只读的，因此不能改变其值，这点是和指针变量最大的不同。

字符串也可以通过指针来声明与操作，在 C 语言程序中可以利用字符串指针变量来指向字符常量。使用字符数组，该字符数组的值指向该字符串第 1 个字符的起始地址，而且为常量，无法修改也不可能进行任何运算；如果使用指针来建立字符串，那么该指针的值也指向该字符串第 1 个字符的起始地址，不过是变量形式的，因此可以进行运算。

指针可以像其他变量一样，声明成数组形式，称为指针数组。每个指针数组中的元素都是一个指针变量，而元素值则为指向其他变量的地址值。

通常在声明数组时，必须在编译阶段就确定数组长度，但这样很容易产生内存的浪费或无法满足程序所需，这个问题可以通过动态分配数组的方式来轻松解决。也就是说，利用动态分配数组，可以在程序执行时，再临时决定数组大小。

配置多维数组时是从第一维开始的，所配置的内存都用来记录下一维数组的起始地址，只有最后一维才是真正存储所指定数据值的内存空间。若释放时从第一维开始释放，将失去指向下一维的指针变量（内存地址）。所以，在释放内存时必须将顺序反过来，也就是从第 n 维逐步释放至第一维。

习 题

一、填空题

1. 以下程序段的输出结果是_____。

```
int  * var , b;
b = 100;  var = &b;  b = * var + 10;
printf ("%d\n", * var );
```

2. 以下程序的输出结果是_____。

```
#include  <stdio.h>
int ast ( int x , int y , int * cp , int * dp )
{  * cp = x + y ;
   * dp = x - y ;
}
void main( )
{  int c , d ;
   ast(4, 3, &c, &d);
   printf("%d%d\n", c, d);
}
```

3. 有以下程序：

```
void f( int y, int *x)
{ y=y+*x; *x=*x+y; }
```

```
main()
{ int x=2, y=4;
   f(y, &x);
   printf("%d %d\n", x, y);
}
```

执行后输出的结果是_____。

4. 下面程序的运行结果是_____。

```
void swap(int *a, int *b)
{ int *t;
   t=a; a=b; b=t;
}
main()
{ int x=3, y=5, *p=&x, *q=&y;
swap(p, q);
printf("%d%d\n", *p, *q);
}
```

5. 设有以下程序：

```
main()
{ int a, b, k=4, m=6, *p1=&k, *p2=&m;
a=p1==&m;
   b=(*p1)/(*p2)+7;
   printf("a=%d\n", a);
   printf("b=%d\n", b);
}
```

执行该程序后，a 的值为_____，b 的值为_____。

6. 下列程序的输出结果是_____。

```
void fun(int *n)
{ while((*n)--);
   printf("%d", ++(*n));
}
 main()
{ int a=100;
   fun(&a);
}
```

7. 以下函数用来求出两个整数之和，通过形参将结果传回，请填空。

```
void func(int x, int y, _____ z)
{ *z=x+y; }
```

8. 以下函数的功能是把两个整数指针所指的存储单元中的内容进行交换，请填空。

```
exchange(int *x, int *y)
{ int t;
   t=*y; *y=_____; *x=_____;
}
```

9. 下面函数要求用来求出两个整数之和，并通过形参传回两数相加之和值，请填空。

```
int add(int x, int y, _____ z)
{_____=x+y; }
```

二、选择题

1. 若有定义：int x, * pb;，则正确的赋值表达式是（   ）。

A. pb=&x   B. pb= x   C. *pb= &x   D. *pb=*x

2. 若有以下程序：

```
#include<stdio.h>
void main()
{ printf ("%d\n" , NULL);
}
```

程序的输出结果是（　　）。

　　A. 因变量无定义输出不定值　　　　　　B. 0

　　C. 1　　　　　　　　　　　　　　　　D. −1

3. 若有以下程序：

```
#include <stdio.h>
void sub ( int x, int y, int * z )
{ *z = y - x ;
}
void main ( )
{ int  a, b, c ;
  sub(10, 5, &a);
  sub(7, a, &b);
  sub(a, b, &c);
  printf("%d, %d, %d\n", a, b, c);
}
```

程序的输出结果是（　　）。

　　A. 5, 2, 3　　　　B. −5, −12, −7　　　C. −5, −12, −17　　　D. 5, −2, −7

4. 若有以下程序：

```
#include<stdio.h>
void main( )
{ int k=2, m=4, n=6, *pk=&k, *pm= &m, *p;
  * ( p = &n ) = * pk * ( * pm ) ;
  printf ("%d\n", n );
}
```

程序的输出结果是（　　）。

　　A. 4　　　　　　　B. 6　　　　　　　C. 8　　　　　　　　D. 10

5. 若有以下程序：

```
#include<stdio.h>
void prtv ( int * x )
{ printf("%d\n", + + * x); }
void main( )
{ int a= 25;
  prtv ( &a );
}
```

程序的输出结果是（　　）。

　　A. 23　　　　　　B. 24　　　　　　C. 25　　　　　　　D. 26

6. 若有以下程序：

```
#include<stdio.h>
void main()
{ int * *k, *a, b=100;
  a =&b;
```

```
        k =&a;
        printf ("%d\n", * *k);
    }
```

程序的输出结果是（　　　）。

    A. 运行出错　　　　　B. 100　　　　　　　　C. a 的地址　　　　　D. b 的地址

7. 若有以下程序：

```
#include<stdio.h>
void fun ( float *a, float *b)
{ float w;
  *a= *a+*a;  w= *a;  *a= *b;  *b= w;
}
void main( )
{ float x=2.0, y=3.0, *px=&x, *py=&y;
  fun ( px, py );  printf ("%2.0f, %2.0f\n" , x, y );
}
```

程序的输出结果是（　　　）。

    A. 4, 3　　　　　　　B. 2, 3　　　　　　　　C. 3, 4　　　　　　　　D. 3, 2

8. 若有以下程序：

```
#include<stdio.h>
void sub ( double x, double *y, double *z )
{  *y = *y - 1.0;
   *z = *z+x;
}
void main( )
{ double a =2.5, b =9.0, *pa, *pb;
  pa = &a;  pb = &b;
  sub ( b - a, pa, pa );
  printf ("%f\n", a );
}
```

程序的输出结果是（　　　）。

    A. 9.000000　　　　　B. 1.500000　　　　　C. 8.000000　　　　　D. 10.500000

三、编程题（本章习题均要求用指针方法处理）。

1. 请编写函数，其功能是对传送过来的两个浮点数求出和值与差值，并通过形参传送回调用函数。

2. 请编写函数，对传送过来的 3 个数选出最大数和最小数，并通过形参传回调用函数。

3. 输入一行文字，找出其中大写字母、小写字母、空格、数字以及其他字符各有多少。

4. 写一函数，求一个字符串的长度。在 main( ) 函数中输入字符串，并输出其长度。

5. 写一函数，将一个 4×4 的整型矩阵转置。

6. 输入 2 个整数，按从小到大的顺序输出。

7. 输入 3 个字符串，按由小到大的顺序输出。

第9章
编译预处理和动态存储分配

学习目标

通过实例介绍 C 语言编译预处理命令，使读者对编译预处理和动态存储分配的概念和特点有基本的了解，能够正确地使用，了解文件包含的作用及条件编译的使用方法，了解动态存储分配方法。

学习要求

- 了解编译预处理的概念和特点。
- 掌握不带参数宏定义、宏替换和带参数宏定义、宏替换的特点和使用方法。
- 掌握文件包含、条件编译处理的特点和用法。
- 掌握动态存储分配的方法。

9.1　编译预处理

为了改进程序设计环境，提高编程效率，C 语言提供了编译预处理功能。所谓编译预处理，是指在对源程序进行编译之前，先对源程序中的编译预处理命令进行处理。然后再将处理的结果和源程序一起进行编译，得到目标代码。可以把预处理看成是编译阶段最先执行的一部分。预处理命令主要有 3 种：宏定义命令、文件包含命令和条件编译命令。编译预处理功能是 C 语言与其他高级语言的重要区别，预处理命令必须以符号"#"开头，一个预处理命令单独占一行，每行的末尾不得加"；"号，以区别于 C 语句。编译预处理有效地改进了 C 程序的设计环境，提高了程序的开发效率，增强了程序的可移植性。

C 语言源程序除了包含程序命令（语句）外，还可以使用各种编译指令（编译预处理指令）。编译指令（编译预处理指令）是给编译器的工作指令，这些编译指令通知编译器在编译工作开始之前对源程序进行某些处理。编译指令都是用"#"引导的。

编译前根据编译预处理指令对源程序的一些处理工作称为编译预处理。C 语言编译预处理主要包括宏定义、文件包含和条件编译。

编译工作实际上分为两个阶段，即编译预处理和编译。广义的编译工作还包括连接，如图 9-1 所示。

在 C 语言源程序中允许用一个标识符来表示一个字符串，称

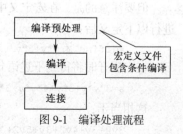

图 9-1　编译处理流程

为"宏"。被定义为宏的标识符称为宏名，C 语言用 "#define" 进行宏定义。在编译预处理时，对程序中所有出现的宏名，都用宏定义中的字符串去替换，称为"宏替换"或"宏展开"。

宏定义分为不带参数的宏定义和带参数宏定义。

9.1.1　不带参数宏定义

不带参数宏定义又叫作符号常量的宏定义，在使用中需满足以下 3 个条件。

（1）不带参数宏定义，一般格式为

```
#define 标识符字符串
```

其中，标识符即为宏名。

（2）宏调用：在程序中用宏名替代字符串。

（3）宏展开：编译预处理时将字符串替换宏名的过程，称为宏展开。

这里，#define 表示宏定义命令。

其中的字符串可以是常数、表达式或格式串等。通常，宏名习惯上用大写字母表示，与所对应的字符串之间用空格隔开。例如：

```
#define  PI  3.1415
```

其功能是定义一个符号常量（宏名）PI 代替字符串 3.141 5。

【例 9-1】宏定义简单应用。

```
#define  MACRONAME  "Hello world."  /* MACRONAME  是宏名 */
#include <stdio.h>
main()
{
        printf(MACRONAME);
}
```

运行结果：

```
Hello world.
```

【例 9-2】

```
#define M    (y*y+3*y)
#include <stdio.h>
main(){
    int s,y;
    printf("input a number: ");
    scanf("%d",&y);
    s=3*M+4*M+5*M;
    printf("s=%d\n",s);
}
```

本程序中首先进行宏定义，定义 M 来替代表达式(y*y+3*y)，在 s=3*M+4*M+5*M 中进行了宏调用。在预处理时经宏展开后该语句变为：

```
s=3*(y*y+3*y)+4*(y*y+3*y)+5*(y*y+3*y);
```

但要注意的是，在宏定义中表达式(y*y+3*y)两边的括号不能少。否则会发生错误。例如，当进行以下定义后：

```
#difine M y*y+3*y
```

在宏展开时将得到下述语句：

```
s=3*y*y+3*y+4*y*y+3*y+5*y*y+3*y;
```

这相当于：

```
3y2+3y+4y2+3y+5y2+3y;
```

显然与原题要求不符。计算结果当然是错误的。因此，在进行宏定义时必须十分注意，应保证在宏代换之后不发生错误。

---

① 宏名遵循标识符规定，用大写字母表示，以便于区别普通的变量。

② #define 之间不留空格，宏名两侧用空格（至少一个）分隔。

③ 宏定义字符串不要以分号结束，否则分号也作为字符串的一部分参加展开。从这点上看，宏展开实际上是简单的替换。

例如：#define PI 3.14；

s = PI *r*r; 展开为 s = 3.14; *r*r;（导致编译错误）

④ 宏定义用宏名代替一个字符串，并不管它的数据类型是什么，也不管宏展开后的词法和语法的正确性，只是简单地替换。是否正确，编译时由编译器判断。

例如：#define PI 3.14 进行宏展开（替换），是否正确，由编译器来判断。

又如：

```c
#define f(x) x*x
main()
{
int i;
i=f(3+3)/(2+1);
printf("The result is:%d\n",i);
```

运行结果：The result is: 13

注意：i=3+3*3+3/(2+1)

⑤ 宏名的作用范围从定义命令开始直到本程序文件结束。可以通过#undef 终止宏名的作用域。

```c
#define E 2.71828
main()
{
    fun();
    printf("%f",E)
}
#undef E
#define E "abc"
fun()
{
    char *s=E
    printf("%s\n",s)
}
```

宏名E的有效范围，代表串 2.71828

宏名E的有效范围，代表"abc"

在宏定义中，可以出现已经定义的宏名，还可以层层置换，如

```c
#include <stdio.h>
#deine PI 3.14
#define R 3.0
#define L 2*PI*R
#define S PI*R*R
main()
{
    printf("L=%f,S=%f",L,S);
}
```

宏名出现在双引号括起来的字符串中时，将不会产生宏替换（因为出现在字符串中的任何字符都作为字符串的组成部分）。

```c
#define P printf
#define D "%d\n"
#define F "%f\n"
#include <stdio.h>
main(){
  int a=5, c=8, e=11;
  float b=3.8, d=9.7, f=21.08;
  P(D F,a,b);
  P(D F,c,d);
  P(D F,e,f);
}
```

宏定义是预处理指令，与定义变量不同，它只是进行简单的字符串替换，不分配内存。

使用宏的优点如下。

（1）程序中的常量可以用有意义的符号代替，程序更加清晰，容易理解（易读）。

（2）常量值改变时，不需要在整个程序中查找、修改，只要改变宏定义就可以。例如，提高 PI 精度值。

（3）带参数宏定义比函数调用具有更高的效率，因为带参数宏定义相当于代码的直接嵌入。

9.1.2　带参数宏定义

C 语言允许宏带有参数，带参数的宏定义一般形式为

　　　　#define　宏名（参数表）　字符串

其中，字符串中含有参数表中所指定的参数。带参数的宏调用的一般形式为

　　　　宏名（实参表）；

在宏定义中的参数称为形参，在宏调用中的参数为实参。对带参数的宏进行替换时，用宏调用提供的实参，直接替换宏定义命令行中相应的形参，非形参字符保持不变。例如：

```c
#define AREA(r)  3.1415*r*r
```

经过上面的定义之后，在源程序中可以使用下面的赋值语句：

```c
s=AREA(5);
```

经过宏替换后的语句为

```c
s=3.1415*5*5;
```

【例 9-3】从键盘上输入两个数，比较大小并输出较大的数，定义宏实现。

程序如下：

```c
#define MAX(x,y) (x>y)?x:y
#include <stdio.h>
main()
{
    int a,b,max;
    printf("Please Input a ,b: ");
    scanf("%d%d",&a,&b);
    max=MAX(a,b);
    printf("Max=%d\n",max);
}
```

运行结果：

```
Please Input a ,b: 30  50
```

```
Max=50
```

其中，MAX 代表宏名，x、y 为形参。程序调用 MAX（30,50）时，把实参 30、50 分别代替形参 x、y。Max = MAX(30,50)　=>　Max =(30>50)?30:50; => Max =50。

带参数宏定义展开规则：

在程序中如果有带实参的宏定义，则按照#define 命令行中指定的"字符串"从左到右进行置换（扫描置换）。如果串中包含宏定义中的形参，则用程序中相应的实参代替形参，其他字符原样保留，形成替换后的字符串。

注意

字符串的替换过程，只是将形参部分的字符串用相应的实参字符串替换。

【例 9-4】用带参数宏定义表示三角形底和高对应的面积。

```
#define AREA(a,h)  a*h/2
#include <stdio.h>
main()
{
    int i=15,j=20;
    printf("AREA=%d\n",AREA(i,j)); /* => printf("AREA=%d\n",i*j/2); */
}
```

① 正因为带参宏定义本质还是简单字符替换（除了参数替换），所以容易发生错误。例如：

　　#define S(a,b) a*b

程序中 area=S(a+b,c+d);=>area=a+b*c+d; 明显和我们的意图不同。

假如：宏定义的字符串中的形参用括号括起来，即

　　#define S(a,b) (a) * (b)

此时程序中 area=S(a+b,c+d);=>area=（a+b）*（c+d）; 符合我们的意图。

为了避免出错，建议将宏定义"字符串"中的所有形参用括号括起来。以后，替换时括号作为一般字符原样照抄，这样用实参替换时，实参就被括号括起来作为整体，不至于发生类似错误。

说明

② 定义带参数宏时还应该注意宏名与参数表之间不能有空格。有空格就变成了不带参数的宏定义。例如：

　　#define MAX(a,b) (a>b)?a:b

写为：

　　#define MAX (a,b) (a>b)?a:b

将被认为是无参宏定义，宏名 MAX 代表字符串 (a,b)(a>b)?a:b。宏展开时，宏调用语句：

　　max=MAX(x,y);

将变为：

　　max=(a,b)(a>b)?a:b(x,y);

这显然是错误的。

③ 在程序中使用带参数的宏定义时，它的形式及特性与函数相似，但本质完全不同。区别在下面几个方面。

- 函数调用，在程序运行时，先求表达式的值，然后将值传递给形参；带参宏展开只在编译时进行简单字符置换。
- 函数调用是在程序运行时处理的，在堆栈中给形参分配临时的内存单元；宏展开在编译时进行，展开时不可能给形参分配内存，也不进行"值传递"，也没有"返回值"。
- 函数的形参要定义类型，且要求形参、实参类型一致。宏不存在参数类型问题，如程序中可以 MAX(3,5)，也可以 MAX(3.4,9.2)。

④ 许多问题可以用函数也可以用带参数的宏定义来解决。

⑤ 宏占用的是编译时间，函数调用占用的是运行时间。在多次调用时，宏使得程序变长，而函数调用不明显。

9.1.3　文件包含

文件包含是指一个源文件可以将另外一个源文件的全部内容包含进来。其命令的一般形式如下：

```
#include "文件名"
```

或

```
#include <文件名>
```

文件名是被包含文件的文件名，它是一个磁盘文件。

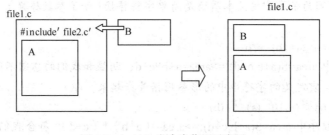

图 9-2　include 宏命令作用示意图

例如，file1.h 文件的内容如下：

```
int a;
int b;
```

file2.c 文件的内容如下：

```
#include "file1.h"
#include <stdio.h>
main()
{
 scanf("%d%d",&a,&b);
 printf("a+b=%d",a+b);
}
```

在对文件 file2.c 进行编译处理时，要对#include 命令进行文件包含处理，用 file1.h 的全部内容替换命令#include"file1.h"。如图 9-2 所示，经过编译预处理后，file2.c 文件参加编译的内容如下：

```
int a;
int b;
#include <stdio.h>
main()
{
```

```
    scanf("%d%d",&a,&b);
    printf("a+b=%d",a+b);
}
```

① 被包含的文件常常被称为"头文件"（#include 一般写在模块的开头）。头文件常常以".h"为扩展名（也可以用其他的扩展名，.h 只是习惯或风格）。

② 一条#include 只能包含一个头文件，如果要包含多个头文件，使用多条#include 命令。

③ 被包含的头文件可以用""括起来，也可以用<>括起来。区别在于：<>先在 C 系统目录中查找头文件，""先在用户当前目录查找头文件。习惯上，用户头文件一般在用户目录下，所以常常用""；系统库函数的头文件一般在系统指定目录下，所以常常用<>。

头文件的应用（补充）。

（1）在多模块应用程序的开发上，经常使用头文件组织程序模块。

（2）头文件称为共享源代码的手段之一。程序员可以将模块中某些公共内容移入头文件，供本模块或其他模块包含使用，如常量、数据类型定义。

（3）头文件可以作为模块对外的接口。例如，可以供其他模块使用的函数、全局变量声明。

头文件常常包含如下内容。

（1）用户定义的常量，方便其他模块共享信息。

（2）用户定义的数据类型，方便其他模块共享信息。

（3）用户模块中定义的函数和全局变量的声明。

9.1.4　条件编译

一般情况下，源程序中所有的行都参加编译。但是，如果希望对其中一部分内容只在满足一定条件时才进行编译，也就是对一部分内容指定编译的条件，这就是"条件编译"。有时，希望当满足某条件时对一组语句进行编译，而当条件不满足时则编译另一组语句。

预处理程序提供了条件编译的功能。可以按不同的条件去编译不同的程序部分，因而产生不同的目标代码文件。

条件编译命令有以下 3 种形式。

1．第 1 种形式

```
#ifdef    标识符
    程序段 1
#else
    程序段 2
#endif
```

它的作用是当所指定的标识符已经被#define 命令定义过,则在程序编译阶段只编译程序段 1,否则编译程序段 2。其中，#else 部分可以没有，即

```
#ifdef    标识符
程序段 1
#endif
```

这里的"程序段"可以是语句组，也可以是命令行。这种条件编译对于提高 C 语言源程序的通用性是很有好处的。如果一个 C 语言源程序在不同计算机系统上运行，而不同的计算机又有一定的差异（如有的机器以 2 个字节来存放一个整数，而有的则以 4 个字节存放一个整数），这样往

往需要对源程序进行必要的修改，这就降低了程序的通用性。可以用以下的条件编译来处理。

```
#ifdef COMPUTER_A
    #define INTEGER_SIZE 16
#else
    #define INTEGER_SIZE 32
#endif
```

即如果 COMPUTER_A 在前面已被定义过，则编译下面的命令行：

```
#define INTEGER_SIZE 16
```

否则，编译下面的命令行：

```
#define INTEGER_SIZE 32
```

如果在这组条件编译命令之前曾出现以下命令行：

```
#define COMPUTER_A 0
```

或将 COMPUTER_A 定义为任何字符串，甚至是

```
#define COMPUTER_A
```

则预编译后程序中的 INTEGER_SIZE 都用 16 代替，否则都用 32 代替。

这样，源程序可以不必作任何修改就可以用于不同类型的计算机系统。当然，以上介绍的只是一种简单的情况，读者可以根据此思路设计出其他的条件编译。

例如，在调试程序时，常常希望输出一些信息，而在调试完成后不再输出这些信息。可以在源程序中插入以下的条件编译段：

```
#ifdef DEBUG
    printf("x=%d,y=%d,z=%d\n",x,y,z);
#endif
```

如果在它的前面有以下命令行：

```
#define DEBUG
```

则在程序运行时输出 x、y、z 的值，以便调试时分析。调试完成后只需将这个 #define 命令行删去即可。不用条件编译也可达此目的，即在调试时加一批 printf 语句，调试后再将 printf 语句一一删去。但是，当调试时加的 printf 语句比较多时，修改的工作量是很大的。用条件编译，则不必一一删改 printf 语句，只需删除前面的一条 "#define DEBUG" 命令即可，这时所有的用 DEBUG 作标识符的条件编译段都使其中的 printf 语句不起作用，即起统一控制的作用，如同一个 "开关" 一样。

例如：

```
#define NUM ok
#include <stdio.h>
main(){
  struct stu
   {
    int num;
    char *name;
    char sex;
    float score;
   } *ps;
  ps=(struct stu*)malloc(sizeof(struct stu));
  ps->num=102;
  ps->name="Zhang ping";
  ps->sex='M';
  ps->score=62.5;
  #ifdef NUM
  printf("Number=%d\nScore=%f\n",ps->num,ps->score);
```

```
    #else
    printf("Name=%s\nSex=%c\n",ps->name,ps->sex);
    #endif
    free(ps);
}
```

由于在程序的第 16 行插入了条件编译预处理命令，因此要根据 NUM 是否被定义过来决定编译哪一个 printf 语句。而在程序的第一行已对 NUM 做过宏定义，因此应对第一个 printf 语句进行编译，故运行结果是输出了学号和成绩。

在程序的第一行宏定义中，定义 NUM 表示字符串 ok，其实也可以为任何字符串，甚至不给出任何字符串，写为：

```
    #define NUM
```

也具有同样的意义。只有取消程序的第一行才会去编译第二个 printf 语句。

2. 第 2 种形式

```
          #ifndef    标识符
              程序段 1
          #else
              程序段 2
          #endif
```

只是第 1 行与第 1 种形式不同：将 "ifdef" 改为 "ifndef"。它的作用是若标识符未被定义过则编译程序段 1，否则编译程序段 2。这种形式与第 1 种形式的作用相反。

以上两种形式用法差不多，根据需要任选一种，视方便而定。例如，上面调试时输出信息的条件编译段也可以改为

```
main()
{
    #ifndef RUN
        printf("x=%d,y=%d,z=%d\n",x,y,z);
    #endif
}
```

如果在此之前未对 RUN 定义，则输出 x、y、z 的值。调试完成后，在运行之前，加入以下命令行：

```
    #define RUN
```

则不再输出 x、y、z 的值。

3. 第 3 种形式

```
#if  表达式
    程序段 1
#else
    程序段 2
#endif
```

它的作用是当指定的表达式值为真（非零）时就编译程序段 1，否则编译程序段 2。其中#else部分可以省略。可以事先给定一定条件，使程序在不同的条件下执行不同的功能。

【例 9-5】输入一行报文，将报文原码输出，或仅输出相同个数的星号 "*"。

程序如下：

```
#define    CHANGE    1              /*预置为输出星号*/
#include  <string.h>
#include <stdio.h>
main()
```

```
{
    int len,i;
    char  str[20];
    printf("\nPlease input the message: ");
    gets(str);
#if   CHANGE                    /*输出星号*/
    for (i=0; i<strlen(str); i++)
            printf("*");
#else                               /*输出原文*/
        printf("The message is:%s\n", str);
#endif
}
```

执行结果：

```
Please input the message: Hello
*****
```

如果将程序第 1 行改为

```
#define   CHANGE   0
```

则在预处理时，对程序段 2 进行编译处理，将报文原样输出。如果不用条件编译命令而直接用 if 语句也能达到要求，但目标程序长（因为所有语句都编译），运行时间长（因为在程序运行时对 if 语句进行测试）。而采用条件编译，可以减少被编译的语句，从而减少目标程序的长度，减少运行时间。当条件编译段比较多时，目标程序长度可以大大减少。

预编译功能是 C 语言特有的，有利于程序的移植，增加程序的灵活性。

9.2　动态存储分配

在很多的情况下，不能确定要使用的数组的大小时，那么就要把数组定义得足够大。这样，程序在运行时就申请了固定大小的、足够大的内存空间。这种分配固定大小的内存分配方法称之为静态内存分配。但是这种内存分配的方法存在比较严重的缺陷，特别是处理某些问题时，在大多数情况下会浪费大量的内存空间。当定义的数组不够大时，可能引起下标越界错误，甚至导致更严重后果。解决此问题可采用动态内存分配。

所谓动态内存分配就是指在程序执行的过程中动态地分配或者回收存储空间的内存分配的方法。动态内存分配不像数组等静态内存分配方法那样需要预先分配存储空间，而是由系统根据程序的需要即时分配，且分配的大小就是程序要求的大小。通过以上分析，动态内存分配相对于静态内存分配具有如下特点。

（1）不需要预先分配存储空间。

（2）分配的空间可以根据程序的需要扩大或缩小。

在第 7 章中，曾介绍过数组的长度是预先定义好的，在整个程序中固定不变。C 语言中不允许动态数组类型。例如：

```
int n;
scanf("%d",&n);
int a[n];
```

用变量表示长度，想对数组的大小进行动态说明，这是错误的。但是在实际的编程中，往往会发生这种情况，即所需的内存空间取决于实际输入的数据，而无法预先确定。对于这种问题，用数组的办法很难解决。为了解决上述问题，C 语言提供了一些内存管理函数，这些内存管理函数可以按需要动态地分配内存空间，也可把不再使用的空间回收待用，为有效地利用内存资源提供了手段。

常用的内存管理函数有 malloc( )函数、free( )函数和 calloc( )函数。

1. malloc( )函数

调用形式：（类型说明符*）malloc(size)

功能：在内存的动态存储区中分配一块长度为"size"字节的连续区域。函数的返回值为该区域的首地址。

（类型说明符*）表示把返回值强制转换为该类型指针。"size"是一个无符号数。

例如：

pc=(char *)malloc(100)；表示分配 100 个字节的内存空间，并强制转换为字符数组类型，函数的返回值为指向该字符数组的指针，把该指针赋予指针变量 pc。

【例 9-6】分配一块区域，输入一个学生数据。

程序如下：

```
#include <stdio.h>
main()
{
struct stu
{
    int num;
    char *name;
    char sex;
    float score;
} *ps;
ps=(struct stu*)malloc(sizeof(struct stu));
ps->num=102;
ps->name="Zhang ping";
ps->sex='M';
ps->score=62.5;
printf("Number=%d\nName=%s\n",ps->num,ps->name);
printf("Sex=%c\nScore=%f\n",ps->sex,ps->score);
free(ps);
}
```

本例动态分配了一个结构体存储区域，然后进行赋值并打印。

2. free( )函数

调用形式：free(void *ptr)

功能：释放 ptr 所指向的一块内存空间，ptr 是任意类型的指针变量，它指向被释放区域的首地址。被释放区应是由 malloc( )函数或 calloc( )函数所分配的区域。

由于内存区域是有限的，不能无限制地分配下去，而且一个程序要尽量节省资源，所以当所分配的内存区域不再使用时，就要释放它，以便其他的变量或者程序使用。这时就要用到 free( )函数。其函数原型为

```
void free(void p)
```

其作用是释放指针 p 所指向的内存区。参数 p 必须是先前调用 malloc( )函数或 calloc( )函数（另一个动态分配存储区域的函数）时返回的指针。给 free( )函数传递其他的值很可能造成死机或其他灾难性的后果。

注意　这里重要的是指针的值，而不是用来申请动态内存的指针本身。

例如：

```
int p1, p2;
p1 = malloc(10*sizeof(int));
p2 = p1;
…
free(p2)/或者 free(p2)/
```

malloc( )函数返回值赋给 p1，又把 p1 的值赋给 p2，所以 p1、p2 都可作为 free 函数的参数。

malloc( )函数是对存储区域进行分配的，而 free( )函数是释放已经不用的内存区域，所以由这两个函数就可以实现对内存区域的动态分配并进行简单的管理。

3．calloc( )函数

调用形式：（类型说明符*）calloc(n,size)

功能：在内存动态存储区中分配 n 块长度为"size"字节的连续区域。函数的返回值为该区域的首地址。

（类型说明符*）用于强制类型转换。

calloc( )函数与 malloc( )函数的区别仅在于前者可以一次分配 n 块区域。

例如：

```
ps=(struet stu*)calloc(2,sizeof(struct stu));
```

其中，sizeof（struct stu）是求 stu 的结构长度。因此该语句的意思是：按 stu 的长度分配两块连续区域，强制转换为 stu 类型，并把其首地址赋予指针变量 ps。

本章小结

本章主要介绍了编译预处理的含义、宏定义和宏替换、文件包含及条件编译等基本知识。编译预处理功能是 C 语言特有的功能，它是在对源程序正式编译前由预处理程序完成的。程序员在程序中用预处理命令来调用这些功能。

宏定义是用一个标识符来表示一个字符串，这个字符串可以是常量、变量或表达式。在宏替换时，用该字符串替换宏名。宏定义可以带有参数，宏替换时是以实参代替形参，而不是"值传输"。为了避免宏替换时发生错误，宏定义中的字符串应加括号。

文件包含是指一个源文件可以将另一个源文件包含进来，可用来把多个源文件连接成一个源文件进行编译，生成一个目标文件。使用标准库函数时，要注意将其头文件包含进来。

条件编译允许只编译源程序中满足条件的程序段，使生成的目标程序较短，从而减少内存的开销，提高程序的效率。

动态存储分配是 C 语言程序设计中的一个重要概念，它是可变数据量存储、数据随机插入、删除等功能时所需的技术。

习　　题

一、选择题

1．以下有关宏替换的叙述不正确的是（　　　）。

  A．宏替换不占用运行时间　　　　　　B．宏名无类型

  C．宏替换只是字符串替换　　　　　　D．宏替换是在运行时进行的

2. 有下列程序：

```
#define  A(x,y)   x*y+3*y+x/y
void main()
{
    int  a,b;
    a=4;b=3;
    printf("%x", A(b,a));
}
```

运行后的输出结果是（　　　）。

A. 15　　　　　　　　B. 24　　　　　　　　C. 18　　　　　　　　D. 0x18

3. 如果有#define f(x,y)　x+y 及 int a=2,b=3;，则执行

`printf("%d",f(a,b)*f(a,b));` 后的值为（　　　）。

A. 36　　　　　　　　B. 25　　　　　　　　C. 11　　　　　　　　D. 13

4. 以下程序段输出 sum 的值为（　　　）。

```
#define  ADD(x)   x+x
main()
{
    int m=1,n=2,k=3;
    int sum=ADD(m+n)*k;
    printf("sum=%d\n",sum);
}
```

A. sum=9　　　　　B. sum=10　　　　　C. sum=12　　　　　D. sum=18

5. 有如下宏定义：

```
#define N 2
#define Y(n)  ((N+1)*n)
```

则执行语句 z = 2*(N+Y(5)); 后的结果是（　　　）。

A. 语句有错误　　　B. Z=34　　　　　　C. Z=70　　　　　　D. Z 无定值

二、阅读程序

1. 以下程序输出结果是_____。

```
# include 〈stdio.h〉
# define MAX(x , y) (x)>(y)?(x):(y)
main()
{
    int i , z , k ;
    z=15 ;
    i=z-5 ;
    k=10* ( MAX ( i , z ));
    printf ("%d\n", k );
}
```

2. 以下程序输出结果是_____。

```
# include 〈stdio.h〉
# define ADD(y) 3.54+y
# define PR(a) printf("%d",(int)(a))
# define PR1(a) PR(a);putchar('\n')
main()
{
    int i=4 ;
```

```
    PR1(ADD(5)*i) ;
}
```

三、编程题

1. 编写一个程序求 1+2+3+…+n 之和，要求用带参宏实现。

2. 编写一个宏定义 MYALPHA，用来判定 c 是否为字母字符，若是返回 1；否则返回 0。

3. 有 10 个学生，每个学生的数据包括学号、姓名、3 门课的成绩，从键盘输入 10 个学生数据，要求打印出 3 门课总平均成绩，以及最高分的学生的数据（包括学号、姓名、3 门课的成绩、平均分数）。

4. 13 个人围成一圈，从第 1 个人开始顺序报数 1、2、3。凡报到"3"者退出圈子，找出最后留在圈子中的人原来的序号。

第10章
结构体、共用体和枚举

学习目标

通过本章的学习，使读者掌握 C 语言中 3 种数据类型的定义和使用方法，其中两种是构造类型：结构体类型和共用体类型，一种是 C 语言的基本类型：枚举类型。通过学习，读者可以掌握结构体类型、共用体类型和枚举类型的变量的定义，掌握结构体类型和共用体类型变量及其成员的引用等基本操作，理解结构体数组的应用，理解结构体和共用体变量存储形式的不同，了解枚举类型变量的处理方式。

学习要求

- 掌握结构体的定义、引用和初始化方法。
- 学会使用结构体数组的定义和使用方法。
- 掌握结构体指针和链表的使用方法。
- 掌握共用体定义和引用的方法。

10.1　概述

前面已经学习了各种简单数据类型的定义和应用方法，同时又学习了一种构造类型数据——数组的定义和应用，这些数据类型的特点是：当定义某一特定数据类型时，就限定该类型变量的存储特性和取值范围。对简单数据类型来说，既可以定义单个的变量，也可以定义数组。而数组的全部元素都有相同的数据类型，或者说是相同数据类型的集合。

在现实生活中，常需要将不同类型的数据组合成一个有机的整体，以便于使用。例如，记录学生情况表、成绩表等，在这些表中，填写的数据是不能用同一种数据类型描述的，在学生情况表中通常会登记上学号、姓名、性别和年龄等项目。在成绩表中会写下学号、课程号和成绩等项目。这些表中集合了各种数据，因此不能使用数组；如果用互相独立的简单变量来描述这些项，则难以反映出数据之间的内在联系。C 语言引入一种能集不同数据类型于一体的数据类型——结构体类型。结构体类型的变量可以拥有不同数据类型的成员，是不同数据类型成员的集合。由于它是由一些基本数据类型组成的，所以它属于"构造类型"。

10.1.1 结构体类型的定义及引用

1. 结构体类型的定义

结构体是由不同数据类型的数据组成的，如一个人的姓名、年龄、性别、住址和电话号码等。它们是同一个处理对象——人的属性，用简单变量分别代表各个属性，是难以反映出它们的内在联系的，而且使程序冗长难读。组成结构体的每个数据称为该结构体的成员。在程序中使用结构体时，首先要对结构体的组成进行描述，称为结构类型的定义。结构体类型的定义形式为

```
struct 结构体名
{
数据类型 成员名1;
数据类型 成员名2;
......
数据类型 成员名n;
};
```

例如：

```
struct person
{
    char name[20];
    int age;
    char sex;
    char addr[30];
    long number;
};
```

上面定义了一个结构体类型 struct person，struct 是关键字，不能省略。"person"为结构体名，它由 5 个成员组成。第 1 个成员是字符数组 name，用于保存姓名；第 2 个成员 age 是整型数据，用于保存年龄；第 3 个成员 sex 是字符型数据，用于保存性别数据；第 4 个成员是字符数组 addr，用于保存地址数据；第 5 个成员是长整型数据，用于保存电话号码。

---

① 定义一个结构体类型，并不意味着系统将分配一段内存单元来存放各数据项成员。请注意：这是定义类型而不是定义变量，定义一个类型只是表示这个类型的结构，即告诉系统它由哪些类型的成员构成，各占多少个字节，各按什么形式存储，并把它们当作一个整体来处理。应当明确，只定义类型是不分配内存单元的，如系统定义了 int、float 等类型，但并不具体分配内存单元，它只反映一种数据属性，是对具体数据的"抽象"。如果以后定义变量为该类型，该变量应当具备这种特征，只有在定义变量以后，才占据存储单元。

② 允许嵌套定义。允许在结构体中利用已经定义过的结构体类型来定义成员，例如：

```
struct date
    {
        int month;
        int day;
        int year;
    };
    struct person
        {
```

```
        char name[10];
        struct date birthday;
        char sex;
        int age;
    };
```

结构体类型的内存分配如图 10-1 所示。

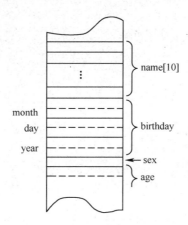

（a）结构体在内存中的映像

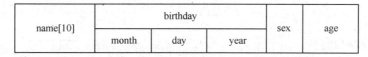

（b）结构体的逻辑映像

图 10-1　结构体类型的内存分配

2.　结构体类型变量的定义

结构体变量同其他变量一样，也必须先定义或声明，然后才能引用。在声明了一个结构体类型之后，就可以定义该结构体的对象了。一个结构体的对象或实例称为该结构体类型的结构体变量。要定义一个结构体类型的变量，可以采取以下 3 种方法。

（1）先定义结构体类型再定义变量名，定义的一般形式为

`[存储类型] struct 结构体名 结构体变量表;`

其中，存储类型表示结构体变量的存储类型。

例如：

```
struct employee
{
    char *name;
    int age;
    double salary;
    char *address;
};
```

利用结构体类型 "struct employee" 来定义结构体变量 GongTao、ChengZhe、LiuChao 和 WangZhe 的形式为

`struct employee GongTao, ChengZhe, LiuChao, WangZhe;`

　　如上面已定义了一个结构体类型 struct person，可以用它来定义变量，如 struct person person1，person2;，定义 person1 和 person2 为 struct person 类型变量，即它们具有 struct person 类型的结构。定义了一个结构体类型后，可以多次用它来定义变量，如 struct person student，worker;，这种定义方式的特点是：可把结构体说明部分作为文件存放起来，这样就可借助于 # include 语句把它复制到任何源文件中，用来定义同类型的其他结构体变量。

　　（2）在定义一个结构体类型的同时定义一个或若干个结构体变量，一般形式为

```
[存储类型] struct 结构体名
{
      结构体成员表;
}      结构体变量名表;
```

　　例如：

```
struct person
{
    char name[20];
    int age;
    char sex;
    char addr[30];
    long number;
}person1,person2;
```

它的作用与第 1 种定义相同，即定义了两个 struct person 类型的变量 person1 和 person2。

　　（3）直接定义结构体类型的变量。

　　例如：

```
struct {
    char name[20];
    int age;
    char sex;
    char addr[30];
    long number;
} person1, person2;
```

　　直接定义了 person1 和 person2 两个结构体变量，但没有定义此结构体类型的名字，因此不能再用它来定义其他变量。例如，下面的定义是不合法的。

```
struct worker, teacher;
```

有关结构体的定义还需注意以下几点。

　　① 结构体变量的定义要按照结构体说明中规定的结构体类型（或内存模型），为定义的结构体变量分配内存，而结构体说明不分配内存。

　　② 结构体变量一般不用 register 类型。

　　③ 结构体变量的定义一定要在结构体声明之后或与结构体声明同时进行，对尚未声明的结构体类型，不能用它来定义结构体变量。

　　④ 结构体变量占用实际内存的大小可用 sizeof( )函数运算求出。sizeof( )函数的一般格式如下：

```
sizeof(运算量)
```

其中，运算量可以是简单变量、数组、结构体或数据类型名。

例如：

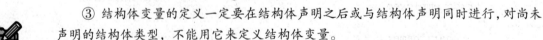

```
sizeof(struct employee) = 14
```

```
                sizeof(int) = 2
```

⑤ 结构体变量中的成员可以单独使用，其地位与一般变量相同。

⑥ 在定义了变量 person1 和 person2 为 struct person 类型之后，它们就具有 struct person 结构体类型的特征。

⑦ 成员也可以是一个结构体变量。

⑧ 成员名可以与程序中的变量名相同，二者代表不同的对象。

⑨ 类型与变量是不同的概念，不要混同。只能对变量赋值、存取或运算，而不能对一个类型赋值、存取或运算。

3. 结构体变量的引用

定义了结构体类型变量以后，就可以对结构体变量进行引用，包括赋值、存取和运算。一般只能对其成员进行直接操作。

（1）对结构体变量的使用往往是通过对其成员的引用来实现的。引用结构体成员的一般形式如下：

　　结构变量名. 成员名；

其中的圆点符号称为成员运算符，它的运算级别最高，结构方向为从左向右。结构体类型示例中变量各成员的引用形式如图 10-2 所示。其结构体类型变量的各成员与相应的简单类型变量使用方法完全相同。

person1

name	age	sex	addr	number

person1.name　　person1.age　　person1.sex　　person1.addr　　person1.number

person2

name	age	sex	addr	number

person2.name　　person2.age　　person2.sex　　person2.addr　　person2.number

图 10-2　结构体类型示例中变量各成员的引用形式

【例 10-1】给结构体变量赋值并输出。

程序如下：

```
include "stdio.h"
main()
{
    struct stu
    {
      int num;
      char *name;
      char sex;
      float score;
    } boy1,boy2;
    boy1.num=102;
    boy1.name="Zhang ping";
    printf("input sex and score\n");
    scanf("%c %f",&boy1.sex,&boy1.score);
    boy2=boy1;
    printf("Number=%d\nName=%s\n",boy2.num,boy2.name);
```

```
    printf("Sex=%c\nScore=%f\n",boy2.sex,boy2.score);
}
```

本程序中用赋值语句给 num 和 name 两个成员赋值，name 是一个字符串指针变量。用 scanf( ) 函数动态地输入 sex 和 score 成员值，然后把 boy1 的所有成员的值整体赋予 boy2。最后分别输出 boy2 的各个成员值。本例表示了结构变量的赋值、输入和输出的方法。

（2）如果一个结构体类型中又嵌套一个结构体类型，则访问一个成员时，应采取逐级访问的方法，直到得到所需访问的成员为止。

例如：

```
struct date
{
    int month; int day; int year;
};
struct person
{
    char name[20];
    struct date birthday;
    int age; char sex; char  addr[30]; long number;
}person1,person2;
```

对 person1 可以这样访问各元素：

```
person1.name;
person1.birthday.year;
```

（3）对结构体变量的成员可以像普通变量一样进行各种运算。允许运算的种类与相同类型的简单变量的种类相同。

例如：

```
person1.number=person2.number;
person2.age++;  person1.birthday.year=1969;
```

10.1.2 结构体变量的初始化

【例 10-2】结构体变量的初始化举例。

```
include "stdio.h"
main()
{
    struct stu     /*定义结构*/
    {
      int num;
      char *name;
      char sex;
      float score;
    }boy2,boy1={102,"Zhang ping",'M',78.5};
boy2=boy1;
printf("Number=%d\nName=%s\n",boy2.num,boy2.name);
printf("Sex=%c\nScore=%f\n",boy2.sex,boy2.score);
}
```

本例中，boy2,boy1 均被定义为外部结构变量，并对 boy1 进行了初始化赋值。在 main( )函数中，把 boy1 的值整体赋予 boy2，然后用两个 printf 语句输出 boy2 各成员的值。

10.1.3 结构体变量的输入和输出

C 语言不允许把一个结构体变量作为一个整体进行输入或输出的操作。例如，有一个结构体变量：

```
struct
{
    long num;
    char name[20];
    char sex;
    float score;
} student1,stud;
```

如果想输入 stud 变量，可以用

```
scanf("%ld%s%c%f",&stud.num,stud.name,&stud.sex,&stud.score);
```

如果想输出 stud 变量，可以用

```
printf("%ld,%s,%c,%f,",stud.num,stud.name,stud.sex,stud.score);
```

对于成员项 name，也可以用 gets( )函数和 puts( )函数进行输入和输出。例如：

```
gets(stud.name);
puts(stud.name);
```

例如，定义了一个结构变量，其中每个成员都从键盘接收数据，然后对结构中的浮点数求和，并显示运算结果，同时将数据以文本方式存入一个名为 wage.dat 的磁盘文件中。请注意本例中不同结构成员的访问。

```
#include <stdio.h>
main()
{
    struct{                          /*定义一个结构变量*/
        char name[8];
        int age;
        char sex[2];
        char depart[20];
        float wage1, wage2, wage3, wage4, wage5;
    }a;
    FILE *fp;
    float wage;
    char c='Y';
    fp=fopen("wage.dat", "w");       /*创建一个文件只写*/
    while(c=='Y'||c=='y')            /*判断是否继续循环*/
    {
        printf("\nName:");
        scanf("%s", a.name);        /*输入姓名*/
        printf("Age:");
        scanf("%d", &a.wage);       /*输入年龄*/
        printf("Sex:");
        scanf("%d", a.sex);
        printf("Dept:");
        scanf("%s", a.depart);
        printf("Wage1:");
        scanf("%f", &a.wage1);      /*输入工资*/
        printf("Wage2:");
        scanf("%f", &a.wage2);
        printf("Wage3:");
        scanf("%f", &a.wage3);
        printf("Wage4:");
        scanf("%f", &a.wage4);
        printf("Wage5:");
        scanf("%f", &a.wage5);
```

```
            wage=a.wage1+a.wage2+a.wage3+a.wage4+a.wage5;
            printf("The sum of wage is %6.2f\n", wage);/*显示结果*/
            fprintf(fp, "%10s%4d%4s%30s%10.2f\n",   /*结果写入文件*/
                        a.name, a.age, a.sex, a.depart, wage);
            while(1)
            {
                printf("Continue?<Y/N>");
                c=getche();
                if(c=='Y'||c=='y'||c=='N'||c=='n')
                    break;
            }
        }
        fclose(fp);
}
```

10.2   结构体数组的定义及初始化

单个结构体变量处理实际问题作用不大。在实际应用中，经常用结构体数组来表示具有相同数据结构的一个群体，如一个班的学生信息或成绩信息等，它是具有相同结构类型的变量集合。

10.2.1   结构体数组的定义

结构体数组的定义方法和结构体变量相似，只需说明它为数组类型即可。结构体数组是以结构体为其类型的数组，与定义结构变量相似，有 3 种方法可定义结构体数组。

1. 先定义结构体类型再定义结构体数组

一般形式为

struct 结构体名
{
    结构体成员列表;
}
struct 结构体名 结构体数组名[元素个数] [,结构体数组名[元素个数]，…];

例如：

```
struct student
{
long num;
char name[20];
char sex;
int age;
float score;
char addr[30];
};
struct student stud[100];
```

2. 在定义结构体类型的同时定义结构体数组

一般形式为

struct 结构体名
{
   结构体成员列表;

```
}    结构体数组名[元素个数][,结构体数组名[元素个数],…];
```

例如：

```
struct student
{
    long num;
    char name[20];
    char sex;
    int age;
    float score;
    char addr[30];
} stud[100];
```

3. 直接定义结构体数组

一般形式为

```
struct
{
    结构体成员列表;
}    结构体数组名[元素个数][,结构体数组名[元素个数],…];
```

例如：

```
struct
{
    long num;
    char name[20];
    char sex;
    int age;
    float score;
    char addr[30];
} stud[100];
```

结构体成员的访问是以数组元素为结构变量来进行的，其形式为

结构体数组元素.成员名

上面结构体数组 stud 元素各成员的引用形式为

```
stud[0].num、stud[0].name、stud[0].sex、stud[0].age;
stud[1].num、stud[1].name、stud[1].sex、stud[1].age;
stud[2].num、stud[2].name、stud[2].sex、stud[2].age;
```

10.2.2　结构体数组的初始化

一个外部的或静态的结构体数组在定义的同时可以初始化。其一般格式是在定义之后紧跟一组用花括号括起来的初始数据：

```
struct 结构体名   结构体数组名[]={初始数据};
```

其中，"struct 结构体名"是预先说明的结构体类型。

或

```
struct 结构体名
{
    结构体成员表;
}    结构体数组名[]={初始数据};
```

例如：

```
struct student
```

```
{
    long num;
    char name[20];
    char sex;
    int age;
    float score;
    char addr[20];
} stud[3]={
{970101, "liMing",'M',16,100, "Beijing"},
{970102, "WangDan",'F',16,95, "Sichuan"},
{970103, "LiHui",'F',16,92, "Hubei"}};
```

定义数组 stud 时，如果对全部数组元素赋初值，则可不指定数组长度。例如：

```
stud[ ]={{…},{…},{…}};
```

结构体数组赋初值也可以先定义结构体类型，再定义结构体数组并赋初值；还可以直接在定义结构体数组时赋初值，例如：

```
struct student
{…};
struct student stud[ ]={{…},{…},{…}};
```

从以上说明可以看出：结构体数组初始化的一般形式是在定义数组的后面加上"=初值列表"。

在初始化时，应当使初始数据的个数与结构体数组的元素个数以及每个数组元素的成员个数相匹配。为了增强可读性，最好将每一个数组元素的初始数据都用花括号括起来。

10.2.3　结构体数组的应用举例

结构体数组适合处理一组具有相同结构体类型的数据，下面举例说明。

【例 10-3】计算学生的平均成绩和不及格的人数。

```
#include "stdio.h"
struct stu
{
    int num;
    char *name;
    char sex;
    float score;
}boy[5]={
        {101,"Li ping",'M',45},
        {102,"Zhang ping",'M',62.5},
        {103,"He fang",'F',92.5},
        {104,"Cheng ling",'F',87},
        {105,"Wang ming",'M',58},
        };
main()
{
    int i,c=0;
    float ave,s=0;
    for(i=0;i<5;i++)
    {
      s+=boy[i].score;
      if(boy[i].score<60) c+=1;
    }
    printf("s=%f\n",s);
    ave=s/5;
```

```
        printf("average=%f\ncount=%d\n",ave,c);
    }
```

本例程序中定义了一个外部结构数组 boy，共 5 个元素，并进行了初始化赋值。在 main( )函数中用 for 语句逐个累加各元素的 score 成员值存于 s 之中，如 score 的值小于 60（不及格），计数器 C 加 1，循环完毕后计算平均成绩，并输出全班总分、平均分及不及格人数。

【例 10-4】用结构体数组处理学生信息表。

程序如下：

```
#include<stdio.h>
#include<stdlib.h>
#define  MAXIMUM  20
struct student
{
    char name[10];
    int age;
    char sex;
    char telenumber[10];
    char address[100];

};
int main()
{
    struct student students[MAXIMUM];
    char str[10];
    int i;
    for( i=0; i< MAXIMUM;i++)
    {
        printf("\nPlease enter name: ");
        gets(students[i].name);
        printf("\nPlease enter sex: ");
        gets(str);
        students[i].sex=str[0];
        printf("\nPlease enter age? ");
        gets(str);
        students[i].age=atoi(str);
        printf("\nPlease enter telenumber: ");
        gets(students[i]. telenumber);
        printf("\nPlease enter address: ");
        gets(students[i]. address);
    }
    printf("\n name   age   sex telenumber   address\n");
    printf("_____\n");
    for( i=0; i< MAXIMUM;i++)
    {
      printf("%-14s %-7d", students[i].name, students[i].sex);
      printf("%-7c %-10s %-25s", students[i].age, students[i]. telenumber,
students
      [i]. address);
    }

}
```

从本例中可以看到，使用结构体数组可以使用循环，使程序十分简练。

10.3　指向结构体类型变量的指针

指向结构体变量的指针简称结构体指针，它是一个指针变量，其目标是一个结构体变量，其内容是结构体变量的首地址。指针变量使用非常灵活和方便，可以指向任意类型的变量。若定义指针变量指向结构体类型变量，则可以通过该指针来间接引用结构体类型变量，称之为结构指针变量。

10.3.1　指向结构体变量的指针

在 C 语言中，指针在处理数据和函数间的数据交换中起着十分重要的作用。指针可以指向简单变量、指向数组、指向函数等。同样，对于结构体变量也可以使用指针进行处理。可以设一个指针变量，用来指向一个结构体变量，此时该指针变量的值是结构体变量的起始地址。指针变量也可用来指向结构体数组或结构体数组中的数组元素。如果已经在前面定义了一个 struct stud 类型，则可用下面形式定义一个指向此类型数据的指针变量：

```
struct stud *p;
```

可以用指针变量 p 指向任意属于 struct stud 类型的结构体变量。定义结构体指针变量可以由一个加在结构变量名前的“*”操作符来定义。其一般格式为

```
struct 结构体类型名#*结构体指针变量名;
```

例如：

```
struct person *pperson;
```

其中，“struct person”是预先声明的结构体类型。它定义了一个结构体指针 person，在定义结构体指针变量时，应注意结构体名必须是已声明过的结构体；而且结构体指针在使用之前必须通过初始化或赋值操作，以便把某个结构体变量的首地址赋给它，使它指向该结构体变量；结构体指针所指向的结构体变量必须与定义时所规定的结构体类型一致。

考虑到结构体变量的 3 种定义方式，结构体指针变量的定义也存在 3 种形式。例如，定义一个指向 student 结构体的结构体指针变量 pstud，可以用下面 3 种方法。

（1）先定义结构体类型，再定义结构体指针变量。

```
struct student
{
        long num;
        char name[20];
        char sex;
        int age;
};
struct student *pstud;
```

（2）定义结构体类型同时定义结构体指针变量。

```
struct student{
        long num;
        char name[20];
        char sex;
        int age;
} *pstud;
```

（3）不提供结构体类型名，直接定义结构体指针变量。

```
struct {
        long num;
        char name[20];
        char sex;
        int age;
} *pstud;
```

定义好指向某个结构体类型的指针变量，就可以使用它来间接操作结构体变量。结构体指针变量对结构体成员的引用有两种形式。

① （*结构体指针变量名）.结构体成员

与普通的指针变量引用形式相同。需要注意的是*号前后的圆括号必须存在，因为"."运算符优先级更高。

② 结构体指针变量名->结构成员

其中，"->"是两个符号"-"和">"的组合，好像一个箭头指向结构体成员。这种引用方式表现指针的指向关系很直观，使用更广泛。

【例 10-5】使用结构体指针输出一个学生信息。

程序如下：

```
#include "stdio.h"
#include "string.h"
struct stud
{
    long num;
    char name[20];
    char sex;
    int age;
    float score;
};
main()
{
    struct stud student1;
    struct stud *p;
    p=&student1;
    student1.num=970101;
    strcpy(student1.name,"Liu Li");
    student1.sex='M';
    student1.age=16;
    student1.score=95.5;
    printf("No:%ld\nname:%s\nsex:%c\nage:%d\nscore:%6.2f\n",student1.num,
    student1.name,student1.sex,student1.age,student1.score);
    printf("\nNo:%ld\nname:%s\nsex:%c\nage:%d\nscore:%6.2f\n",(*p).num,
    (*p).name,(*p).sex,(*p).age,(*p).score);
    printf("\nNo:%ld\nname:%s\nsex:%c\nage:%d\nscore:%6.2f\n",p->num,
    p->name,p->sex,p->age,p->score);
}
```

输出结果：

```
No:970101
name:Liu Li
sex:M
age:16
score:95.50
No:970101
```

```
name:Liu Li
sex:M
age:16
score:95.50
No:970101
name:Liu Li
sex:M
age:16
score:95.50
```

结构成员赋值后，结构体指针的内存指向关系如图
10-3 所示。

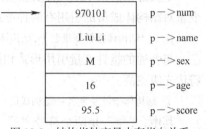

从运行结果可以看出：

结构体变量.成员名

(*结构体指针变量).成员名

结构指针变量->成员名

这 3 种用于表示结构体成员的形式是完全等效的。

图 10-3　结构指针变量内存指向关系

需要指出的是，结构体指针是指向结构的一个指针，即结构体中第一个成员的首地址，使用之前应该对结构体指针初始化或赋值（如例中语句 p=& student1;）。在没有进行结构指针变量初始化或赋值的情况下，需要为结构体指针变量动态分配整个结构长度的字节空间，可通过 C 语言提供函数 malloc( )和 free( )来进行。用下面的语句分析如下。

```
p=malloc(sizeof(struct student));      /* p 指向所分配空间的首地址*/
...
free(p);                               /* 释放 p 所指向的内存空间*/
```

sizeof（struct student）自动求取 student 结构的字节长度；malloc( )函数定义了一个大小为结构长度的内存区域，然后将其地址作为结构体指针返回；free( )函数则是释放由 malloc( )函数所分配的内存区域。

这种结构体指针变量分配内存的方法在链表结构中有广泛应用。

分析例 10-5，在定义了指针变量 p 以后，必须使之指向一个结构体变量。"p=&student1;"语句的作用是将结构体变量 student1 的起始地址赋给 p，也就是使 p 指向了 student1。第 1 个 printf( )函数是输出 student1 的各个成员的值。用 student1. num 表示 student1 中的成员 num 等。第 2 个 printf 函数也是用来输出 student1 各成员值，但是，是通过指针变量 p 引用它所指向的结构体变量 studen1 中的成员值。用(*p). num 表示 student1 中的成员 num。

① *p 两侧的括号不能省略，因为成员运算"."优先于"*"运算符，*p. num 就等价于*(p.num)。

② p 已定义为指向一个结构体类型的指针变量，它只能指向结构体变量而不能指向它的一个成员。例如，p=&student1.num; 的写法是不合法的，因为二者类型不匹配。

③ 在 C 语言中，为了使用方便和直观，可以把(*p).num 用 p->num 来代替，即 p 所指向的结构体变量中的 num 成员。同样，(*p).score 等价于 p->score。用一个减号"-"和一大于号">"这两个字符组成指向运算符。"->"运算符的优先级别最高。

10.3.2　指向结构体数组的指针

定义一个结构体数组，其数组名是数组的首地址。定义一个结构体类型的指针，既可以指向

数组的元素，也可以指向数组，在使用时要加以区分。

一个指针变量指向一个结构体数组，也就是将该数组的起始地址赋给此指针变量。对于指向结构体数组的指针，其用法与指向结构体变量指针的用法相同；对于指向结构体数组的指针，其使用比较灵活。下面对指向结构体数组指针的使用进行说明。

在 10.1 节中定义了结构体类型，根据此类型再定义结构体数组及指向结构体类型的指针。例如：

```
struct stud
{
    long num;
    char name[20];
    char sex;
    int age;
    float score;
};
struct stud student[4],*p;  /*定义结构体数组 student 及指向结构体类型的指针 */
```

执行赋值操作，p=student;，则此时指针 p 就指向了结构体数组 student 的首地址。

p 是指向一维结构体数组的指针，对数组元素的引用可采用 3 种方法。

（1）地址法。student+i 和 p+i 均表示数组第 i 个元素的地址，数组元素各成员的引用形式为（student+i）->num 和（student+i）->name、（p+i）->num、（p+i）->name 等。student+i 和 p+i 与 &student[i]意义相同。

（2）指针法。若 p 指向数组的某一个元素，则 p++表示指针下移，指向其后续元素；p——表示指针上移，指向前一个元素。

（3）指针的数组表示法。

若 p=student，则指针 p 指向数组 student，p[i]表示数组的第 i 个元素，其效果与 student[i]等同。对数组成员的引用描述为 p[i].num、p[i].name 等。

例如：

```
struct student  students[31],*ps;
    ps= students;
```

或

```
    ps=&students[0];
```

指针指向结构体数组 students，如图 10-4 所示。

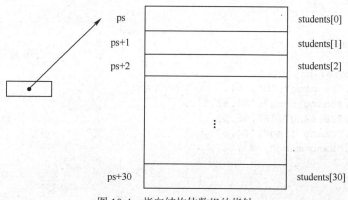

图 10-4　指向结构体数组的指针

【例 10-6】指向结构体数组的指针变量的使用。

程序如下：

```
#include "stdio.h"
struct stud
{
    long num;
    char name[20];
    char sex;
    int age;
    float score;
};
struct stud stu[3]={{960101,"Huang Yi",'m',18,85},
{960102,"Li Nan",'m',18,98},
{960103,"Zhang Li",'f',18,88.5}};
main()

{   struct stud *p;
    printf("No.      name          sex    age         score\n");
    p=stu;
    for(p=stu;p <= stu +2 ;p++)
    printf("%ld %-15s %3c %6d %16.2f\n",p->num,p->name,p->sex,p->age,p->score);
    return 0;
}
```

运行结果：

No.	name	sex	age	score
960101	Huang Yi	m	18	85.00
960102	Li Nan	m	18	98.00
960103	Zhang Li	f	18	88.50

说明

在程序中，p 是指向 struct stud 结构体类型数据的指针变量。在 for 语句中先使 p 的初值为 stu，也就是数组 stu 的起始地址。在第一次循环中输出 stu[0]的各个成员值。然后执行 p++，使 p 加 1，p+1 意味着使 p 指向 stu[1]的起始地址。在第二次循环中输出 stu[1]的各成员值。在执行 p++后，再输出 stu[2]的各成员值。

指向结构体数组的指针变量的使用的另外一个实例，如下。

计算一组学生的平均成绩和不及格人数。用结构指针变量作函数参数编程。

```
struct stu
{
    int num;
    char *name;
    char sex;
    float score;}boy[5]={
        {101,"Li ping",'M',45},
        {102,"Zhang ping",'M',62.5},
        {103,"He fang",'F',92.5},
        {104,"Cheng ling",'F',87},
        {105,"Wang ming",'M',58},
    };
main()
{
    struct stu *ps;
```

```
    void ave(struct stu *ps);
    ps=boy;
    ave(ps);
}
void ave(struct stu *ps)
{
    int c=0,i;
    float ave,s=0;
    for(i=0;i<5;i++,ps++)
      {
        s+=ps->score;
        if(ps->score<60) c+=1;
      }
    printf("s=%f\n",s);
    ave=s/5;
    printf("average=%f\ncount=%d\n",ave,c);
}
```

本程序中定义了函数 ave( )，其形参为结构指针变量 ps。boy 被定义为外部结构数组，因此在整个源程序中有效。在 main( )函数中定义结构指针变量 ps，并把 boy 的首地址赋予它，使 ps 指向 boy 数组。然后以 ps 作实参调用函数 ave( )。在函数 ave( )中完成计算平均成绩和统计不及格人数的工作并输出结果。

由于本程序全部采用指针变量做运算和处理，故速度更快，程序效率更高。

10.3.3　用结构体变量和指向结构体的指针作函数参数

在介绍函数的调用时，我们讲到函数和被调用函数之间可以通过参数进行赋值。函数间不仅可以传递简单变量、数组、指针等类型的变量，而且还可以传递结构体类型的变量。

1. 函数传递结构体类型的参数

函数传递结构体类型的参数，有以下 3 种方法。

（1）结构体变量成员作实参。

使用方法同简单变量一样，属单向的"值传送"方式。使用时注意实参与形参类型应保持一致。

（2）用复制方式传递结构体变量时，可以把结构体变量作为普通变量来处理。

例如，两个类型相同的结构体变量之间可以进行赋值，可以把一个结构体变量作为参数以复制方式传递给被调用函数，函数也可以返回一个结构体类型的值。

下面是用复制方式把结构体变量传递给被调用函数的例子。

【例 10-7】用数据复制方式传递结构体变量。

程序如下：

```
#include<stdio.h>
struct person
{
    char name[10];
    float salary;
    float common;
    float sum;
};
fun(struct person sp);
main()
```

```
    {
        struct person person1;
        printf("\n 请输入姓名: ");
        scanf("%s",person1.name);
        person1.salary=680.00;
        person1.comm=502.00;
        person1.sum= person1.salary+ person1.comm;
        printf("\n %s %f", person1.name, person1.salary);
        printf("\n %f%f", person1.comm, person1.sum);
        printf("\n 运行子程序");
        fun(person1);
        printf("\n 运行完子程序后");
        printf("\n %s %f", person1.name, person1.salary);
        printf("\n %f%f", person1.comm, person1.sum);
    }
    fun(struct person sp)
    {
        printf("\n %s   %f   %f %f", sp.name, sp.salary, sp.comm, sp.sum);
        sp.salary=860.00;
        sp.comm=650.00;
        sp.sum= sp.salary+ sp.comm;
        printf("\n %s   %f   %f %f", sp.name, sp.salary, sp.comm, sp.sum);
    }
```

输出结果:

请输入姓名: HaiTao

HaiTao 680.000 000

502.000 000 118 2.000 000

运行子程序:

HaiTao 680.000000 502.000000 1182.000000

HaiTao 860.000000 650.000000 1510.000000

输出结果:

HaiTao 680.000000

502.000000 1182.000000

（3）指向结构体变量（或数组）的指针作实参。属双向的"地址传送"方式，将结构体变量（或数组）的地址传给形参。

下面是用地址传送方式把结构体变量传递给被调用函数的例子。

【例 10-8】用地址传送方式传递结构体变量。

程序如下:

```
#include "stdlib.h"
#include "stdio.h"
struct stud
{
    long num;
    char name[20];
    char sex;
    int age;
    float score;
};

main()
```

```
{
    void list(struct stud *sp);
    struct stud student[3];
    int i;
    char ch;
    char numstr[20];

for(i=0;i<3;i++)
{
printf("\nenter all data of student[%d]:\n",i);
gets(numstr); student[i].num=atol(numstr);
gets(student[i].name);
student[i].sex=getchar();
ch=getchar();
gets(numstr); student[i].age=atoi(numstr);
gets(numstr); student[i].score=atof(numstr);
}
printf("\nnum\t name sex age score\n");
for(i=0;i<3;i++)
list(&student[i]);
return 0;
}
void list(struct stud *sp)
{
    printf("%ld %-15s %3c %6d %6.2f\n", sp->num, sp->name,sp->sex, sp->age, sp->score);
}
```

main( )函数 3 次调用了 list( )函数。list( )函数的形参是 stud 的指针类型。实参 &student[i]也是同一类型。list( )函数的功能是输出 student 数组元素的值。每次调用 list( )函数都会输出一个 student 数组元素的值。

2. 返回结构体类型值的函数

一个函数可以返回一个函数值，这个函数值可以是整型、实型、字符型和指针型等，还可返回一个结构体类型的值。

（1）结构体指针型函数。

结构体指针型函数定义的一般形式为

struct 结构体名 *函数名（[形参列表]）

[形参说明；]

{

内部数据说明语句；

执行语句；

}

其声明形式为

struct 结构体名 *函数名（[形参列表]）

在调用结构体指针型函数时，用于接收结构体指针型函数返回值的变量应该是指向与该函数具有相同结构体类型的结构体指针变量。下面是结构体指针型函数的举例。

【例 10-9】结构体指针型函数的应用举例。

本例实现电话号码查询，假设有一个电话号码表，给定一个用户 ID，找出其对应的信息。

程序如下：

```
#include<stdio.h>
#define NULL 0
struct data
{
        int telenumber;
        int idnumber
        char name[10];
        char address[100];;
};
struct data person[300];
personlist()
{
        int i;
        for(i=0;i<300;i++)
        {
            person[i].idnumber=i;
            printf("\n   请输入电话号码：");
            scanf("%d",&person[i].telenumber);
            printf("\n   请输入姓名：");
            scanf("%s",&person[i].name);
            printf("\n   请输入地址：");
            scanf("%s",&person[i].address);
            if(person[i].telenumber==NULL)
                break;
        }
return 1;
}
struct data * found(int n)
{
        int i;
        for(i=0;person[i].telenumber!=NULL;i++)
        {
            if(person[i].Idnumber==n)
                break;
        }
        return(&person[i]);
}
void main()
{
        int number;
        struct data *sp;
        personlist();
        printf("\n 请输入要查找信息的 ID：");
        scanf("%d", &number);
        if(number==NULL)
            break;
        sp = found(number);
        if(sp->Idnumber!=NULL)
        {
```

```
        printf("\n 电话号码：%d", sp->telenumber);
        printf("\n 姓名：%s", sp->name);
        printf("\n 地址：%s", sp->address);
    }
    else
        printf("\n 没有找到相应资料! \n");
}
```

该例把电话号码表存放在一个外部结构体数组中，电话号码表以电话号码 0 结尾。在 found( ) 函数中，如果找到，则返回查到信息所存放的结构体首地址（或结构体数组元素的地址）。需要注意的是，结构体指针型函数返回的是结构体首地址，但该结构体一定不能是该函数中定义的自动结构体变量。

（2）结构体型函数。

前面已经讲过，函数具有数据类型，其数据类型是由返回值的数据类型决定的。如果返回值是某一结构体变量时，则称该函数是结构体型函数，该函数的数据类型就是这个结构体变量所具有的结构体类型。

结构体型函数定义的一般形式为

struct 结构体名　函数名（[形参列表]）

[形参说明；]

{

　　　　内部数据说明语句；

　　　　执行语句；

}

其说明形式为

struct 结构体名　函数名（[形参列表]）

下面是结构体型函数的实例。

【例 10-10】返回值为结构体变量的函数。

程序如下：

```
#include<stdio.h>
typedef struct{ int id; char name[20]; } stu;
stu info[100];
stu getStuByid(int id ){
        int inc=0;
        static stu infonull = {-1,"Not Found"};
        stu* p;
        p = info;
        for(inc=0;id!=info[inc].id && inc<sizeof(info);inc++);
        if(inc==sizeof(info))
                return infonull;
        else
                return info[inc];
}
void main(){
        printf("id\\>");
        scanf("%d",&id);
        getStuByid(id);
        printf("%d\t%s\n",getStuByid(id,info).id,getStuByid(id,info).name);
        }
```

10.4 用指针处理链表

10.4.1 链表的概述

链表结构是利用指针进行动态存储分配的最简单的一种结构。动态存储分配是指根据需要临时分配内存单元以存放有用的数据，当数据不用时又可以随时释放存储单元，此后这些存储单元又可以分配给其他数据使用。在前面的程序中，如果一个变量被指定为全局变量，它在整个程序运行期间都占据存储单元。

例如，如果要存放一个班的学生的数据（如学号、姓名、各门成绩等）就要定义一个数组。如果事先不能确定人数，就要定义一个足够大的数组。可以看出，用这种方法处理问题缺乏灵活性，往往会浪费许多内存。链表是指若干个数据组（每一个数据组称为一个节点）按一定的原则连接起来。这个原则是：前一个节点"指向"下一个节点，只能通过前一个节点才能找到下一个节点。不像对数组元素的访问可以是随机的。

链表中每个元素称为节点，每个节点包含两个域，一个域中存放数据，另一域中存放下一个节点的地址。在表尾节点中，由于不必指向任何地址，因此放入一个 NULL 值。NULL 是一个符号常量，被定义为 0，也就是将 0 地址赋给最后一个节点中的地址项。链表中的每个节点至少应该包含两个域：用一个域来存放数据，其类型根据存放数据的类型而定（如可以是结构体类型的数据）；另一个域用来存放地址，因此必然是一个指针类型，此指针类型是所指向的表节点的类型。

 链表中各节点在内存中并不是占一片连续的内存单元。各个节点可以分别存放在内存中的各个位置，只要知道其地址，就能访问此节点。当链表节点中的指针失去了下一个节点的地址后，链表就会断开，其后的节点将会全部丢失。

当使用链表结构时，如果需要，可以采用适当的操作步骤使链表加长或缩短，而使存储分配具有一定的灵活性。

10.4.2 单链表

众所周知，在使用数组存放数据前，必须事先定义好数组的长度。而且，相邻的数组元素的位置和距离都是固定的，也就是说，任何一个数组元素的地址都可以用一个简单的公式计算出来，因此这种结构可以有效地对数组元素进行随机访问。但数组元素的插入和删除会引起大量数据的移动，从而使简单的数据处理变得非常复杂、低效。为了能有效地解决这些问题，一种称为"链表"的结构类型得到了广泛的应用。

链表是一种动态数据结构，它的特点是用一组任意的存储单元（可以是连续的，也可以是不连续的）存放数据元素。链表中每一个元素称为"节点"，每一个节点都是由数据域和指针域组成的，每个节点中的指针域指向下一个节点。

实际上，链表中的每个节点可以有若干个数据和若干个指针。节点中只有一个指针的链表称之为单链表，是最简单的链表结构。

按照数据之间的相互关系，链表分成 3 种：单链表、循环链表和双向链表。下面主要介绍单链表的各种操作方法。

10.4.3　建立动态链表

单链表有一个头指针 head，指向链表在内存中的首地址。链表的每一个节点的数据类型为结构体类型，节点由两部分成员组成：数组成员用于保存节点数据，地址成员则保存着指向下一个结构体类型节点的指针（即下一个节点的地址）。链表对各节点数据的访问需要从链表的头开始查找，后续节点的地址可由当前节点给出。无论在链表中访问哪一个节点，都需要从链表的头开始，顺序向后查询。链表的尾节点由于无后续节点，其指针域为空，写作 NULL。单链表的结构如图 10-5 所示。

图 10-5　单链表

从图 10-5 中可以看出，链表中的各节点在内存的存储地址不是连续的，各节点的地址是在需要时向系统申请分配的，系统根据内存的当前情况，既可连续分配地址也可离散分配地址。

要实现以上链表结构，链表各节点的数据结构定义如下：

```
typedef struct node
{
    char name[20];
    struct node link;
}stud;
```

这样就定义了一个单链表的结构，其中 char name[20]是一个用来存储姓名的字符型数组，指针 link 是一个用来存储其直接后继的指针。在上面链表节点的定义中，除一个字符串成员外，成员 link 是指向与节点结构类型完全相同的指针。

单链表的创建步骤如下。

（1）定义链表的数据结构。

（2）创建一个空表。

（3）利用 malloc( )函数向系统申请分配一个节点。

（4）将新节点的指针成员赋值为空。若是空表，将新节点连接到表头；若是非空表，将新节点连接到表尾。

（5）判断是否有后续节点要接入链表，若有转到步骤（3），否则结束。

定义好链表的结构之后，只要在程序运行的时候在数据域中存储适当的数据，如有后继节点，则把指针域指向其直接后继，若没有，则置为 NULL。

下面就来看一个建立带表头（若未说明，以下所指链表均带表头）的单链表的完整程序。

【例 10-11】建立一个 3 个节点的链表，存放学生数据。为简单起见，我们假定学生数据结构中只有学号和年龄两项。可编写一个建立链表的函数 creat。程序如下：

```
#define NULL 0
#define TYPE struct stu
#define LEN sizeof (struct stu)
#include "stdio.h"
struct stu
    {
    int num;
    int age;
```

```
        struct stu *next;
    };
TYPE *creat(int n)
{
    struct stu *head,*pf,*pb;
    int i;
    for(i=0;i<n;i++)
    {
        pb=(TYPE*) malloc(LEN);
        printf("input Number and Age\n");
        scanf("%d%d",&pb->num,&pb->age);
        if(i==0)
        pf=head=pb;
        else pf->next=pb;
        pb->next=NULL;
        pf=pb;
    }
    return(head);
}
```

在函数外首先用宏定义对 3 个符号常量进行了定义。这里用 TYPE 表示 struct stu，用 LEN 表示 sizeof(struct stu)主要的目的是在以下程序内减少书写并使阅读更加方便。结构 stu 定义为外部类型，程序中的各个函数均可使用该定义。

creat( )函数用于建立一个有 n 个节点的链表，它是一个指针函数，返回的指针指向 stu 结构。在 creat( )函数内定义了 3 个 stu 结构的指针变量。head 为头指针，pf 为指向两相邻节点的前一节点的指针变量。pb 为后一节点的指针变量。

【例 10-12】 建立职工情况链表，每个节点包含的成员为职工号（id）、姓名（name）和工资（salary）。用 malloc( )函数开辟新节点，从键盘输入节点中的所有数据，然后依次把这些节点的数据显示在屏幕上。

程序如下：

```
#include "stdio.h"
#include "stdlib.h"
#define N 3
void main()
{
struct node
{
    char id[5];
    char name[9];
    float salary;
    struct node *next;
};
struct node *head, *p;
int i;
head=NULL;
for(i=0;i<N;i++)
{
    p=(struct node *)malloc(sizeof(struct node));
    printf("Input ID");
    scanf("%s",p->id);
    printf("Input name");
    scanf("%s",p->name);
```

```
        printf("Input Salary: ");
        scanf("%f",&p->salary);
        p->next=p;
        head=p;
    }
    printf("\n");
    p=head;
    while(p!=NULL)
    {
        printf("%s    %s  %f\n",p->id,p->name,p->salary);
        p=p->next;
    }
}
```

【例 10-13】设单链表节点类型 node 定义如下：

```
struct node
{
    int data;
    struct node *next;
};
```

编写程序，将单链表 A 分解为两个单链表 A 和 B，其中指针分别为 head 和 head1，使得 A 链表中原链表 A 中序号为奇数的元素，而 B 链表中含原链表 A 中序号为偶数的元素，且保持原来的相对顺序。

程序如下：

```
#include "stdio.h"
#include "stdlib.h"
struct node
{
int data;
struct node *next;
}*head, *head1;
void main()
{
int i;
struct node *p, *q;
head=NULL;
for(i=0;i<10;i++)
{
    p=(struct node *)malloc(sizeof(struct node));
    p->data=i+1;
    p->next=head;
    head=p;
}
p=head;
while(p!=NULL)
{
    printf(("%d\t",p->data);
    p=p->next;
}
printf("\n");
p=head;
q=p->next;
head1=q;
while(p!=NULL)
```

```
{
    p->next=q->next;
    p=p->next;
    q->next=p->next;
    q=q->next;
}
q->next=NULL;
p=head;
while(p!=NULL)
{
    printf("%d\t",p->data);
    p=p->next;
}
printf("\n");
p=head1;
while(p!=NULL)
{
    printf("%d\t",p->data);
    p=p->next;
}
printf("\n");

}
```

10.4.4 输出链表

单链表的输出步骤如下。

（1）找到表头。

（2）若是非空表，输出节点的值成员；若是空表则退出。

（3）跟踪链表的增长，即找到下一个节点的地址。

（4）转到步骤（2）。

【例 10-14】分析以下程序的输出结果。

```
#include <stdio.h>
void print(stud h)
{
    int n;
    stud p;
     p=h->rlink;
     printf("数据信息为：\n";
     while(p!=h)
     {
      printf("%s ",p->name);
      p=p->rlink;
      }
         printf("\n");
}
main()
{
    int n = 10;
    stud h;
    h = create(n);
    print(h);
}
```

10.4.5　对链表的插入操作

在链表这种特殊的数据结构中，链表的长短需要根据具体情况来设定。当增加数据时需要向系统动态申请存储空间，并将数据接入链表中。对链表而言，数据可以依次接到表尾或连接到表头，也可以视情况插入链表中，这就是链表的插入操作。

设在链表中，各节点按成员 num（学号）由小到大顺序存放。若想把节点 p0 插入链表，用指针 p0 指向待插入节点，设把 p0 插在 p1 节点之前，如图 10-6 所示。插入算法如下：

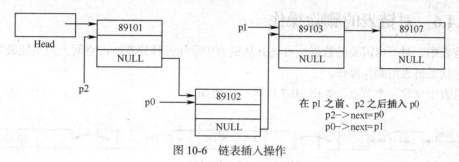

图 10-6　链表插入操作

```
struct student * insert(struct student *head, struct student *stud)
{
  struct student *p0;                    /* 待插入节点 */
  struct student *p1;                    /* p0 插入 p1 之前、p2 之后 */
  struct student *p2;
      p1 = head;
      p0 = stud;
      if(head == NULL)              /* 原链表是空表 */
        {
          head = p0;
          p0->next = NULL;
        }
      else
        {
        while ((p0->num > p1->num) && (p1->next != NULL)) /*查找待插入位置 */
          {
            p2 = p1;
            p1 = p1->next;
          }
        if(p0->num <= p1->num) /* num 从小到大排列，p0 应插入表内 (不是表尾) */
          {
            if (p1 == head)            /* p1 是表头节点 */
              {
                head = p0;
                p0->next = p1;
              }
          else
          {
            p2->next = p0;
            p0->next = p1;
          }
        }
    }
```

```
    else                              /* p0 插入表尾节点之后 */
    {
      p1->next = p0;
      p0->next = NULL;
    }
  }
  n = n + 1;                          /* 节点数加 1 */
  return (head);
}
```

10.4.6　对链表的删除操作

在链表中，对不再需要的数据，可将其从链表中删除并释放其所占空间，但不能破坏链表的结构，这就是链表的删除操作。

在链表中删除一个节点，如图 10-7 所示。描述如下。

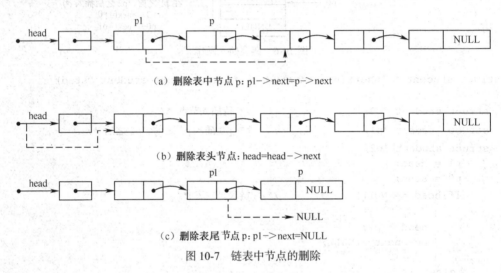

（a）删除表中节点 p：p1->next=p->next

（b）删除表头节点：head=head->next

（c）删除表尾节点 p：p1->next=NULL

图 10-7　链表中节点的删除

以下创建一个学生学号及姓名的单链表，即节点包括学生学号、姓名及指向下一个节点的指针，链表按学生的学号排列。然后从键盘输入某一名学生姓名，将其从链表中删除。

从图 10-7 中看到，从链表中删除一个节点有 3 种情况，即删除链表头节点、删除链表的中间节点和删除链表的尾节点。这里，删除条件是依据学生学号，需要在链表中从头到尾查找各节点，并与各节点的学生学号比较，若相同，则查找成功；否则，显示找不到节点。由于删除的节点可能在链表的头，会造成链表的头指针丢失，所以定义删除节点的函数的返回值为返回结构体类型的指针。节点的删除函数如下：

```
struct student * del(struct student *head, long num)
{
  struct student *p1;                /* 指向要删除的节点 */
  struct student *p2;                /* 指向 p1 的前一个节点 */
  if (head == NULL)                  /* 空表 */
  {
    printf("\n List is NULL\n");
    return (head);
  }
  p1 = head;
```

```
    while(num != p1->num && p1->next != NULL)      /* 查找要删除的节点 */
    {
      p2 = p1;
      p1 = p1->next;
    }
    if (num == p1->num)                            /* 找到了 */
    {
      if (p1 == head)                              /* 要删除的是头节点 */
        head = p1->next;
      else                                         /* 要删除的不是头节点 */
        p2->next = p1->next;
      free(p1);                                    /* 释放被删除节点所占的内存空间 */
      printf("delete: %ld\n", num);
      n = n - 1;
    }
    else                                           /* 在链表中未找到要删除的节点 */
      printf("%ld not found\n");
    return (head);                                 /* 返回新的表头 */
}
```

10.4.7 链表的综合操作

程序如下：

```
#include <stdio.h>
.include <malloc.h>
#define NULL 0
#define LEN sizeof(struct student)
struct student
{
    long num;
    float score;
    struct student *next;
};
int n;                                  //n为全局变量,本文件模块中各个函数均可使用它
struct student *create(void)            //函数定义,此函数返回一个指向链表头的指针
{
    struct student *head;
    struct student *p1, *p2;
    n=0;
    p1=p2=(struct student * ) malloc(LEN);    //开辟一个新单元
    scanf("%1d,%f",&p1->num,&p1->score);
    head=NULL;
while(p1->num!=0)
{
    n=n+1;
    if(n==1)
       head=p1;
    else
       p2->next=p1;
    p2=p1;
    p1=(struct student * ) malloc(LEN);
    scanf("%1d,%f",&p1->num,&p1->score);
```

```
    }
    p2->next=NULL;
    return(head);
};
void print(struct student * head)
{
    struct student *p;
    printf("\n 现在共有 %d 位学生:\n",n);
    p=head;
    if(head!=NULL)
    do
    {
        printf("%1d %5.1f\n",p->num,p->score);
        p=p->next;
    }while(p!=NULL);
}
struct student * del(struct student * head,long num)
{
    struct student *p1,*p2;
    if(head==NULL)
    {
        printf("\n 没有此数据!\n");
        goto end;
    }
    p1=head;
    while(num!=p1->num && p1->next!=NULL) //p1 指向的不是所要找的节点,后面还有节点
    {
        p2=p1;p1=p1->next;}                //p1 后移一个节点
        if(num==p1->num)                    //找到了
        {
        if(p1==head)
            head=p1->next;                  //若p1 指向的是首节点,把第二个节点地址赋予head
        else
            p2->next=p1->next;              //否则将下一节点赋给前一节点地址
        printf("delete:%1d\n",num);
        n=n-1;
        }
        else
            printf("没有找到学号为%1d 的学生数据\n",num); //找不到该节点
end:
    return(head);
};
struct student * insert(struct student *head,struct student *stud)
{
    struct student *p0, *p1, *p2;
    p1=head;                                //使 p1 指向第一个节点
    p0=stud;                                //p0 指向要插入的节点
    if(head==NULL)                          //原来的连接是空表
    {
        head=p0;p0->next=NULL;
    }                                       //使 p0 指向的节点作为头节点
    else
```

```
        {
            while ((p0->num>p1->num)&&(p1->next!=NULL))
            {
                p2=p1;                          //使 p2 指向刚才 p1 指向的节点
                p1=p1->next;                    //p1 后移一个节点
            }
            if(p0->num<=p1->num)
            {
            if(head==p1)head=p0;                //插到原来第一个节点之前
            else p2->next=p0;                   //插到 p2 指向的节点之后
            p0->next=p1;
            }
            else
            {
            p1->next=p0;p0->next=NULL;
            }                                   //插到最后的节点之后
        }
        n=n+1;                                  //节点数加 1
        return(head);
    };
    void main()
    {
        struct student *head,stu;
        long del_num;
        printf("请输入学生的数据:\n");
        head=creat();                           //建立链表,返回头指针
        print(head);                            //输出全部节点
        printf("\n 请输入需要删除的学号:");
        scanf("%1d",&del_num);                  //输入要删除的学号
        head=del(head,del_num);                 //删除后链表的头地址
        print(head);                            //输出全部节点
        printf("\n 请输入新生的数据:");
        scanf("%1d,%f",&stu.num,&stu.score);    //输入要插入的节点
        head=insert(head,&stu);                 //插入一个节点,返回头节点地址
        print(head);                            //输出全部节点
        return 0;
    }
```

10.5　共用体

共用体又名联合体,是一种类似于结构体的构造型数据类型,它准许不同类型和不同长度的数据共享同一块存储空间。也就是说,具有共用体类型的变量所占用的空间,在程序运行的不同时刻,可能维持不同的数据类型和不同长度的数据,在某一个时刻,只有一个成员的值有意义。共用体实质上是采用覆盖技术,准许不同类型数据互相覆盖。这些不同类型和不同长度的数据都是从该共享空间的起始位置开始占用该空间。所以,共用体提供了在相同的存储域中操作不同类型和不同长度数据的方法。在程序设计中,采用联合体要比使用结构体节省空间,但访问速度较慢。

10.5.1　共用体类型的说明和变量的定义

1. 共用体的说明

union 共用体名
```
{
      数据类型标识符   成员名 1;
      数据类型标识符   成员名 2;
      数据类型标识符   成员名 3;
                    ……
      数据类型标识符   成员名 n;
};
```

共用体的说明仅规定了共用体的一种组织形式，它并不分配存储空间。也就是说，共用体说明只规定了共用体使用内存的一种模式，它也是一种数据类型，称为共用体类型。

例如：

```
union uniontype
{
    char ch;
    int i;
    float f;
};
```

上述结构规定了一种名为 uniontype 的共用体类型，它由 3 个不同数据类型的成员组成，并且共享同一块内存空间。

2. 共同体变量的定义

一旦说明了一个共用体类型，就可以用它来定义共用体变量了，这种方法与结构体非常类似。共用体变量定义的一般方式有如下 3 种。

（1）类型说明与变量定义分开，其一般形式如下：

union 共用体名
```
{
      数据类型标识符   成员名 1;
      数据类型标识符   成员名 2;
                    ……
      数据类型标识符   成员名 3;
};
```
union 共用体类型名 共用体变量名表（或*共用体指针变量名表）;

此种方法先定义共用体类型，再定义共用体变量或共用体指针变量。

例如：

```
union uniontype
{
    int  a;
    char b;
    float c;
    double d;
};
union uniontype mydata;
```

（2）定义共用体类型同时定义共用体变量或共用体指针变量。

union 共用体类型名{

```
        数据类型标识符   成员名1；
        数据类型标识符   成员名2；
                ......
        数据类型标识符   成员名3；
}共用体变量名表（或*共用体指针变量名表）；
```

例如：

```
union uniontype
{
    int   a;
    char  b;
    float c;
    double d;
} mydata;
```

（3）不提供共用体类型名，直接定义共用体变量或共用体指针变量。

```
union {
        数据类型标识符   成员名1；
        数据类型标识符   成员名2；
                ......
        数据类型标识符   成员名3；
}共用体变量名表（或 *共用体指针变量名表）
```

例如：

```
union
{
    int   a;
    char  b;
    float c;
    double d;
} mydata;
```

在以上 3 种定义形式的例子中，所定义的共用体变量 mydata 是等价的。共用体变量有 4 个成员（a、b、c 和 d）。编译时系统按该共用体最长的成员为它分配存储空间，在上述的共用体定义中，由于 double 类型的数据最长，占 8 个字节，故该共用体变量的长度为 8 个字节。

结构体和共用体可以相互嵌套，例如：

```
union uniontype
{
    int i;
    float f;
};
struct structtype
{
    short s;
    long l;
};

struct sutype                       //结构体中嵌套共用体
{
    char c;
    union uniontype u;
};
```

```
union ustype                        //共用体中嵌套结构体
{
    int i;
    struct structtype  st;
};
```

类似于结构体，我们也可以定义共用体数组。另外，共用体中的成员也可以是数组。例如：

```
union uniontype u[50];              //u[]即为共用体数组
union uniontype                     //共用体的成员为数组
{
    int i;
    float a[30];
};
```

结构体与共用体的区别如下。

尽管共用体与结构体在类型定义和变量定义上很相似，但其含义及其存储方式完全不同，主要表现在如下两个方面。

① 结构体和共用体都是由多个不同的数据类型成员组成，但在任何同一时刻，共用体中只存放了一个正在操作的成员，而结构体的所有成员都存在。

② 对共用体的不同成员赋值，将会对其他成员重写，原来成员的值就不复存在了；而对结构体的不同成员赋值则互不影响。

下面定义一个共用体类型 data。

```
union data
{
  char ch;
  int i;
  float f;
}a,b,c;
```

在共用体变量 a 中，字符 ch、整型量 i 和单精度量 f 共用同一个内存位置，其长度为共用体中最大的成员变量长度，这里为 4B。内存占用情况如图 10-8 所示。

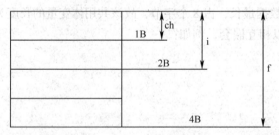

图 10-8　内存地址占用

上面定义了一个共用体数据类型 union data，同时定义了共用体数据类型变量 a、b、c。共用体数据类型与结构体在形式上非常相似，但其表示的含义及存储是完全不同的。下面，我们看共用体与结构体应用比较的例子。

【例 10-15】共用体与结构体应用比较。

程序如下：

```
#include "stdio.h"
```

```
union data                      /*共用体*/
{
    int a;
    float b;
    double c;
    char d;
};

struct stud                     /*结构体*/
{
    int a;
    float b;
    double c;
    char d;
} ;

int main()
{
    union data u1;
    struct stud s1;

    printf("The byte numbers of type struct stud and union data is    ");
    printf("%d\tand\t%d\n",sizeof(struct stud),sizeof(union data));
    return 0;
}
```

输出结果：

The byte numbers of type struct stud and union data is 24 and 8

　　程序的输出说明结构体类型所占的内存空间为其各成员所占存储空间之和。而共用体类型实际占用存储空间为其最长的成员所占的存储空间。详细说明如图 10-9 和图 10-10 所示。

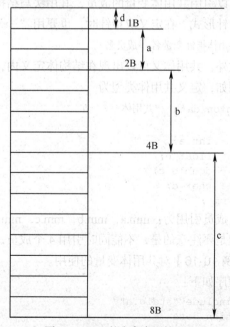

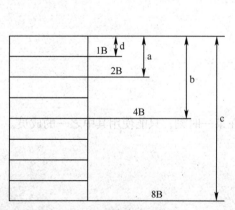

图 10-9　u1 的内存占用情况　　　　　　　图 10-10　s1 的内存占用情况

对共用体的成员的引用与结构体成员的引用相同。但由于共用体各成员共用同一段内存空间，使用时，根据需要使用其中的某一个成员。图中特别说明了共用体的特点，方便程序设计人员在同一内存区对不同数据类型的交替使用，增加了灵活性，节省内存。

关于共用体与结构体应用比较，再看一个实例。

```
main()
    {
        union{                          /*定义一个共用体*/
            int i;
            struct{                     /*在共用体中定义一个结构*/
                char first;
                char second;
            }half;
        }number;
        number.i=0x4241;                /*共用体成员赋值*/
        printf("%c%c\n", number.half.first, mumber.half.second);
        number.half.first='a';          /*共用体结构成员赋值*/
        number.half.second='b';
        printf("%x\n", number.i);
        getch();
    }
```

输出结果为：

```
AB
6261
```

从本例结果可以看出：当给 i 赋值后，其低八位也就是 first 和 second 的值；当给 first 和 second 赋字符后，这两个字符的 ASCII 码也将作为 i 的低八位和高八位。

10.5.2　共用体变量的引用

可以引用共用体变量的成员，其用法与结构体完全相同。同样，共用体变量也可以定义成数组或指针形式。在定义成指针时，也要用"–>"运算符，此时共用体访问成员可表示为

共用体指针变量名–>成员名

此外，共用体又可以出现在结构体定义内，而它的成员也可以是结构体。

例如，定义共用体类型为

```
union data /*共用体* /
{
    int a;
    float b;
    double c;
    char d;
} mm ;
```

其成员引用为：mm.a, mm.b, mm.c, mm.d。

但是要注意的是，不能同时引用 4 个成员，在某一时刻，只能使用其中之一的成员。

【例 10-16】对共用体变量的使用。

程序如下：

```
#include "stdio.h"
union data
{
    int a;
```

```
        float b;
        double c;
        char d;
    } mm ;

    main()
    {
        mm.a = 6 ;
        printf("%d\n",mm.a);
        mm.c = 67.2 ;
        printf ("%5.1lf\n", mm.c ) ;
        mm.d = 'W' ;
        mm.b = 34.2 ;
        printf ( "%5.1lf , %c\n" , mm.b , mm.d ) ;
        return 0;
    }
```

输出结果：

```
6
  67.2
  34.2 , ?
```

程序最后一行的输出是我们无法预料的，原因是连续进行 mm.d = 'W'；mm.b = 34.2；两个连续的赋值，最终使共用体变量的成员 mm.b 所占 4 字节被写入 34.2，而写入的字符被覆盖了，输出的字符变成了符号"?"。事实上，字符的输出是无法预知的，由写入内存的数据决定。

例子虽然简单，但却说明了共用体变量的正确用法。

【例 10-17】通过共用体成员显示其在内存中的存储情况。

定义一个名为 time 的结构体，再定义共用体 dig，如下：

```
struct time
{
    int year;                /*年*/
    int month;               /*月*/
    int day;                 /*日*/
} ;
union dig
{
    struct time data;        /*嵌套的结构体类型*/
    char byte[6];
} ;
```

　　假定共用体的成员在内存的存储是从地址 1000 单元开始的，整个共用体类型需占存储空间为 6 个字节，即共用体 dig 的成员 data 与 byte 共用这 6 个字节的存储空间，存储空间分配示意如图 10-11 所示。

　　由于共用体成员 data 包含 3 个整型的结构体成员，各占 2 个字节。由图 10-11 可知，data . year 由 2 个字节组成，用 byte 字符数组表示为 byte[0] 和 byte[1]。byte[1] 是高字节，byte[0] 是低字节。下面用程序实现共用体在内存中的存储。

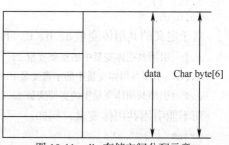

图 10-11　dig 存储空间分配示意

```
#include "stdio.h"
struct time
```

```
{
short  int year;
short  int month;
short  int day;
} ;
union dig
{
struct time data;
char byte[6];
} ;
main()
{
union dig unit;
int i;
unit.data.year = 1976;
unit.data.month=4;
unit.data.day =23;
printf ( " year = % d month=%d day=%d\n", unit.data.year,unit.data.month, unit.data.
day ) ;
for ( i = 0 ; i < 6 ; i++ )
printf ( "%d" , unit.byte[i]) ;
printf( "\n" ) ;
}
```

输出结果：

```
year  = 1976 month=4 day=23
-72  7   4   0   23  0
```

从程序的输出结果来看，1976 占两个字节，由第 0、1 字节构成，即 $7 \times 256 + 184 = 1976$。4 同样占两个字节，由第 2、3 字节构成，$0 \times 256 + 4 = 4$，23 由第 4、5 字节构成，$0 \times 256 + 23 = 23$。

10.5.3 共用体变量的引用方式

只有先定义了共用体变量才能在后续程序中引用它，有一点需要注意：不能引用共用体变量，而只能引用共用体变量中的成员。

示例：

```
union data
{
int i;
char ch;
float f;
}a,b,c;
```

对于定义的共用体变量 a、b、c。下面的引用方式是正确的。

a.i (引用共用体变量中的整型变量 i)

a.ch (引用共用体变量中的字符变量 ch)

a.f (引用共用体变量中的实型变量 f)

而不能引用共用体变量，例如：

```
printf("%d",a);
```

这种用法是错误的。

因为 a 的存储区内有好几种类型的数据，分别占用不同长度的存储区，仅有共用体变量名 a，难以使系统确定究竟输出的是哪一个成员的值。

而应该写成

```
printf("%d",a.i); 或 printf("%c",a.ch);
```

共用体类型数据的特点如下。

（1）同一个内存段可以用来存放几种不同类型的成员，但是在每一瞬间只能存放其中的一种。换句话说，每一瞬间只有一个成员起作用，其他的成员不起作用，即不能同时都存在和起作用。

（2）共用体变量中起作用的成员是最后一次存放的成员，在存入一个新成员后，原有成员就失去作用。

（3）共用体变量的地址和它的各成员的地址都是同一地址。

（4）不能对共用体变量名赋值，也不能企图引用变量名来得到一个值。并且，不能在定义共用体变量时对它进行初始化。

（5）不能把共用体变量作为函数参数，也不能使函数返回共用体变量，但可以使用指向共用体变量的指针。

（6）共用体类型可以出现在结构体类型的定义中，也可以定义共用体数组。反之，结构体也可以出现在共用体类型的定义中，数组也可以作为共用体的成员。

10.6　枚举类型

枚举类型也是一种数据类型。对于那些只可能取有限的某几种值的数据，可以把它定义为枚举类型数据。所谓"枚举"就是变量在定义时，将它所有可能的取值一一列举出来。这种在定义时就明确规定变量只能取哪几个值，而不能取其他值的数据类型称为枚举类型。

在解决实际问题中，有些变量的取值被限定在一个有限的范围内。例如，一个星期只有 7 天、一年只有 12 个月等。如果把这些量定义为整型、字符型或其他类型显然是不妥当的。为此，C 语言提供了一种称为枚举的类型，在"枚举"类型的定义中列举出所有可能的取值，被声明为该"枚举"类型变量的取值不能超过定义的范围。应该说明的是，枚举类型是一种基本数据类型，而不是一种构造类型，因为它不能再分解为任何基本类型。

枚举类型是 ANSI C 新标准所增加的新的数据类型，如果一个变量只有几种可能的值，可以定义为枚举类型。

10.6.1　枚举类型的定义

枚举类型定义的一般形式为

enum 枚举名{ 元素名 1, 元素名 2, …, 元素名 *n*};

在枚举元素列表中应列出所有可用值。例如：

```
enum month{Jan,Feb,Mar,Apr,May,Jun,Jul,Aug,Sep,Oct,Nov,Dec};
                              //该枚举类型只准取 12 种值
enum  weekday{Sunday,Monday,Tuesday,Wednesday,Thursday,Friday,Saturday};
```

该枚举名为 weekday，枚举值共有 7 个，即一周中的 7 天。凡被说明为 weekday 类型变量的取值只能是 7 天中的某一天。

枚举类型的声明规定该类型只允许取哪几种值，在程序编译时，枚举类型的数据并不分配内存，也可以说，声明只规定枚举的类型，枚举名实际是枚举类型名。上面的 month 和 weekday 都是枚举名。

10.6.2　枚举变量的说明

枚举型变量定义的一般形式为

enum [枚举名][{元素名 1, 元素名 2, …, 元素名 n}]枚举变量名表;

枚举类型变量定义和结构体、共用体变量定义类似, 也有 3 种定义方法, 下面的几种定义形式是合法的。

（1）先定义枚举类型, 再定义枚举类型变量。

enum 标识符{枚举数据表};

enum 标识符 变量表;

例如：

enum weekday{Sun,Mon,Tue} ;

enum weekday day;

（2）在定义枚举类型的同时定义枚举类型变量。

enum 标识符{枚举数据表} 变量表;

例如：

enum weekday{Sun,Mon,Tue} day;

（3）直接定义枚举类型变量。

enum{枚举数据表}变量表;

例如：

enum{red, yellow, blue, white, black}c1, c2;

对枚举类型 enum color, 定义枚举变量 c1、c2, 与之等价的形式为

enum color{red, yellow, blue, white, black};

enum color c1, c2;

或

enum color{red, yellow, blue, white, black}c1, c2;

枚举类型数据可以进行赋值运算。枚举类型是有序类型, 枚举类型数据还可以进行关系运算。枚举类型数据的比较转化成对序号进行比较, 只有同一种枚举类型的数据才能进行比较。

将枚举型数据按整型格式输出, 可得到整数值（枚举变量值的序号）。

使用强制类型转换, 可将整数值（枚举值序号）转换成对应枚举值。例如：

c1=(enum color)2; /*c1 得到枚举值 blue*/

枚举类型数据不能直接输入或输出。枚举类型数据输入时, 先输入其序号, 再进行强制类型转换完成。输出时, 采用选择语句先进行判断, 再转化成对应字符串输出。

10.6.3　枚举类型变量的赋值和使用

枚举类型在使用中有以下规定。

（1）枚举型仅适用于取值有限的数据。

例如, 根据现行的历法规定, 1 周 7 天、1 年 12 个月等。

（2）取值表中的值称为枚举元素, 其含义由程序解释。

例如, 不是因为写成 "Sunday" 就自动代表 "星期天"。事实上, 枚举元素用什么表示都可以。

（3）枚举元素本身由系统定义了一个表示序号的数值。

从 0 开始顺序定义为 0, 1, 2…。如在 weekday 中, Sunday 值为 0, Monday 值为 1, …, Saturday

值为 6。

（4）枚举元素是常量，不是变量，不能在程序中再用赋值语句对它赋值。

例如，对枚举 weekday 的元素再进行以下赋值：

```
Sunday=5; Monday =2; Sunday = Monday;
```

都是错误的。

【例 10-18】枚举变量的定义、赋值和使用的简单举例。

程序如下：

```
#include "stdio.h"
main()
{
    enum
    weekday={Sunday,Monday,Tuesday,Wednesday,Thirsday,Friday,Saturday};
        enum weekday a,b,c;
        a=Sunday;
        b=Monday;
        c=Saturday;
        printf("%d,%d,%d",a,b,c);
}
```

运行结果：

```
0,1,6
```

① 只能把枚举元素赋予枚举变量，不能把元素的数值直接赋予枚举变量，如

```
a=Sunday;
b=Monday;
```

是正确的，而

```
a=0;
b=1;
```

是错误的。如果一定要把数值赋予枚举变量，则必须采用强制类型转换。

例如：

```
a=(enum weekday)3;
```

其意义是将序号为 3 的枚举元素赋予枚举变量 a，相当于：

```
a=Wednesday;
```

② 枚举元素不是字符常量，也不是字符串常量，使用时不要加单引号、双引号。

例如：a="Wednesday"; 是错误的。

说明

看一个具体实例：

```
main(){
    enum body
    { a,b,c,d } month[31],j;
    int i;
    j=a;
    for(i=1;i<=30;i++){
      month[i]=j;
      j++;
      if (j>d) j=a;
    }
    for(i=1;i<=30;i++){
      switch(month[i])
      {
        case a:printf(" %2d  %c\t",i,'a'); break;
```

```
            case b:printf("  %2d  %c\t",i,'b'); break;
            case c:printf("  %2d  %c\t",i,'c'); break;
            case d:printf("  %2d  %c\t",i,'d'); break;
            default:break;
        }
    }
    printf("\n");
}
```

③ 枚举元素作为常量是有值的——定义时的顺序号（从 0 开始），所以可以对枚举元素进行比较，比较规则是：序号大者为大。

例如，上例中的 Sunday=0，Monday=1，…，Saturday=6，所以 Monday>Sunday，而 Saturday 在所有枚举元素中值最大。

④ 枚举元素的值也可以人为改变，在定义时由程序指定。例如，如果 enum weekday{Sunday=7, Monday=1,Tuesday;Wednesday,Thursday,Friday,Saturday}，则 Sunday=7，Monday=1,Tuesday=2,Wednessday=3,Thursday=4,Friday=5,Saturday=6，即 Monday=1，以后顺序加 1 。

【例 10-19】某中学举行竞赛活动，共有 5 个项目，每人只能选其中的 3 项。编写程序，测出每个学生可能的选择方案。

实际上，解决这个问题的方法很多，可以用数组，也可以用结构体。在这里，试用枚举类型数据来解决此问题。因为共有 5 个项目，可以在有限的范围内——列举出来。假设 5 个项目分别称为 p1，p2，…，p5，故可用如下形式的枚举型表示它：

```
enum group {p1,p2,p3,p4,p5};
```

用 get1、get2 和 get3 表示一种选择方案中的 3 个选项，并且这 3 个选项不能重复，即

```
get1!=get2!=get3
```

在这里，定义一个变量 n 用来记录选择方案的总数。

```
#include <stdio.h>
main()
{
enum group {p1,p2,p3,p4,p5};
enum group get1,get2,get3,pri;
int n=0,loop;
for(get1=p1;get1<=p5;get1++)
{
    for(get2=get1+1;get2 <=p5;get2++)
        if(get1!=get2)
        {
            for(get3=get2+1;get3<=p5;get3++)
            {
                if((get3!=get1)&&get3!=get2))
                {
                    //输出一种选择方案
                    n++;
                    printf("%-4d",n);
                    for(loop=1;loop<=3;loop++)
                    {
                        swith()
```

```
                            {
                                case 1: pri=get1;break;
                                case 2: pri=get2;break;
                                case 3: pri=get3;break;
                            }

                            swith(pri)
                            {
                                case p1: printf("%-10s", "p1");break;
                                case p2: printf("%-10s", "p2");break;
                                case p3: printf("%-10s", "p3");break;
                                case p4: printf("%-10s", "p4");break;
                                case p5: printf("%-10s", "p5");break;
                            }
                        }
                    printf("\n");
                }
            }
        }
    }
    printf("\n total=%5d",n);
}
```

10.7　用 typedef 定义类型

在 C 语言中，不仅提供了丰富的数据类型，而且还允许由用户自己定义类型说明符，也就是说，允许用户为数据类型取"别名"，类型定义符 typedef 用来完成此功能。别名与标准类型名一样，可用来定义相应的变量，即在 C 语言中，除了可直接使用 C 提供的标准类型和自定义的类型（结构、共用、枚举）外，也可使用 typedef 定义已有类型的别名。

例如，有整型变量 a、b，其说明如下：

```
int a,b;
```

其中，int 是整型变量的类型说明符，可把整型说明符用 typedef 定义为

```
typedef int INTEGER
```

以后就可用 INTEGER 来代替 int 进行整型变量的类型说明。

10.7.1　用 typedef 定义类型

关键字 typedef 用于定义一种新的数据类型，它用来定义已有数据类型的别名。

typedef 定义的一般形式为

typedef 原类型名　新类型名

其中，原类型名中含有定义部分，习惯上新类型名用大写表示，以便与系统提供的标准类型说明符相区别。

功能：用自定义名字为已有数据类型命名。

除了可以直接使用 C 语言提供的标准类型名（如 int、char、float、double、long 等）和自己声明的结构体、共用体、指针、枚举类型外，还可以用 typedef 声明新的类型名来代替已有的类型

名，如

```
typedef  int    INTEGER;
typedef  float  REAL;
```

指定用 INTEGER 代表 int 类型，REAL 代表 float。以下两行等价：

① int i, j; float a, b;

② INTEGER i, j; REAL a, b;

这样可以使熟悉 Fortran 的人能用 INTEGER 和 REAL 定义变量，以适应他们的习惯。如果在一个程序中，一个整型变量用来计数，可以使用如下方式。

```
typedef  int  COUNT;
COUNT i, j;
```

即将变量 i、j 定义为 COUNT 类型，而 COUNT 等价于 int，因此 i、j 是整型。在程序中将 i、j 定为 COUNT 类型，可以使人更清楚地知道它们是用于计数的。

可以声明结构体类型：

```
typedef  struct
{
    int  month;
    int  day;
    int  year;
}DATE;
```

声明新类型名 DATE，它代表上面指定的结构体类型。这时就可以用 DATE 定义变量：

```
DATE birthday; (不要写成 struct DATE birthday; )
DATE  *p;  (p 为指向此结构体类型数据的指针)
```

【例 10-20】typedef 使用举例。

```
#include "stdio.h"
#include "string.h"
struct DateType
{
 int year;
 int month;
 int day;
};
typedef struct DateType DATE ;
struct Person
{
    char name[20];
     char Sex;
    DATE date_of_birth;
};
int main()
{
struct Person  person1;
    strcpy(person1.name,"张三");
    person1.Sex='M';
    person1.date_of_birth.year=1976;
    person1.date_of_birth.month=6;
    person1.date_of_birth.day=28;

    printf("The Output Information is:\n");
    printf("The name is %s\n",person1.name);
```

```
        printf("The Sex is %c\n",person1.Sex);
        printf("The date of birth is %d \t%d\t%d\n",person1.date_of_birth.year,
                                        person1.date_of_birth.month,
                                        person1.date_of_birth.day);
    return 0;
}
```

运行结果：

```
The Output In formation is:
The name is 张三
The Sex is M
The date of birth is 1976   6  28
```

可以看出，DATE 与 struct DateType；输出效果一样，类型定义（typedef）的作用就是给现有的数据类型起一个新名，也称为"别名"。

说明

① 用 typedef 定义数组类型 typedef int NUM[100];（声明 NUM 为整型数组类型）

NUM n;（定义 n 为整型数组变量）

typedef char NAME[20]；表示 NAME 为字符数组类型，数组长度为 20。然后可用 NAME 说明变量，如

NAME a1,a2,s1,s2;

上式等效于：

char a1[20],a2[20],s1[20],s2[20];

② 用 typedef 定义字符指针（数组）类型：

typedef char *STRING;（声明 STRING 为字符指针类型）STRING p, s[10];（p 为字符指针变量，s 为指针数组）

③ 用 typedef 定义函数指针：

typedef int (*POINTER)()（声明 POINTER 为指向函数的指针类型，该函数返回整型值）POINTER p1, p2;（p1、p2 为 POINTER 类型的指针变量）

归纳起来，声明一个新的类型名的方法如下。

（1）先按定义变量的方法写出定义体（如 int i;）。

（2）将变量名换成新类型名（如将 i 换成 COUNT）。

（3）在最前面加 typedef（如 typedef int COUNT）。

（4）然后可以用新类型名去定义变量。

再以定义上述的数组类型为例来说明。

（1）先按定义数组变量形式书写：int n[100];

（2）将变量名 n 换成自己指定的类型名：int NUM[100];

（3）在前面加上 typedef，得到 typedef int NUM[100];

（4）用来定义变量：NUM n;

对字符指针类型，也是一样的。

（1）char *p;

（2）char *STRING;

（3）typedef char *STRING;

（4）STRING p, s[10];

习惯上把用 typedef 声明的类型名用大写字母表示，以便与系统提供的标准类型标识符相区别。

① 用 typedef 可以声明各种类型名，但不能用来定义变量。用 typedef 可以声明数组类型，如定义数组，原来是用 int　a[10]，b[10]，c[10]，d[10];，由于都是一维数组，大小也相同，可以先将此数组类型声明为一个名字：

```
typedef  int  ARR[10];
```

然后用 ARR 去定义数组变量：

```
ARR  a, b, c, d;
```

ARR 为数组类型，它包含 10 个元素。因此，a、b、c、d 都被定义为一维数组，含 10 个元素。

可以看到，用 typedef 可以将数组类型和数组变量分离开来，利用数组类型可以定义多个数组变量。同样，可以定义字符串类型、指针类型等。

② typedef 只是对已经存在的类型增加一个类型名，而没有创造新的类型。

例如，前面声明的整型类型 COUNT，它无非是对 int 型起一个新名字。又如，typedef int NUM[10];，无非是把原来用"int n[10];"定义的数组变量的类型用一个新的名字 NUM 表示出来。无论用哪种方式定义变量，效果都是一样的。

③ typedef 与#define 有相似之处，如 typedef int COUNT; 和#define COUNT int 的作用都是用 COUNT 代表 int。事实上，它们二者是不同的。#define 是在预编译时处理的，它只能进行简单的字符串替换；而 typedef 是在编译时处理的，实际上它并不是进行简单的字符串替换。例如，typedef int NUM[10]; 不是用"NUM[10]"去代替"int"，而是采用如同定义变量的方法一样来声明一个类型（就是前面介绍过的将原来的变量名换成类型名）。

④ 当不同源文件中用到同一类型数据（尤其是像数组、指针、结构体和共用体等类型数据）时，常用 typedef 声明一些数据类型，把它们单独放在一个文件中，然后在需要用到它们的文件中用#include 命令将其包含进来。

⑤ 使用 typedef 有利于程序的通用与移植。有时程序会依赖于硬件特性，用 typedef 便于移植。例如，有的计算机系统 int 型数据占用两个字节，数值范围为-327 68～327 67，而另外一些机器则以 4 个字节存放一个整数，数值范围为-21 亿～21 亿。如果把一个 C 语言程序从一个以 4 个字节存放整数的计算机系统移植到以 2 个字节存放整数的系统，按一般办法，需要将定义变量中的每个 int 改为 long。例如，将"int　a，b，c;"改为"long　a，b，c;"，如果程序中有多处用 int 定义变量，则要改动多处。

现在可以用一个 INTEGER 来声明 int：

```
typedef  int  INTEGER;
```

在程序中所有整型变量都用 INTEGER 定义。在移植时只需改动 typedef 定义体即可。

```
typedef  long  INTEGER;
```

10.7.2　typedef 使用举例

【例 10-21】typedef 使用举例。

程序如下：

```
#include "stdio.h"
```

```
main()
{
typedef int INTEGER;              /*定义原整型 int 为新类型 INTEGER */
INTEGER a,b;                      /*定义新类型 INTEGER 的变量 a,b*/
a=10;
b=20;
printf("a=%d,b=%d\n",a,b);
}
```

运行结果：

```
a=10,b=20
```

【例 10-22】使用 typedef 定义指向函数的指针并应用。

程序如下：

```
#include  <stdio.h>
int fun()
{
    printf("call fun\n");
    return  1;
}
 typedef  int  (*funcptr)();

int  main()
{
    funcptr  ptr=fun;
    int  i=ptr();
    printf("%d\n",i);
    return  0;
 }
```

运行结果：

```
call  fun
1
```

由运行结果可以看出，使用函数指针 ptr 进行函数调用的效果与直接应用函数名进行函数体调用效果完全一样。在特定场合下应用指向函数的指针进行函数体的调用可能更方便、灵活，所以应注意 typedef 在这方面的应用。

【例 10-23】使用 typedef 声明结构举例。

程序如下：

```
#include "stdio.h"
main()
{
    typedef struct date { int year,month,day;} DATE;
    DATE birthday;
    birthday.year= 2008;
    birthday.month=12;
    birthday.day=10;
     printf("birthday is %d -%d - %d\n ", birthday.year, birthday.month,
birthday.day);
 }
```

运行结果：

```
Birthday  is 2008  -12 - 10
```

本章小结

本章介绍了结构体类型数据的特点、结构体类型变量的定义和引用方法；结构体数组、结构体变量与函数、指向结构体类型数据的指针、链表等的定义、使用方法。重点介绍了结构体类型变量的定义和引用；介绍了共用体的概念、共用体变量的定义方法、引用方式；介绍了枚举类型的变量定义与使用方法及类型定义关键字（typedef）的使用。

习　　题

一、填空题

1. 当说明一个结构体变量时，系统分配给它的内存是_____。
2. C 语言结构类型变量在程序执行期间_____成员驻留在内存中。
3. C 语言共用体类型变量在程序执行期间_____成员驻留在内存中。
4. 若有以下说明和语句：

```
struct worker
{
    int  no ;
    char *name ;
} work , *p=&work ;
```

则对成员 no 的 3 种正确引用是_____、_____、_____。

5. 正确的 k 值是_____。

```
enum { a , b=5 , c , d=4 , e} k ;
  k=e ;
```

6. 下列程序的执行结果是_____。

```
#include <stdio.h>
union ss
{
  int i;
  char c[2];
};
 void main()
{
    union ss x;
    x.c[0]=10;
    x.c[1]=1;
    printf("%d",x.i);
}
```

二、选择题

1. 已知 int 类型占 2 个字节，若有说明语句：struct st{int num;char name[10];

double gz;}，则 sizeof（struct　st）的值为（　　）。

A. 18　　　　　　　B. 20　　　　　　　　C. 8　　　　　　　　D. 20

2. 使用共用（联合）体 union 的目的是（　　　）。

A. 将一组数据作为一个整体，以便于其中的成员共享同一存储空间

B. 将一组具有相同数据类型的数据作为一个整体，以便其成员共享同一存储空间

C. 将一组数据作为一个整体，以便程序使用

D. 将一组具有相同数据类型的数据作为一个整体，以便程序使用

3. 若有以下的定义、说明和语句，则值为 101 的表达式是（　　　）。

```
struct cw
{
    int  a;
     int *b;
}*p;
int x0[]={11,12}, x1[]={31,32};
static struct cw x[2]={100,x0,300,x1};
p=x;
```

A. *p->b　　　　　B. p->a　　　　　C. ++(p->a)　　　D. (p++)->a

4. 设有如下程序，其运行结果为（　　　）。

```
main()
{
    union {
    unsigned int n;
     unsigned char c;
    }u1;
    u1.c='A';
     printf("%d",u1.n);
}
```

A. 产生语法错　　　B. 随机值　　　　　C. A　　　　　　　D. 65

三、阅读程序

1. 以下程序执行结果是_____。

```
struct tree {
    int x ;
    char *s ;
} t ;
func(struct tree t )
{
    t.x=10 ;
    t.s= "computer ";
    return ( 0 );
}
main ( )
{
    t.x=1 ;
    t.s= "minicomputer";
    func(t) ;
    printf ("%d , %s\n", t.x , t.s );
}
```

2. 以下程序的执行结果是_____。

```
main ( )
{
    union{
```

```
          int x ;
            struct{
                    char c1 ;
                    char c2 ;
                    } b ;
          } a ;
     a.x=0x1234;
     printf ("%x , %x\n" , a.b.c1 , a.b.c2 );
     }
```

四、程序填空

1. 以下程序用于在结构数组中查找分数最高和最低的学生姓名和成绩。在程序空白处填入一条语句或一个表达式。

```
#include 〈 stdio.h 〉
main ()
{
    int max , min , i , j ;
static struct
{
    char name[8] ;
    int score ;
} stud[5]={"李萍",92,"王兵",72,"白洋",83,"许虎",88,"陶金",95} ;
max=min=0 ;
    for ( i=1 ; i<5 ; i+ + )
      if ( stud[i].score > stud[max].score )
         (1)       ;
      else if ( stud[i].score < stud[min].score )
         (2)       ;
      printf ("最高分:%s , %d\n",      (3)       ) ;
      printf ("最低分: %s , %d\n",      (4)       );
}
```

2. 下面是输出链表 head 的函数 print( )，请填空。

```
#include <stdio.h>
struct stud
{
    long num;
    float score;
    struct stud *next;
};
 void print(struct stud *head)
{
    struct stud *p;
    p=head
    if(head!=NULL)
    do
      {
        printf("%ld,%5.1f\n",p->num, p->score);
             (1)            ;
      }while(p!=NULL);
}
```

五、编程题

1. 编写一串 C 语言语句，把变量 birthday 置为 September，1，1998。

2. 某辅导员出了一套多项选择测试题，共有 10 个问题，每个问题有 5 种答案供选择，用户敲数字（1～5）中的一个数作为回答。编写一个程序，接收学生的姓名及一组测验答案。程序可显示所有学生的姓名及测验成绩，并计算所有学生的平均成绩。

3. 试利用指向结构体的指针编写程序，实现输入 3 个学生的学号，C 语言期中、期末成绩，然后计算其平均成绩并输出成绩表。

第 11 章
位运算

学习目标

通过本章的学习，使读者掌握 C 语言中的位运算。位运算是 C 语言中的低级语言特性，广泛应用于对底层硬件、外围设备的状态检测和控制。了解位运算的基本概念及其相关操作，以及位运算的典型应用方法。

学习要求

- 了解位运算符的基本概念。
- 掌握位运算操作及其应用方法。

11.1　位运算的基本概念

C 语言程序设计的一个主要特点就是可以对计算机硬件进行操作，其操作主要是通过位运算实现的。位运算很适合编写系统软件，是 C 语言的重要特色。在计算机用于检测和控制领域中要用到位运算的知识。所谓位运算，就是指进行二进制的运算。在系统软件中，常要处理二进制的问题。例如，将一个存储单元中的各二进制左移或者右移一位，两个数按位相加等。C 语言提供位运算的功能，与其他高级语言相比，具有很大的优越性。

1. 位运算的概念

位运算实际就是对表示计算机中的数进行操作的运算符。

2. 基本位运算符

（1）&：按位与

规则：将其两边的运算对象的对应位逐一进行按位与运算，对应位有一个为 0，结果为 0。

（2）|：按位或

规则：将其两边的运算对象的对应位逐一进行按位或运算，对应位有一个为 1，结果为 1。

（3）^：按位异或

规则：参加运算的两个二进制位相同则为假，不相同则为真。

（4）～：按位取反

规则：单目运算符，对一个二进制数按位取反。

（5）<<：左移

规则：将一个数的二进制位全部左移若干位，对于移动后空出的位，用 0 来补充。

（6）>>：右移

规则：将一个数的二进制位全部右移若干位，对于移动后空出的位，可以用 0 或 1 来补充，视具体情况而定。各位运算符的基本含义见表 11-1。

① &要和地址符区分开。

② 按位与、或、取反的运算规则和逻辑运算符一样。

③ 左移和右移运算符移动后所空出的位置，用二进制位 0 或 1 来补充，根据具体情况而定。

3. 位运算赋值运算符

位运算与赋值运算可以组成复合赋值运算符，如

&=　　|=　　>>=　　<<=　　^=

运算规则和前面的规则一致。

C 语言提供了如表 11-1 所示的 6 种位运算符。

表 11-1　　　　　　　　　　　　　C 语言位运算符表

运算符	含义	运算符	含义
&	按位与	^	按位异或
|	按位或	<<	左移
~	取反	>>	右移

① 位运算符中除~以外，均为二目（元）运算符，即要求两侧各有一个运算量。

② 运算量只能是整型或字符型的数据，不能为实型数据。

11.2　位运算符的运算功能举例

1. 按位与运算

例如，4&5 可写算式如下：

```
    4:   00 000 100
(&) 5:   00 000 101
         00 000 100
```

因此，4&5 的值得 4。

按位与运算的主要用途：对某些位清 0 或保留某些位。

【例 11-1】位运算符 "&" 使用举例。

```c
#include "stdio.h"
main()
{ int a=9,b=5,c;
  c=a&b;
  printf("a=%d,b=%d,c=%d\n",a,b,c);
}
```

运行结果：

a=9,b=5,c=1

2. 按位或运算

例如，   060 | 017

将八进制数 60 与八进制数 17 进行按位或运算。

```
        00 110 000
(|)     00 001 111
        00 111 111
```

如果想使一个数 a 的低 4 位改为 1，只需将 a 与 017 或 0xf 进行按位或运算即可。

【例 11-2】 位运算符 "|" 使用举例。

```c
#include "stdio.h"
main( )
{
int a=9,b=5,c;
c=a|b;
printf("a=%d,b=%d,c=%d\n",a,b,c);
}
```

运行结果：

```
a=9, b=5, c=13
```

3. 按位异或运算

异或运算符 ^ 也称 XOR 运算符。它的规则是：若参加运算的两个二进位同号，则结果为 0（假）；异号则为 1（真）。

即 0^0=0，1^1=0，0^1=1，1^0=1

"异或"的意思是判断两个相应的位值是否为"异"，为"异"（值不同）就取真（1），否则为假（0）。

假设有 01 111 010，想使其低 4 位翻转，即 1 变为 0，0 变为 1，可以将它与 00 001 111 进行 ^ 运算，即

```
        01 111 010
(^)     00 001 111
        01 110 101
```

【例 11-3】 位运算符 "^" 使用举例。

```c
#include "stdio.h"
main()
{
    int a=9,b=5,c;
    c=a^b;
    printf("a=%d,b=%d,c=%d\n",a,b,c);
}
```

运行结果：

```
a=9,b=5,c=12
```

4. 求反运算

符号 ～ 为单目运算符，具有右结合性。其功能是对参与运算的数的各二进位按位求反，即将 0 变为 1，1 变为 0。

例如：～9 的运算为

```
～(0 000 000 000 001 001)
```

结果为

1 111 111 111 110 110

～运算符的优先级别比算术运算符、关系运算符、逻辑运算符和其他位运算符都高，例如：～a&b，先进行～a 运算，然后进行&运算。

5. 左移运算

左移运算符"<<"是双目运算符。其功能把"<<"左边的运算数的各二进位全部左移若干位，由"<<"右边的数指定移动的位数，高位丢弃，低位补 0。

例如：

a<<4

指把 a 的各二进位向左移动 4 位，如 a=0 000 000 000 000 011，左移后为 0 000 000 000 110 000（十进制 48）。

左移 1 位相当于该数乘以 2，左移 2 位相当于该数乘以 2^2=4。

左移比乘法运算快得多，有些 C 编译程序自动将乘 2 的运算用左移一位来实现，将乘 2^n 的幂运算处理为左移 n 位。

6. 右移运算

右移运算符">>"是双目运算符。其功能是把">>"左边的运算数的各二进位全部右移若干位，">>"右边的数指定移动的位数。

例如：

设　a=15，a>>2；表示把 00 000 000 000 001 111 右移为 0 000 000 000 000 011（十进制 3）。

有的系统移入 0，有的移入 1。移入 0 的称为"逻辑右移"，即简单右移。移入 1 的称为"算术右移"。

VC 6.0 和其他一些 C 编译采用的是算术位移，即对有符号数右移时，如果符号位原来为 1，左面移入高位的是 1。

7. 位运算赋值运算符

除按位取反运算外，其余 5 个位运算符均可与赋值运算符一起，构成复合赋值运算符，如

&=、|+、^=、<<=、>>=

例如：

a&=b 相当于 a=a&b。

a<<=2 相当于 a=a<<2。

8. 不同长度的数据进行位运算

（1）对无符号数和有符号中的正数，补 0。

（2）有符号数中的负数，补 1。

例如：a&b，a 为 long，b 为 int 型，如果 b 为正数，则左侧补满 0。如果 b 为负数，左侧补满 1。如果 b 为无符号数，则左侧补满 0。

【例 11-4】取一个整数 a，从右端开始的 4～7 位。

（1）先使 a 右移 4 位。

a >> 4

（2）设置一个低 4 位全是 1，其余全是 0 的数～（～0<<4）。

即　0：0 000……000 000

～　0：1 111……111 111

~0 << 4: 1 111……110 000

~(~0 << 4): 0 000……001 111

（3）将上面的两个数进行&运算。

（a>>4）&~（~0 << 4 ）

程序实现如下：

```
#include "stdio.h"
main()
{
    unsigned a,b,c,d;
    scanf("%o",&a);
    b=a>>4;
    c=~(~0 << 4 );
    d=b&c;
    printf("%o,%d,%o,%d\n",a,b,c,d);
}
```

【例 11-5】

```
#include "stdio.h"
main(){
    unsigned a,b;
    printf("input a number:  ");
    scanf("%d",&a);
    b=a>>5;
    b=b&15;
    printf("a=%d\tb=%d\n",a,b);
}
```

本章小结

通过本章学习，读者应掌握 C 语言二进制位运算的基本技巧及其应用，尤其是对位运算，要重点掌握。加深体会 C 语言适合编写系统程序的特点。主要知识点如下。

（1）位运算是 C 语言的一种特殊运算，它是以二进制位为单位进行运算的。位运算符只有逻辑运算和移位运算两类。位运算符可以与赋值符一起组成复合赋值符，如&=, |=, ^=, >>=, <<=等。

（2）利用位运算可以完成汇编语言的某些功能，如置位、位清零和移位等，还可进行数据的压缩存储和并行运算。

习　题

一、填空题

1. 5＋3<<2 的值为＿＿＿＿。

2. a 为任意整数，能将变量 a 清零的表达式是＿＿＿＿。

3. 能将双字节变量 x 的高字节置全 1，低字节保持不变的表达式是＿＿＿＿。

4. 下列程序的输出结果是＿＿＿＿。

```
#include <stdio.h>
main()
```

```
{
char x=040;
printf("%d\n",x=x<<1);
}
```

5. 设有定义 char a,b;，若想通过 a&b 运算保留 a 的第 3 位和第 6 位的值，则 b 的二进制数应是_____。

6. 设 a=00 101 101，若想通过 a^b 运算使 a 的高 4 位取反，低 4 位不变，则 b 的二进制数应是_____。

二、选择题

1. 以下运算符中优先级最低的是（　　），优先级最高的是（　　）。
   A. &&　　　　　　B. &　　　　　　　　C. ||　　　　　　　　D. |

2. 若有运算符<<,sizeof,^,&=，则它们按优先级由高到低的正确排列次序是（　　）。
   A. sizeof,&=,<<,^　B. sizeof,<<,^,&=　C. ^,<<,sizeof,&=　D. <<,^,&=,sizeof

3. sizeof（float）是（　　）。
   A. 一种函数调用　　　　　　　　　　B. 一个不合法的表示形式
   C. 一个整型表达式　　　　　　　　　D. 一个浮点表达式

4. 以下关于表达式的叙述中不正确的是（　　）。
   A. 表达式 a&=b 等价于 a=a&b　　　　B. 表达式 a|=b 等价于 a=a|b
   C. 表达式 a!=b 等价于 a=a!b　　　　D. 表达式 a^=b 等价于 a=a^b

5. 若 x=2，y=3，则 x&y 的结果是（　　）。
   A. 0　　　　　　　B. 2　　　　　　　　C. 3　　　　　　　　D. 5

6. 在位运算中，操作数每左移一位，则结果相当于（　　）。
   A. 操作数乘以 2　　B. 操作数除以 2　　C. 操作数除以 4　　D. 操作数乘以 4

7. 下面选项中描述不正确的是（　　）。
   A. a | =b 等价于 a=a|b　　　　　　　B. a&=b 等价于 a=a&b
   C. a+=b 等价于 a=a+b　　　　　　　D. a!=b 等价于 a=a!b

8. 0x13&0x17 的值为（　　）。
   A. 0x17　　　　　B. 0x13　　　　　　C. 0xf8　　　　　　D. 0xec

9. int a=1,b=2，则 a|b 的值为（　　）。
   A. 0　　　　　　　B. 1　　　　　　　　C. 2　　　　　　　　D. 3

10. 已知 char x=3,y=6,z;，则 z=x^y<<2 的值为（　　）。
    A. 00 010 100　　B. 00 011 011　　　C. 00 011 100　　　D. 00 011 000

11. 小写字母 a 的 ASCII 值为 97，大写字母 A 的 ASCII 值为 65。以下程序的结果为_____。
```
main( )
{
    unsigned int a=32,b=66;
    printf("%c\n",a|b);
}
```
    A. 66　　　　　　B. 98　　　　　　　C. b　　　　　　　　D. B

三、编程题

1. 取一个整数 a 从右端开始的 4～7 位。

2. 编写一个将十六进制数转换成二进制形式显示的程序。

3. 编写一个函数 getbits( )，从一个 16 位的单元中取出某几位（即该几位保留原值，其余位为 0）。函数调用形式为 getbits（value, n1, n2），Value 为该 16 位（两个字节）单元中的数值，n1 为欲取出的起始位，n2 为欲取出的结束位。例如，getbits（0 101 675, 5, 8）表示对八进制数 101 675，取出它的从左面起第 5 位到第 8 位。

4. 编写一个函数，对一个 16 位的二进制取出它的奇数位。

5. 设计一个函数，实现给出一个数的原码，能得到该数的补码。

第 12 章
文件

学习目标

通过本章的学习，使读者掌握 C 语言文件的基本类型以及相关操作方法，要求掌握文件的打开、关闭操作，了解数据写入文件和从文件中读取的操作以及文件指针的定位方法，理解 ASCII 文件与二进制文件的不同特点。

学习要求

- 理解 C 语言中对于文件的定义和文件类型的分类。
- 掌握文件的打开与关闭、文件的读写的基本使用方法。
- 了解文件的定位、出错检测及常用文件函数的使用方法。

12.1　C 语言文件的概念

12.1.1　文件的概念与文件结构

文件（file）是程序设计中一个重要的概念。文件指的是存储在外部介质上的一组相关数据的集合。例如，程序文件是程序代码的集合，数据文件是数据的集合。数据是以文件的形式存放在外部介质（如磁盘）上的，操作系统是以文件为单位对数据进行管理的，也就是说，如果想查找存储在外部介质上的数据，必须先按文件名找到所指定的文件，然后再从文件中读取数据。要向外部介质上存储数据也必须先建立一个文件（以文件名标识），然后才能向它输出数据。

操作系统本身也是以各种文件的形式存放在外部存储介质上的，同时，它又以文件的形式对数据进行管理。

操作系统对外部存储器上的信息，都以文件的形式组织管理，每个文件都通过一个标识符号加以区分，这个符号称为"文件名称"。

我们在编程时用到的输入和输出，都是以终端为对象的，即从终端键盘输入数据，运行结果输出到终端上。从操作系统的角度看，每一个与主机相连的输入、输出设备都被看作是一个文件。例如，终端键盘是输入文件，显示屏和打印机是输出文件。

在程序运行时，常常需要将一些数据（运行的最终结果或中间数据）输出到磁盘上存放起来，以后需要时再从磁盘中输入到计算机内存，这就要用到磁盘文件。

C 语言把文件看作一个字节序列，即由一连串的字节组成，称为"流"（stream），以字节为单位访问，输入、输出的数据流，开始和结束仅受程序控制而不受物理符号（如回车换行符）控制。我们把这种文件称为流式文件。换句话说，C 语言中的文件并不是由记录（record）组成的。根据数据的组织形式，可分为 ASCII 文件和二进制文件。ASCII 文件又称文本文件，它的每一个字节放一个 ASCII，代表一个字符。二进制文件是把内存中的数据按其在内存中的存储形式原样输出到磁盘上存放。例如，整数 10 000，在内存中占 2 个字节，如果按 ASCII 形式输出，则占 5 个字节，而按二进制形式输出，在磁盘上只占 2 个字节，这跟数据的组织形式有关。在 ASCII 文件中，一个字节代表一个字符，因而便于对字符进行逐个处理，也便于输出字符。但通常占存储空间较多，而且要花费转换时间（二进制形式与 ASCII 间的转换）。用二进制形式输出数值，可以节省外存空间和转换时间，但一个字节并不对应一个字符，不能直接输出字符形式。一般中间结果数据需要暂时保存在外存上，以后又需要输入到内存，常用二进制文件保存。

12.1.2　文件系统的缓冲性

目前 C 语言所使用的磁盘文件系统有两大类：一类称为缓冲文件系统，又称为标准文件系统；另一类称为非缓冲文件系统。

缓冲文件系统的特点：系统自动在内存区为每一个正在使用的文件开辟一个缓冲区。从磁盘向内存读入数据时，一次从磁盘文件将一些数据输入到内存缓冲区（充满缓冲区），然后再从缓冲区逐个地将数据送给接收变量；向磁盘文件输出数据时，先将数据送到内存中的缓冲区，装满缓冲区后才一起送到磁盘。用缓冲区可以一次读入一批数据，或输出一批数据，而不是执行一次输入或输出函数就去访问一次磁盘，这样做的目的是减少对磁盘的实际读写次数，因为每一次读写都要移动磁头并寻找磁道扇区，需要花费一定的时间。缓冲区的大小由各个具体的 C 语言版本确定，一般为 512 字节。

非缓冲文件系统不是由系统自动设置缓冲区，而是由用户根据需要设置。

在传统的 UNIX 系统中，用缓冲文件系统来处理文本文件，用非缓冲文件系统处理二进制文件。1983 年 ANSI C 标准决定不采用非缓冲文件系统，而只采用缓冲文件系统。既用缓冲文件系统处理文本文件，也用它来处理二进制文件，也就是将缓冲文件系统扩充为可以处理的二进制文件。

一般把缓冲文件系统的输入/输出称为标准输入/输出（标准 I/O），非缓冲文件系统的输入/输出称为系统输入/输出（系统 I/O）。在 C 语言中，没有输入/输出语句，对文件的读写都是用库函数来实现的。ANSI C 规定了标准输入/输出函数，用它们对文件进行读写。本章主要介绍 ANSI C 的文件系统以及对其读写的方法。

12.1.3　文件访问的操作

在 ANSI C 中，对文件的操作分为两种方式，即流式文件操作和 I/O 文件操作，下面分别进行介绍。

1．流式文件操作

流式文件操作有一个重要的结构 FILE，FILE 在 stdio.h 中定义如下：

```
typedef struct {
    int _fd;                  /*文件位置指针*/
    int _cleft;               /*文件缓冲区剩余字节数*/
    int _mode;                /*文件操作模式*/
    char *_nextc;             /*用于读/写的下一个字符位置*/
```

```
    char *_buff;                    /*文件缓冲区位置指针*/
} FILE;
```

FILE 结构包含了文件操作的基本属性，对文件的操作都要通过这个结构的指针来进行，此种文件操作常用的函数如表 12-1 所示。

表 12-1　　　　　　　　　　　　常用流式文件操作函数

序号	函数名称	含义
1	fopen( )	打开流
2	fclose( )	关闭流
3	fputc( )	写一个字符到流中
4	fgetc( )	从流中读一个字符
5	fseek( )	在流中定位到指定的字符
6	fputs( )	写字符串到流
7	fgets( )	从流中读一行或指定个数字符
8	fprintf( )	按格式输出到流
9	fscanf( )	从流中按格式读取
10	feof( )	到达文件尾时返回真值
11	ferror( )	发生错误时返回其值
12	rewind( )	复位文件定位器到文件开始处
13	remove( )	删除文件
14	fread( )	从流中读指定个数的字符
15	fwrite( )	向流中写指定个数的字符
16	tmpfile( )	生成一个临时文件流
17	tmpnam( )	生成一个唯一的文件名

下面简单介绍这些函数的功能。

（1）fopen( )。fopen 的原型是 FILE *fopen（const char *filename,const char *mode），fopen 实现的功能：为使用而打开一个流，把一个文件和此流相连接并返回一个 FILE 指针，参数 filename 指向要打开的文件名，mode 表示打开状态的字符串，其取值如表 12-2 所示。

表 12-2　　　　　　　　　　　　文件存取模式

序号	读写方式	含义
1	"r"	打开，只读
2	"w"	打开，文件指针指到头，只写
3	"a"	打开，指向文件尾，在已存在文件中追加
4	"rb"	打开一个二进制文件，只读
5	"wb"	打开一个二进制文件，只写
6	"ab"	打开一个二进制文件，进行追加
7	"r+"	以读/写方式打开一个已存在的文件
8	"w+"	以读/写方式建立一个新的文本文件

序号	读写方式	含义
9	"a+"	以读/写方式打开一个文件文件进行追加
10	"rb+"	以读/写方式打开一个二进制文件
11	"wb+"	以读/写方式建立一个新的二进制文件
12	"ab+"	以读/写方式打开一个二进制文件进行追加

对于文件使用方式有以下几点说明。

① 使用方式由 r、w、a、t、b、+共 6 个字符拼成，各字符的含义如下。

r(read)：读。

w(write)：写。

a(append)：追加。

t(text)：文本文件，可省略不写。

b(banary)：二进制文件。

+：读和写。

② "r" 打开一个文件时，该文件必须已经存在，且只能从该文件读出。

③ "w" 打开的文件只能向该文件写入。若打开的文件不存在，则以指定的文件名建立该文件，若打开的文件已经存在，则将该文件删去，重建一个新文件。

④ 向一个已存在的文件追加新的信息，只能用 "a" 方式打开文件。但此时该文件必须是存在的，否则会出错。

⑤ 打开一个文件时，如果出错，函数 fopen( )将返回一个空指针值 NULL。在程序中可以用这一信息来判别是否完成打开文件的工作，并进行相应的处理。因此，常用以下程序段打开文件：

```
if((fp=fopen("c:\\hzk16","rb")==NULL)
{
    printf("\nerror on open c:\\hzk16 file!");
    getch();
    exit(1);
}
```

这段程序的意义是，如果返回的指针为空，表示不能打开 C 盘根目录下的 hzk16 文件，则给出提示信息 "error on open c:\ hzk16 file!"，下一行函数 getch( )的功能是从键盘输入一个字符，但不在屏幕上显示。在这里，该行的作用是等待，只有当用户从键盘敲任意键时，程序才继续执行，因此用户可利用这个等待时间阅读出错提示。敲键后执行 exit(1)退出程序。

⑥ 把一个文本文件读入内存时，要将 ASCII 转换成二进制码，而把文件以文本方式写入磁盘时，也要把二进制码转换成 ASCII，因此文本文件的读写要花费较多的转换时间。对二进制文件的读写不存在这种转换。

⑦ 标准输入文件（键盘）、标准输出文件（显示器）和标准出错输出（出错信息）是由系统打开的，可直接使用。

一个文件可以以文本模式或二进制模式打开，这两种模式的区别是：在文本模式中 Enter 键被当成一个字符 '\n'，而二进制模式认为它是两个字符 0x0D, 0x0A；如果在文件中读到 0x1B，文本模式会认为这是文件结束符，二进制模型不会对文件进行处理，而文本方式会按一定的方式对数据作相应的转换。

也可以在模式字符串中指定打开的模式，如"rb"表示以二进制模式打开只读文件，"w+t"或"wt+"表示以文本模式打开读/写文件。

此函数返回一个 FILE 指针，所以声明一个 FILE 指针后不用初始化，而是用函数 fopen( )来返回一个指针并与一个特定的文件相连，如果失败，返回 NULL。

例如：

```
FILE *fp;
if(fp=fopen("123.456","wb"))
    puts("打开文件成功");
else
    puts("打开文件失败");
```

（2）fclose( )。函数 fclose( ) 的功能就是关闭用函数 fopen( ) 打开的文件，其原型是 int fclose（FILE *fp)，如果成功，返回 0，失败返回 EOF。

在程序结束时一定要关闭打开的文件，不然可能会造成数据丢失。

例如：fclose(fp);

（3）fputc( )。向流中写一个字符，原型是 int fputc(int c, FILE *stream)，如果成功则返回这个字符，失败返回 EOF。

例如：fputc('X',fp);

（4）fgetc( )。从流中读一个字符，原型是 int fputc(FILE *stream)，如果成功则返回这个字符，失败返回 EOF。

例如：char ch1=fgetc(fp);

（5）fseek( )。此函数一般用于二进制模式打开的文件中，功能是定位到流中指定的位置，原型是 int fseek(FILE *stream, long offset, int whence)，如果成功返回 0，参数 offset 是移动的字符数，whence 是移动的基准，取值如表 12-3 所示。

表 12-3　　　　　　　　　　　　　　whence 取值

符号常量	值	基准位置
SEEK_SET	0	文件开头
SEEK_CUR	1	当前读写的位置
SEEK_END	2	文件尾部

例如：fseek(fp,1234L,SEEK_CUR);//把读写位置从当前位置向后移动 1 234 字节（L 后缀表示长整数）

```
fseek(fp,0L,2);//把读写位置移动到文件尾
```

（6）fputs( )。写一个字符串到流中，原型是 int fputs (const char *s, FILE *stream)。

例如：fputs("I Love You",fp);

（7）fgets( )。从流中读一行或指定个字符，原型是 char *fgets(char *s, int n, FILE *stream)，从流中读取 $n-1$ 个字符，参数 s 用来接收字符串，如果成功则返回 s 的指针，否则返回 NULL。

例如，如果一个文件的当前位置的文本如下：

```
Love ,I Have
But ……
```

如果用

```
fgets(str1,4,file1);
```

则执行后 str1='Lov'，读取了 4-1=3 个字符，而如果用

```
fgets(str1,23,file1);
```

则执行 str ='Love ,I Have'，读取了一行（不包括行尾的'\n'）。

（8）fprintf( )。按格式输入到流，其原型是 int fprintf(FILE *stream, const char *format[, argument, ...])，其用法和函数 printf( )相同，不过不是写到控制台，而是写到流。

例如：fprintf(fp,"%2d%s",4,"Hahaha");

（9）fscanf( )。从流中按格式读取，其原型是 int fscanf(FILE *stream, const char *format[, address, ...])，其用法和函数 scanf( )相同，不过不是从控制台读取，而是从流中读取。

例如：fscanf(fp, "%d%d" ,&x,&y);

（10）feof( )。检测是否已到文件尾，是则返回真，否则返回 0。其原型是 int feof(FILE *stream)。

例如：if(feof(fp))printf("已到文件尾");

（11）ferror( )。原型是 int ferror(FILE *stream)，返回流最近的错误代码，可用函数 clearerr( ) 来清除它。函数 clearerr( ) 的原型是 void clearerr(FILE *stream)。

例如：printf("%d",ferror(fp));

（12）rewind( )。把当前的读写位置转到文件开始，原型是 void rewind(FILE *stream)，本函数相当于 fseek(fp,0L,SEEK_SET)。

例如：rewind(fp);

（13）remove( )。删除文件，原型是 int remove(const char *filename)，参数就是要删除的文件名，成功则返回 0。

例如：remove("c:io.sys");

（14）fread( )。从流中读指定个数的字符，原型是 size_t fread(void *ptr, size_t size, size_t n, FILE *stream)，参数 ptr 是保存读取的数据，void*的指针可用任何类型的指针来替换（如 char*、int * 等）；size 是每块的字节数；n 是读取的块数。如果成功，返回实际读取的块数（不是字节数），本函数一般用于二进制模式打开的文件中。

例如：

```
char x[4 230];
FILE *file1=fopen("c:\\msdos.sys","r");
fread(x,200,12 ,file1);//共读取 200*12=2 400 个字节
```

（15）fwrite( )。与函数 fread( )对应，向流中写指定的数据，原型是 size_t fwrite(const void *ptr, size_t size, size_t n, FILE *stream)，参数 ptr 是要写入的数据指针，void*的指针可用任何类型的指针来替换（如 char*、int *等）；size 是每块的字节数；n 是要写的块数。如果成功，返回实际写入的块数（不是字节数），本函数一般用于二进制模式打开的文件中。

例如：

```
char x[]="I Love You";
fwire(x, 6,12,fp);    //写入 6*12=72 字节
```

将把 "I Love" 写到流 fp 中 12 次，共 72 字节。

（16）tmpfile( )。其原型是 FILE *tmpfile(void)，作用是生成一个临时文件，以 "w+b" 的模式打开，并返回这个临时流的指针。如果失败则返回 NULL。在程序结束时，这个文件会被自动删除。

例如：FILE *fp=tmpfile( );

（17）tmpnam( )。其原型为 char *tmpnam(char *s)，作用是生成一个唯一的文件名，其实函数

tmpfile( )就调用了此函数,参数 s 用来保存得到的文件名,并返回这个指针,如果失败,返回 NULL。

例如:tmpnam(str1);

2. 直接 I/O 文件操作

直接 I/O 文件操作是 C 语言提供的另一种文件操作,它是通过直接存取文件来完成对文件的处理,而上面所介绍的流式文件操作是通过缓冲区来进行的,其操作是围绕一个 FILE 指针来进行。I/O 文件操作是围绕一个文件的“句柄”来进行,什么是句柄呢?它是一个整数,是系统用来标识一个文件(在 Windows 中,句柄的概念扩展到所有设备资源的标识)的唯一的记号。此类文件操作常用的函数如表 12-4 所示,这些函数及其所用的一些符号在 io.h 和 fcntl.h 中定义,在使用时要加入相应的头文件。

表 12-4　　　　　　　　　　　　　常用系统文件操作函数

函数	说明
open( )	打开一个文件并返回它的句柄
close( )	关闭一个句柄
lseek( )	定位到文件的指定位置
read( )	块读文件
write( )	块写文件
eof( )	测试文件是否结束
filelength( )	取得文件长度
rename( )	重命名文件
chsize( )	改变文件长度

下面就对这些函数进行一一说明。

(1)open( )。打开一个文件并返回它的句柄,如果失败,将返回一个小于 0 的值,原型是 int open(const char *path, int access [, unsigned mode]),参数 path 是要打开的文件名,access 是打开的模式,mode 是可选项。该函数表示文件的属性,主要用于 UNIX 系统中,在 DOS/Windows 系统中这个参数没有意义。其中,文件的打开模式如表 12-5 所示。

表 12-5　　　　　　　　　　常用系统文件(非缓冲文件)打开模式

符号	含义	符号	含义	符号	含义
O_RDONLY	只读方式	O_WRONLY	只写方式	O_RDWR	读/写方式
O_NDELAY	用于 UNIX 系统	O_APPEND	追加方式	O_CREAT	如果文件不存在就创建
O_TRUNC	把文件长度截为 0	O_BINARY	二进制方式	O_TEXT	文本方式

对于多个要求,可以用“|”运算符来连接,如 O_APPEND|O_TEXT 表示以文本模式和追加方式打开文件。

例如:int handle=open("c:\\msdos.sys",O_BINARY|O_CREAT|O_WRITE)

(2)close( )。关闭一个句柄,原型是 int close(int handle),如果成功则返回 0。

例如:close(handle);

(3)lseek( )。定位到指定的位置,原型是 long lseek(int handle, long offset, int fromwhere)。参

数 offset 是移动的量, fromwhere 是移动的基准位置, 取值和前面介绍的函数 fseek( )一样, SEEK_SET: 文件首部; SEEK_CUR: 文件当前位置; SEEK_END: 文件尾。此函数返回执行后文件新的存取位置。

例如:

```
lseek(handle,-1234L,SEEK_CUR);          //把存取位置从当前位置向前移动 1 234 个字节。
x=lseek(hnd1,0L,SEEK_END);              //把存取位置移动到文件尾, x=文件尾的位置即文件长度
```

(4) read( )。从文件读取一块, 原型是 int read(int handle, void *buf, unsigned len), 参数 buf 保存读出的数据, len 是读取的字节。函数返回实际读出的字节。

例如: char x[200];read(hnd1,x,200);

(5) write( )。写一块数据到文件中, 原型是 int write(int handle, void *buf, unsigned len), 参数的含义同函数 read( ), 返回实际写入的字节。

例如: char x[]="I Love You";write(handle,x,strlen(x));

(6) eof( )。类似函数 feof( ), 测试文件是否结束, 是则返回 1, 否则返回 0, 原型是 int eof(int handle)。

例如: while(!eof(handle1)){······};

(7) filelength( )。返回文件长度, 原型是 long filelength(int handle), 相当于函数 lseek(handle,0L,SEEK_END)。

例如: long x=filelength(handle);

(8) rename( )。重命名文件, 原型是 int rename(const char *oldname, const char *newname), 参数 oldname 是旧文件名, newname 是新文件名。成功则返回 0。

例如: rename("c:config.sys","c:config.w40");

(9) chsize( )。改变文件长度, 原型是 int chsize(int handle, long size), 参数 size 表示文件新的长度, 若成功则返回 0, 否则返回-1。如果指定的长度小于文件长度, 则文件被截短; 如果指定的长度大于文件长度, 则在文件后面补 "" 。

例如: chsize(handle,0x12345);

12.2 文件访问的步骤

对于缓冲文件系统即流式文件系统, 每个被使用的文件都在内存中开辟了一个区, 用来存放文件的相关信息(如文件的名字、文件状态及文件当前位置等), 这些信息是保存在一个结构体变量中的, 该结构体类型是由系统定义的, 取名为 FILE。

12.2.1 文件类型指针

在 C 语言中, 无论是一般的磁盘文件还是设备文件, 都要通过文件结构的数据集合进行输入/输出操作处理。文件结构由系统定义, 包含在 stdio.h 头文件中。文件结构的定义如下:

```
typedef struct {
    int _fd;            /*文件位置指针*/
    int _cleft;         /*文件缓冲区剩余字节数*/
    int _mode;          /*文件操作模式*/
```

```
        char *_nextc;              /*用于读/写的下一个字符位置*/
        char *_buff;               /*文件缓冲区位置指针*/
} FILE;
```

在 C 语言中，用一个指针变量指向一个文件，这个指针称为文件指针。通过文件指针就可对它所指的文件进行各种操作。

定义说明文件指针的一般形式为

`FILE *指针变量标识符;`

例如：FILE *fp;

定义了一个文件指针，但此时它还未具体指向哪一个结构体。实际引用时将保存有文件信息的结构体的首地址赋给某个文件指针，就可通过这个文件指针变量找到与它相关的文件。如果有 n 个文件，一般应设 n 个文件指针，使它们分别指向 n 个文件（确切地说，指向该文件的信息结构体），以实现对文件的访问。

12.2.2　文件访问的方法

文件访问是指对文件进行读/写等各种操作。访问文件通常由 3 步操作完成，即打开或创建、读/写和关闭。

1. 打开或创建文件

要在程序中使用文件，首先必须打开或创建文件。如果准备新建一个文件，然后再使用，那么就需要创建这个文件；如果要使用的文件已经存在，那么就需要打开这个文件。在 C 语言中打开或创建文件使用 fopen( ) 函数，具体程序代码如下。

（1）创建文件。

① 以写方式打开空文件，如果文件已经存在，则内容被清除。

```
FILE *fp;
fp=fopen(文件路径名, "w");
```

② 以追加方式打开空文件，如果文件已经存在，则内容被清除。

```
FILE *fp;
fp=fopen(文件路径名, "a");
```

③ 以读/写方式打开空文件，如果文件已经存在，则内容被清除。

```
FILE *fp;
fp=fopen(文件路径名, "w+");
```

（2）打开文件。

① 以读方式打开文件。

```
FILE *fp;
fp=fopen(文件路径名, "r");
```

② 以读/写方式打开文件。

```
FILE *fp;
fp=fopen(文件路径名, "r+");
```

③ 以读追加方式打开文件。

```
FILE *fp;
fp=fopen(文件路径名, "a+");
```

2. 读写文件

当打开文件之后，就可以对文件进行读/写、文件指针移动等操作。

文件数据读取：fgetc( )、fgets( )、fread( )、fscanf( )。

数据写入文件：fputc( )、fputs( )、fwrite( )、fprintf( )。

文件指针移动：fseek( )、rewind( )。

3. 关闭文件

文件使用完毕后必须关闭，否则可能会引起数据丢失。关闭文件用函数 fclose( ) 实现。

12.3 文件的打开与关闭

对于文件的使用，需要操作时应打开，操作结束后应及时关闭，释放系统资源，保障文件安全可靠地操作和使用。

1. 打开文件函数 fopen( )

所谓"打开"，是在程序和操作系统之间建立起联系，程序把所要操作的文件的一些信息通知给操作系统。这些信息中除包括文件名外，还要指出读写方式及读写位置。如果是读，则需要先确认此文件是否已存在；如果是写，则检查原来是否有同名文件，如有则将该文件删除，然后新建立一个文件，并将读写位置设定于文件开头，准备写入数据。文件的打开通过 fopen( ) 函数实现。

文件的打开操作表示在内存中给用户指定的文件分配一个 FILE 结构区，并将该结构的指针返回给用户程序，以后用户程序就可用此 FILE 指针来实现对指定文件的存取操作了。当使用打开函数时，必须给出文件名、文件操作方式（读、写或读写），如果该文件名不存在，就意味着建立（只对写文件而言，对读文件则出错），并将文件指针指向文件开头。若已存在一个同名文件，则删除该文件，若无同名文件，则建立文件，并将文件指针指向文件开头。例如：

```
fopen(char *filename,char *type);
```

其中，*filename 是要打开文件的文件名指针，一般用双引号括起来的文件名表示，也可使用双反斜杠隔开的路径名。*type 参数表示对打开文件的操作方式。

用 fopen( ) 函数成功地打开一个文件后，该函数将返回一个 FILE 指针，如果文件打开失败，将返回一个 NULL 指针。例如，想打开 test 文件，进行写操作：

```
FILE *fp;
if((fp=fopen("test","w"))==NULL)
{
    printf("File cannot be opened\n");
    exit();
}
else
    printf("File opened for writing\n");
    ……
fclose(fp);
```

对于文本文件，向计算机输入时，将回车换行符转换为一个换行符，在输出时把换行符转换成回车和换行两个字符。而对于二进制文件，不进行这种转换，在内存中的数据形式与输出到外部文件中的数据形式完全一致。

在程序开始运行时，系统自动打开 3 个标准文件：标准输入、标准输出和标准出错输出。通常这 3 个文件都与终端相联系，因此，以前我们所用到的从终端输入或输出都不需要打开终端文件，系统自动定义了 3 个文件指针 stdin、stdout 和 stderr，分别指向终端输入、终端输出和标准出错输出（也从终端输出）。如果程序中指定要从 stdin 所指的文件输入数据，就是指从终端键盘输入数据。

① 用 "r" 方式打开的文件只能用于向计算机输入而不能用作向该文件输出数据，而且该文件应该已经存在，不能用 "r" 方式打开一个并不存在的文件（即输入文件），否则会出错。

② 用 "w" 方式打开的文件只能用于向该文件写数据（即输出文件），而不能用来向计算机输入。如果原来不存在该文件，则在打开时新建立一个以指定的名字命名的文件。如果已存在，则在打开时将该文件删去，然后重新建立一个新文件。

③ 如果希望向文件末尾添加新的数据（不希望删除原有数据），则应该用 "a" 方式打开。但此时该文件必须已存在，否则将得到出错信息。打开时，指针移到文件末尾。

④ 用 "r+"、"w+"、"a+" 方式打开的文件既可以用来输入数据，也可以用来输出数据。用 "r+" 方式时该文件应该已经存在，以便能向计算机输入数据。用 "w+" 方式则新建立一个文件，先向此文件写数据，然后可以读此文件中的数据。用 "a+" 方式打开的文件，原来的文件不被删去，位置指针移到文件末尾，可以添加，也可以读。

⑤ 如果不能实现 "打开" 的任务，fopen( )函数将会带回一个出错信息。出错的原因可能是用 "r" 方式打开一个并不存在的文件；磁盘出故障；磁盘已满无法建立新文件等。

⑥ 用以上方式可以打开文本文件或二进制文件，这是 ANSI C 的规定，用同一种缓冲文件系统来处理文本文件和二进制文件。但目前使用的 C 编译系统可能不完全提供所有功能（如有的只能用 "r" "w" "a" 方式）。

2. 关闭文件函数 fclose( )

文件操作完成后，必须要用 fclose( ) 函数进行关闭，这是因为对打开的文件进行写入时，若文件缓冲区的空间未被写入的内容填满，这些内容不会写到打开的文件中而造成丢失。只有对打开的文件进行关闭操作时，停留在文件缓冲区的内容才能写到该文件中去，从而使文件完整。另外，一旦关闭了文件，该文件对应的 FILE 结构将被释放，从而使关闭的文件得到保护，因为这时对该文件的存取操作将不会进行。文件的关闭也意味着释放了该文件的缓冲区。例如：

```
int fclose(FILE *stream);
```

表示该函数将关闭 FILE 指针对应的文件，并返回一个整数值。若成功地关闭了文件，则返回一个 0 值，否则返回一个非 0 值。常用以下方法进行测试：

```
#include<stdio.h>
    main()
    {
        FILE *fp;                     /*定义一个文件指针*/
        int i;
        fp=fopen("CLIB", "rb");       /*打开当前目录名为 CLIB 的文件只读*/
        if(fp==NULL)                  /*判断文件是否打开成功*/
          puts("File open error");    /*提示打开不成功*/
        i=fclose(fp);                 /*关闭打开的文件*/
        if(i==0)                      /*判断文件是否关闭成功*/
```

```
            printf("O,K");              /*提示关闭成功*/
        else
            puts("File close error");/*提示关闭不成功*/
    }
```

当打开多个文件进行操作，而又要同时关闭时，可采用 fcloseall( )函数，它将关闭所有在程序中打开的文件。例如：

```
    int fcloseall();
```

该函数将关闭所有已打开的文件，将各文件缓冲区未装满的内容写到相应的文件中去，接着释放这些缓冲区，并返回关闭文件的数目。如关闭了 4 个文件，则当执行：n=fcloseall( )时，n 应为 4。

关闭的过程是先将缓冲区中尚未存盘的数据写盘，然后撤销存放该文件信息的结构体，最后令指向该文件的指针为空值（NULL）。如果再想使用刚才的文件，则必须重新打开。

应该养成在文件访问完及时关闭文件的习惯，一方面是避免数据丢失；另一方面是及时释放内存，减少对系统资源的占用。

12.4　标准文件的读写

1. 读写文件中字符的函数(一次只读写文件中的一个字符)

```
int fgetc(FILE *stream);
int fgetchar(void);
int fputc(int ch,FILE *stream);
int fputchar(int ch);
int getc(FILE *stream);
int putc(int ch,FILE *stream);
```

其中，fgetc( ) 函数的作用是读出由流指针指向的文件中的一个字符，例如：

```
ch=fgetc(fp);
```

将读出流指针 fp 指向的文件中的一个字符，并赋给 ch。当执行 fgetc( ) 函数时，若当时文件指针指到文件尾，即遇到文件结束标志 EOF（其对应值为-1），该函数返回-1 给 ch，在程序中常用检查该函数返回值是否为-1 来判断是否已读到文件尾，从而决定是否继续读取。

【例 12-1】从键盘输入一行字符，写入一个文件，再把该文件内容读出显示在屏幕上。

程序如下：

```
#include<stdio.h>
main(){
 FILE *fp;
 char ch;
    if((fp=fopen("d:\\jrzh\\example\\string","wt+"))==NULL){
        printf("Cannot open file strike any key exit!");
        getch();
        exit(1);
    }
printf("input a string:\n");
ch=getchar();
while (ch!='\n'){
    fputc(ch,fp);
```

```
            ch=getchar();
    }
    rewind(fp);
    ch=fgetc(fp);
    while(ch!=EOF){
        putchar(ch);
        ch=fgetc(fp);
    }
    printf("\n");
    fclose(fp);
    }
```

程序以读写文本文件方式打开文件 string。运行程序，从键盘读入一个字符后进入循环，当读入字符不为回车符时，则把该字符写入文件中，然后继续从键盘读入下一字符。每输入一个字符，文件内部位置指针向后移动一个字节。写入完毕，该指针已指向文件末尾。如要把文件从头读出，须把指针移向文件头，程序中 rewind( )函数用于把 fp 所指文件的内部位置指针移到文件头。

【例 12-2】

```
#include<stdio.h>
    main()
    {
        char *s="That's good news");       /*定义字符串指针并初始化*/
        int i=617;                          /*定义整型变量并初始化*/
        FILE *fp;                           /*定义文件指针*/
        fp=fopen("test.dat", "w");          /*建立一个文字文件只写*/
        fputs("Your score of TOEFLis", fp); /*向所建文件写入一串字符*/
        fputc(':', fp);                     /*向所建文件写冒号:*/
        fprintf(fp, "%d\n", i);             /*向所建文件写一整型数*/
        fprintf(fp, "%s", s);               /*向所建文件写一字符串*/
        fclose(fp);                         /*关闭文件*/
    }
```

用 DOS 的 TYPE 命令显示 TEST.DAT 的内容如下所示：

屏幕显示

```
Your score of TOEFL is: 617
That's good news
```

在 TC 中，putc( )函数等价于 fputc( )函数，getc( )函数等价于 fgetc( )函数。putchar(c)函数相当于 fputc(c,stdout)函数，getchar( )函数相当于 fgetc(stdin)函数。

【例 12-3】把命令行参数中的前一个文件名标识的文件，复制到后一个文件名标识的文件中，如果命令行中只有一个文件名则把该文件写到标准输出文件（显示器）中。

```
#include<stdio.h>
main(int argc,char *argv[])
{
    FILE *fp1,*fp2;
    char ch;
    if(argc==1)
    {
        printf("have not enter file name strike any key exit");
        getch();
        exit(0);
    }
```

```
        if((fp1=fopen(argv[1],"rt"))==NULL)
        {
            printf("Cannot open %s\n",argv[1]);
            getch();
            exit(1);
        }
        if(argc==2) fp2=stdout;
        elseif((fp2=fopen(argv[2],"wt+"))==NULL)
        {
            printf("Cannot open %s\n",argv[1]);
            getch();
            exit(1);
        }
        while((ch=fgetc(fp1))!=EOF)
            fputc(ch,fp2);
        fclose(fp1);
        fclose(fp2);
    }
```

本程序为带参的 main( )函数。程序中定义了两个文件指针 fp1 和 fp2，分别指向命令行参数中给出的文件。如果命令行参数中没有给出文件名，则给出提示信息。如果程序只给出一个文件名，则使 fp2 指向标准输出文件（即显示器）。用循环语句逐个读出文件 1 中的字符再送到文件 2 中。再次运行时，给出了一个文件名，故输出给标准输出文件 stdout，即在显示器上显示文件内容。第三次运行，给出了两个文件名，因此把 string 中的内容读出，写入 OK 之中。可用 DOS 命令 type 显示 OK。

2. 读写文件中字符串的函数

```
char *fgets(char *string,int n,FILE *stream);
char *gets(char *s);
int fprintf(FILE *stream,char *format,variable-list);
int fputs(char *string,FILE *stream);
int fscanf(FILE *stream,char *format,variable-list);
```

其中，fgets( ) 函数的作用是把由流指针指定的文件中的 n-1 个字符，读到由指针 string 指向的字符数组中去，例如：

```
fgets(buffer,9,fp);
```

将把 fp 指向的文件中的 8 个字符读到 buffer 内存区，buffer 可以是定义的字符数组，也可以是动态分配的内存区。

fgets( ) 函数读到 '\n' 就停止，而不管是否达到数目要求。同时，在读取字符串的最后加上 '\0'。fgets( ) 函数执行完以后，返回一个指向该串的指针。如果读到文件尾或出错，则返回一个空指针 NULL。所以，常用 feof( ) 函数来测定是否到了文件尾或者是用 ferror( )函数来测试是否出错。

fgets( ) 函数执行时，只要未遇到换行符或文件结束标志，将一直读下去。因此，读到什么时候为止，需要用户进行控制，否则可能造成存储区的溢出。

fputs( ) 函数向指定文件写入一个由 string 指向的字符串，'\0'不写入文件。

fprintf( )函数和 fscanf( )函数同 printf( )函数和 scanf( )函数类似，不同之处就是 printf( )函数是向显示器输出，fprintf( )函数则是向流指针指向的文件输出；fscanf( )函数是从文件输入。

例如：fprintf(fp,"%d,%6.2f",k,t);的作用是将整型变量 k 和实型变量 t 的值按%d 和%6.2f 的格式输出到 fp 指向的文件上。如果 k=1，t=1.5，则输出到磁盘文件上的是字符串：1　1.50。

用以下 fscanf( )函数可以从磁盘文件上读入 ASCII 字符：

```
fscanf(fp,"%d %6.2 f"&k,&t);
```

磁盘文件上如果有以下字符：1　　1.50

将磁盘文件中的数据 1 送给变量 k，1.5 送给变量 t。

【例 12-4】从 string 文件中读入一个含 10 个字符的字符串。

```
#include<stdio.h>
main()
{
  FILE *fp;
  char str[11];
  if((fp=fopen("d:\\jrzh\\example\\string","rt"))==NULL)
  {
    printf("\nCannot open file strike any key exit!");
    getch();
    exit(1);
  }
  fgets(str,11,fp);
  printf("\n%s\n",str);
  fclose(fp);
}
```

3. 清除和设置文件缓冲区

（1）清除文件缓冲区函数。

```
int fflush(FILE *stream);
int flushall();
```

fflush( ) 函数将清除由 stream 指向的文件缓冲区里的内容，常用于写完一些数据后，立即用该函数清除缓冲区，以免误操作时，破坏原来的数据。

函数名：fflush( )

功能：文件以写方式打开时，将缓冲区内容写入文件，清除文件缓冲区。

原型：int fflush(FILE *stream)

　　如果 fflush( )函数返回 EOF，数据可能由于写错误已经丢失。当设置一个重要错误处理器时，最安全的是用 setvbuf( )函数关闭缓冲或者使用低级 I/O 例程，如 open( )、close( )和 write( )来代替流 I/O 函数。

flushall( )函数将清除所有打开文件所对应的文件缓冲区。

（2）设置文件缓冲区函数。

```
void setbuf(FILE *stream,char *buf);
void setvbuf(FILE *stream,char *buf,int type,unsigned size);
```

这两个函数使得打开文件后，用户可建立自己的文件缓冲区，而不使用 fopen( ) 函数打开文件设定的默认缓冲区。

对于 setbuf( ) 函数，buf 指出的缓冲区长度由头文件 stdio.h 中定义的宏 BUFSIZE 的值决定，默认值为 512 字节。当选定 buf 为空时，setbuf( ) 函数将使得文件 I/O 不带缓冲。而对 setvbuf( ) 函数，则由 malloc( ) 函数来分配缓冲区。参数 size 指明缓冲区的长度（必须大于 0），而参数 type 则表示了缓冲的类型，其值可以取表 12-6 所示的值。

表 12-6 type 取值

type 值	含义
_IOFBF	文件全部缓冲，即缓冲区装满后，才能对文件读写
_IOLBF	文件行缓冲，即缓冲区接收到一个换行符时，才能对文件读写
_IONBF	文件不缓冲，此时忽略 buf、size 的值，直接读写文件，不再经过文件缓冲区缓冲

函数名：setbuf( )

功能：把缓冲区与流相连。

用法：void setbuf(FILE *steam, char *buf);

4. 文件的随机读写函数

文件随机读写函数：

```
int fread(void *ptr,int size,int nitems,FILE *stream);
int fwrite(void *ptr,int size,int nitems,FILE *stream);
```

fread( ) 函数从流指针指定的文件中读取 nitems 个数据项，每个数据项的长度为 size 个字节，读取的 nitems 数据项存入由 ptr 指针指向的内存缓冲区中。在执行 fread( ) 函数时，文件指针随着读取的字节数而向后移动。该函数执行结束后，将返回实际读出的数据项数，这个数据项数不一定等于设置的 nitems，若文件中没有足够的数据项，或读中间出错，都会导致返回的数据项数少于设置的 nitems。当返回数不等于 nitems 时，可以用 feof( ) 函数或 ferror( ) 函数进行检查。

函数名：fread( )

功能：从一个流中读数据。

函数原型：int fread(void *ptr, int size, int nitems, FILE *stream);

参数：ptr 为用于接收数据的地址（指针）。

Size：单个元素的大小。

nitems：元素个数。

stream：提供数据的文件指针。

返回值：成功读取的元素个数。

fwrite( ) 函数从 ptr 指向的缓冲区中取出长度为 size 字节的 nitems 个数据项，写入到流指针 stream 指向的文件中，执行该操作后，文件指针将向后移动，移动的字节数等于写入文件的字节数目。该函数操作完成后，也将返回写入的数据项数。

函数名：fwrite( )

功能：写内容到流中。

用法：fwrite(buffer,size,count,fp);

参数：buffer 是一个指针，对 fwrite 来说，是要输出数据的地址。

size：要写入的字节数。

count：要进行写入 size 字节的数据项的个数。

fp：目标文件指针。

写入文件的哪里？这个与文件的打开模式有关，如果是 r+，则是从 file pointer
指向的地址开始写，替换掉之后的内容，文件的长度可以不变；如果是 a+，则从文
件的末尾开始添加，文件长度加大，而且 fseek( )函数对 fwrite( )函数没有作用。

12.5　非标准文件的读写

　　这类函数最早用于 UNIX 操作系统，ANSI 标准未定义，但有时也经常用到，DOS 3.0 以上版
本支持这些函数，它们的头文件为 io.h。

　　由于我们不常用这些函数，所以在这里只进行简单介绍。

　　open( ) 函数的作用是打开文件，其调用格式为

```
int open(char *filename, int access);
```

　　该函数表示按访问（access）的要求打开名为 filename 的文件，返回值为文件描述字，其中
access 有两部分内容：基本模式和修饰符，两者用" "（"或"）方式连接。修饰符可以有多个，但
基本模式只能有一个。其文件存取模式如表 12-5 所示。

　　open( ) 函数打开成功，返回值是文件描述字的值（非负值），否则返回−1。

　　close( ) 函数的作用是关闭由 open( ) 函数打开的文件，其调用格式为

```
int close(int handle);
```

　　该函数关闭与文件描述字 handle 相连的文件。

12.6　文件定位函数

　　前面介绍的文件的字符/字符串读写，均是进行文件的顺序读写，即总是从文件的开头开始进
行读写。这显然不能满足我们的要求，C 语言提供了移动文件指针，包括

```
fseek(FILE *stream,long offset,int origin);
long ftell(FILE *stream);
int rewind(FILE *stream);
```

12.6.1　fseek( )函数

　　函数名：fseek( )

　　功能：重定位流上的文件指针。

　　用法：int fseek(FILE *stream, long offset, int origin);

　　描述：fseek( ) 函数用于把文件指针以 origin 为起点，移动 offset 个字节，其中 origin 指出的
位置见表 12-7。

表 12-7　　　　　　　　　　　　　　　　　　origin 位置

origin	数值	代表的具体位置
SEEK_SET	0	文件开头
SEEK_CUR	1	文件指针当前位置
SEEK_END	2	文件尾

函数设置文件指针 stream 的位置。如果执行成功, stream 将指向以 origin 为基准, 偏移 offset 个字节的位置。如果执行失败 (比如 offset 超过文件自身大小), 则不改变 stream 指向的位置。

返回值: 成功, 返回 0, 否则返回其他值。

下面是 fseek( ) 函数调用的几个例子。

fseek(fp,100L,0); //将位置指针移到离文件头 100 个字节处

fseek(fp,50L,1); //将位置指针移到离当前位置 50 个字节处

fseek(fp,-20L,2); //将位置指针从文件末尾处向后退 20 个字节

12.6.2　ftell( )函数

ftell( )函数的功能是返回当前文件指针, 它的一般格式为

```
long int ftell(FILE *stream);
```

当返回值是-1 时表示出错。

ftell( ) 函数的作用是得到流式文件中的当前位置, 用相对于文件开头的位移量来表示, 即函数给出当前位置指针相对于文件开头的字节数, 其值为长整型。由于文件的位置指针经常移动, 往往不容易知道其当前位置。用 ftell( ) 函数可以得到当前位置。如果 ftell( ) 函数返回值为-1L, 表示出错。

例如: k=ftell(fp);

　　　　if(k==-1L) printf("error\n");

变量 k 存放当前位置, 如调用函数出错 (如不存在此文件), 则输出 error。

12.6.3　rewind( )函数

rewind( )函数的功能是使位置指针重新返回文件的起始部分。一般格式为

```
rewind(FILE *stream);
```

当移动成功时, 返回 0, 否则返回一个非 0 值。

 　　　fseek(stream,0L,SEEK_SET) 与 rewind(stream) 函数类似, 只是 rewind( ) 函数清除文件结束符和错误提示符, 而 fseek( ) 函数仅清除文件结束符。当调用 fseek( ) 函数后, 再更新文件中的下一个操作可以是输出, 也可以是输入。

12.7　出错的检测函数

12.7.1　ferror( )函数

功能: 在调用各种输入/输出函数 (如 putc( )、getc( )、fread( )、fwrite( ) 等) 时, 如果出现错误, 除了函数返回值可以反映外, 还可以用 ferror( ) 函数检查。它的一般调用形式为

```
ferror(fp);
```

如果 ferror 返回值为 0 (假), 表示未出错。如果返回一个非零值, 表示出错。

应该注意: 对同一个文件, 每一次调用输入/输出函数, 均产生一个新的 ferror( )函数值。因此, 应当在调用一个输入/输出函数后立即检查 ferror( ) 函数的值, 否则信息会丢失。在执行

fopen( ) 函数时，ferror( ) 函数的初始值自动置为 0。

用法：int ferror(FILE *stream);

12.7.2 clearerr( )函数

clearerr( )函数是复位错误标志函数，它的功能是将文件错误标志和文件结束标志置为 0。一般格式为

```
clearerr(FILE *stream);
```

假设在调用一个输入/输出函数时出现错误，ferror( ) 函数值为一个非零值。在调用 clearerr(fp) 后，ferror(fp) 的值变成 0。只要出现错误标志，就一直保留，直到对同一文件调用 clearerr( ) 函数或 rewind( ) 函数，或任何其他一个输入/输出函数。

用法：void clearerr(FILE *stream);

补充说明：clearerr( ) 函数重置错误标记和给出流的 EOF 指针，当发生错误时，可以使用 ferror( ) 函数判断发生了何种错误。

12.8 判断文件结束函数

12.8.1 feof( )函数

feof( ) 函数的功能是检测流上的文件结束符。一般格式为

```
feof(FILE *stream);
```

功能：检测流上的文件结束符。

用法：int feof(FILE *stream);

feof(fp)有两个返回值：如果遇到文件结束，函数 feof(fp) 的值为 1，否则为 0。

EOF 是文件结束标志的文件。在文本文件中，数据是以字符的 ASCII 值的形式存放，ASCII 值的范围是 0～255，不可能出现–1，因此可以用 EOF 作为文件结束标志。

当把数据以二进制形式存放到文件中时，就会有–1 值的出现，因此不能采用 EOF 作为二进制文件的结束标志。为解决这个问题，ANSI C 提供一个 feof( )函数，用来判断文件是否结束。feof( ) 函数既可用来判断二进制文件，又可用来判断文本文件。

12.8.2 remove( )函数

remove( ) 函数的功能是删除一个文件。它的一般格式为

```
remove(const char *filename);
```

用法：int remove(char *filename);

本章小结

本章介绍了与文件相关的一些概念、标准文件输入/输出、缓冲型文件的输入/输出、文件类型指针、文件的打开与关闭（fopen( ) 函数与 fclose( ) 函数）、文件的读写（fputc( ) 函数、fgetc( )

函数、fread( ) 函数、fwrite( ) 函数、fprintf( ) 函数、fscanf( ) 函数等）方法；文件的定位（rewind( ) 函数、fseek( ) 函数、ftell( ) 函数）方法、文件读写出错的检测（feeror( ) 函数、clearerr( ) 函数）等其他缓冲型文件函数等内容。其中，重点介绍了缓冲型文件系统。本章内容不是很难，希望读者能掌握文件及缓冲文件系统、文件指针的概念，学会使用文件打开与关闭，文件的读写等文件操作函数。

以下是有关文件操作需要重点理解的知识点。

（1）C 语言系统把文件当作一个"流"，按字节进行处理。

（2）C 语言文件按编码方式分为二进制文件和 ASCII 文件。

（3）在 C 语言中，用文件指针标识文件，当一个文件被打开时，可取得该文件指针。

（4）文件在读写之前必须打开，读写结束必须关闭。

（5）文件可按只读、只写、读写和追加 4 种操作方式打开，同时还必须指定文件的类型是二进制文件还是文本文件。

（6）文件可按字节、字符串、数据块为单位读写，文件也可按指定的格式进行读写。

（7）文件内部的位置指针可指示当前的读写位置，移动该指针可以对文件实现随机读写。

习　题

一、填空题

1. 在 C 语言中，根据数据的组织形式，把文件分为_____和_____两种。

2. 使用 fopen("abc", "w+") 打开文件后，写入新数据保留原数据的操作均在文件末尾进行，这句话是_____。

3. C 语言中的文件位置指针设置函数是_____；文件指针位置检测函数是_____。

4. 设 a 数组定义为：int a[10];，则 fwrite(a,2,10,fp) 的功能是_____。

二、选择题

1. 若存在一个"file.txt"文件，执行函数 fopen("file.txt", "r+") 调用的功能是（　　）。

   A. 打开 file.txt 文件，清除原有内容

   B. 打开 file.txt 文件，只能写入新的内容

   C. 打开 file.txt 文件，只能读取原有内容

   D. 打开 file.txt 文件，可以读取和写入新的内容

2. fopen( ) 函数的 mode 取值"w+"和"a+"时都可以写入数据，它们之间的差别是（　　）。

   A. "w+"是可在中间插入数据，而"a+"只能在末尾追加数据

   B. 文件存在时，"w+"清除原文件数据，"a+"保留原文件数据

   C. "w+"和"a+"都是只能在末尾追加数据

   D. "w+"不能在中间插入数据，"a+"只能在末尾追加数据

3. 在 C 语言中，文件由（　　）组成。

   A. 记录　　　　　　B. 数据块　　　　　　C. 数据行　　　　　　D. 字符或字节序列

4. 若用 fopen( ) 函数打开一个新的二进制文件，该文件可读、可写，则文件打开模式字符串是（　　）。

   A. "ab+"　　　　　　B. "wb+"　　　　　　C. "rb+"　　　　　　D. "ab"

5. 使用 fseek( ) 函数可以实现（　　　）操作。

    A. 文件的随机读写　　　　　　　　　　B. 文件的顺序读写

    C. 改变文件指针的当前位置　　　　　　D. 以上都不对

6. rewind( ) 函数的作用是（　　　）。

    A. 使文件指针重新指向文件开头

    B. 使文件指针重新指向文件末尾

    C. 将文件指针指向文件中要求的特定位置

    D. 使文件指针自动指向下一个字符

7. fread(buf,64,3,fp) 的功能是（　　　）。

    A. 从 fp 文件流中读出整数 64，并存放在 buf 中

    B. 从 fp 文件流中读出整数 64 和 3，并存放在 buf 中

    C. 从 fp 文件流中读出 64 个字节的字符，并存放在 buf 中

    D. 从 fp 文件流中读出 3 个 64 个字节的字符，并存放在 buf 中

8. 检测 fp 文件流的文件指针在文件头的条件是（　　　）。

    A. fp==0　　　　　　　　　　　　　　B. ftell(fp)==0

    C. fseek(fp,0,SEEL_SET)　　　　　　　D. feof(fp)

三、编程题

1. 编写程序，完成由键盘输入一个文件名，然后把从键盘输入的字符依次存放到该文件中，用 "#" 作为结束输入的标志。

2. 编写程序，实现指定文本文件中某单词的替换。

3. 编程实现将文件 abc.txt 从第 10 行开始，复制到文件 abc1.txt 中。

4. 编写一个文本文件加密程序，把文件内容加密后生成密文文件，加密与解密算法如下：

    Ck= Key XOR Ct

    Ct= Key XOR Ck

其中，Key 是加密字，取任意一个 ASCII 字符。Ck 是加密后字符，Ct 是加密前字符；XOR 为异或运算符。

第13章
程序的综合设计

学习目标

本章通过具体实例，介绍 C 语言主要相关的技术在程序设计中的应用。对本书的知识点进行综合复习和应用，同时通过在解决特定问题方面的应用，让读者认识到借助于 C 语言解决实际问题一般处理流程。

学习要求

- 掌握 C 语言数组方面的应用。
- 掌握 C 语言指针方面的应用。
- 掌握 C 语言结构体方面的应用。
- 掌握 C 语言共用体方面的应用。
- 掌握 C 语言位运算方面的应用。
- 掌握 C 语言程序设计的模块化设计思想及应用。

13.1 程序举例

13.1.1 数组应用举例

【**例 13-1**】用冒泡法对 10 个数从小到大排序。

分析：其程序流程如图 13-1 所示。

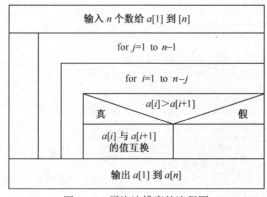

图 13-1 冒泡法排序的流程图

源程序如下：

```c
#include <stdio.h>
main()
{   int a[11],i,j,t;
    printf("Input 10 numbers:\n");
    for(i=1;i<11;i++)
    scanf("%d",&a[i]);
    printf("\n");
    for(j=1;j<=9;j++)
        for(i=1;i<=10-j;i++)
            if(a[i]>a[i+1])
            {t=a[i];  a[i]=a[i+1];  a[i+1]=t;}
    printf("The sorted numbers:\n");
    for(i=1;i<11;i++)
        printf("%d ",a[i]);
}
```

运行结果：

```
Input 10 numbers:
4 2 5 7 1 6 9 0 8 3
The sorted numbers:
0 1 2 3 4 5 6 7 8 9
```

13.1.2　指针应用举例

函数的参数不仅可以是整型量、字符型量，同样指向函数的指针也可以作为函数的参数。

【例 13-2】函数 sin、cos、tan 分别用于计算浮点数的正弦、余弦、正切值，函数 execute( ) 则是完成这些计算的通用函数。

源程序如下：

```c
#include "stdio.h"
#include <math.h>
main()
{
    double execute ();
    double (*function[3])();
    double x,y;
    int i,n;
    function[0]=sin;
    function[1]=cos;
    function[2]=tan;
     printf("输入x:");
    scanf("%lf", &x);
    printf("0-计算x的正弦，1-计算x的余弦、2-计算x的正切值:请选择输入（0-2）: ");
    scanf("%d",&n);
    if (n>=0 && n<3)
     {
         y= execute(x, function[n]);
         printf("计算结果为: %.5lf\n",y);
     }
     else printf("输入错!");
}
 double execute(double x, double  (*func)())
 {
```

```
        double y;
        y=(*func)(x);
        return y;
    }
```

运行结果：

输入 x: 0.5

0−计算 x 的正弦，1−计算 x 的余弦、2−计算 x 的正切值：请选择输入（0−2）：2

计算结果为：0.546 30

【例 13-3】有 *n* 个人围成一圈，顺序排号。从第一个人开始报数（从 1 到 3 报数），凡报到 3 的人退出圈子，问最后留下的是原来第几号的那位。

源程序如下：

```c
#include "stdio.h"
#define nmax 50
main()
{
int i,k,m,n,num[nmax],*p;
printf("please input the total of numbers:");
scanf("%d",&n);
p=num;
for(i=0;i<n;i++)
  *(p+i)=i+1;
i=0;
k=0;
m=0;
while(m<n-1)
  {
    if(*(p+i)!=0) k++;
    if(k==3)
    {   *(p+i)=0;
        k=0;
        m++;
    }
    i++;
    if(i==n) i=0;
    }
while(*p==0) p++;
printf("%d is left\n",*p);
}
```

13.1.3 结构体应用举例

【例 13-4】建立有 *n* 个 student 类型节点的链表，*n* 的值从键盘输入，再输出链表。

程序如下：

```c
#define NULL 0
#define LEN sizeof(struct student)
#include <stdlib.h>
#include "stdio.h"
struct student          /*定义节点*/
  {
      int num;
      float score;
```

```
            struct student *next;
        };
void main()
{
int n;
struct student *head;
struct student create(int n);
void print(struct student *head);
 printf("please input n\n");  scanf("%d",&n);
 head=create(n);
 print(head);
}
```

/*create(int n)函数：创建一个具有头节点的单链表*/
/*形参 n 值：创建链表的节点数*/
/*返回值：返回单链表的头指针*/

```
struct student *create(int n){
     int i;
     struct student *head=NULL, *p1, *p2;
     head=p2=(struct student * ) malloc(LEN);     /*申请新节点的空间*/
     scanf("%d%f",&p2->num,&p2->score);            /*读入数据*/
     for(i=2;i<=n;i++)
        { p1= ( struct student * )malloc(LEN);
          scanf("%d%f",&p1->num,&p1->score);
          p2->next=p1;                            /*与上一节点相连*/
          p2=p1;                                  /*使 p2 指向新联节点*/
        }
     p2->next=NULL;
     return (head);
}
```

/* void print(struct student *head)为链表输出函数*/
/*形参 head 为要输出链表的头指针*/

```
void print(struct student *head){
     struct student *p;
     p=head;
     while(p!=NULL)
        { printf("%d,%6.1f\n",p->num,p->score);
          p=p->next;   /*移动指针*/
        }
}
```

【例 13-5】已知在文件 IN.DAT 中存有 100 个产品销售记录，每个产品销售记录由产品代码 dm（字符型 4 位）、产品名称 mc（字符型 10 位）、单价 dj（整型）、数量 sl（整型）和金额 je（长整型）5 部分组成。其中：金额=单价×数量计算得出。函数 ReadDat()读取这 100 个销售记录并存入结构数组 sell 中。函数 SortDat()，其功能要求：按产品代码从大到小进行排列，若产品代码相同，则按金额从大到小进行排列，最终排列结果仍存入结构数组 sell 中，最后调用函数 WriteDat()把结果输出到文件 OUT6.DAT 中。

程序如下：

```
#include <stdio.h>
#include <mem.h>
#include <string.h>
```

```
        #include <conio.h>
        #include <stdlib.h>

        #define MAX 100
        typedef struct{
          char dm[5];   /*产品代码*/
          char mc[11];  /*产品名称*/
          int dj;       /*单价*/
          int sl;       /*数量*/
          long je;      /*金额*/
        }PRO;
        PRO sell[MAX];
        void ReadDat();
        void WriteDat();

        void SortDat()
        {int i,j;
         PRO xy;
         for(i=0;i<99;i++)
          for(j=i+1;j<100;j++)

if(strcmp(sell[i].dm,sell[j].dm)<0||strcmp(sell[i].dm,sell[j].dm)==0&&sell[i].je<
sell[j].je)
             {xy=sell[i]; sell [i]=sell[j]; sell[j]=xy;}
        }

        void main()
         {
         memset(sell,0,sizeof(sell));
         ReadDat();
         SortDat();
         WriteDat();
         }

        void ReadDat()
         {
         FILE *fp;
         char str[80],ch[11];
         int i;

         fp=fopen("IN.DAT","r");
         for(i=0;i<100;i++){
           fgets(str,80,fp);
           memcpy(sell[i].dm,str,4);
           memcpy(sell[i].mc,str+4,10);
           memcpy(ch,str+14,4);ch[4]=0;
           sell[i].dj=atoi(ch);
           memcpy(ch,str+18,5);ch[5]=0;
           sell[i].sl=atoi(ch);
           sell[i].je=(long)sell[i].dj*sell[i].sl;
           }
         fclose(fp);
         }

        void WriteDat(void)
```

```
{
  FILE *fp;
  int i;
  fp=fopen("OUT6.DAT","w");
  for(i=0;i<100;i++){
    printf("%s %s %4d %5d %5d\n", sell[i].dm,sell[i].mc,sell[i].dj,sell[i].sl,
sell[i].je);
    fprintf(fp,"%s %s %4d %5d %5d\n", sell[i].dm,sell[i].mc,sell[i].dj,sell[i].sl,
sell[i].je);
  }
  fclose(fp);
}
```

13.1.4　共用体应用举例

【例 13-6】将一个整数按字节输出。

程序如下：

```
#include "stdio.h"
main()
{ union
  {
    int i;
    char ch[2];
  }x;
  x.i=24 897;
  printf("i=%o\n",x.i);
  printf("ch0=%o,ch1=%o\n
          ch0=%c,ch1=%c\n",
  x.ch[0],x.ch[1],x.ch[0],x.ch[1]);
}
```

运行结果：

```
i=60 501
ch0=101,ch1=141
ch0=A,ch1=a
```

13.2　综合设计

【例 13-7】项目：通信录管理系统

问题提出：编写一个通信录管理程序，要求在通信录中包括姓名、住址、邮箱和联系电话，可以对通信录进行插入、删除、显示、查找和修改等操作，并可将结构保存到文件中。

功能要求如下。

（1）数据包括姓名、住址、电话号码和 E-mail 地址。

（2）可对记录中的姓名和电话号码进行修改。

（3）可增加或删除记录。

（4）可显示所有保存的记录。

（5）可按姓名或电话号码进行查询。

设计思路：主函数运行后，首先从键盘输入通信录文件名，然后调用自定义的 load( )函数从该文件中读出数据生成通信录单链表，由于生成队列式单链表，为了连入新节点方便定义全局指针变量 tail, 该变量指向通信录链表的尾节点。如果文件不存在，则生成一个空的通信录链表, load( ) 函数返回值为通信录链表的头指针值。然后显示菜单并提示用户选择相应的菜单项。菜单中有 7 个菜单项，分别为插入通信成员、删除通信成员、查询通信成员、保存通信文件、显示通信成员、修改成员资料、退出本次操作。最后由一个 case 语句完成选择后跳入各个子函数。插入通信成员、删除通信成员、查询通信成员、保存通信文件、显示通信成员、修改成员资料 6 项分别定义相关函数，其中几个函数简单说明如下。

```
void insert(add_list **head);
```

执行 insert( ) 函数将会在通信录链表的尾部加入一条新的通信记录。由于用户在使用此程序时，可能输入一个并不存在的通信录文件，如果发生此种情况，程序一开始生成的通信录链表就会是个空链表；如果往一个空链表中插入一条新的记录将会使链表头指针值发生改变，那么 insert( ) 函数就必须返回变动后的链表头指针值。所以，将 insert( )函数的参数定义成 add_list **类型，调用时实参应该写成&head。在 insert( )函数中，*head 表示链表的头指针，而 head 是指向链表头指针的指针变量。

```
int Delete(add_list **head);
```

Delete( ) 函数执行的功能是：按照姓名删除通信记录，并考虑到可能存在同名同姓的情况。Delete( ) 函数中也可能存在删除链表第 1 个指针的情况，所以和 insert( ) 函数类似的是，它的形参同样定义成 add_list **类型。Delete( ) 函数返回值为 int 类型，返回 0 表示删除操作失败。返回 1 表示成功完成删除操作。

```
int search(add_list *head)
```

search( ) 函数的功能是完成按照姓名查询通信记录的操作，可查询所有同名同姓的记录。

```
void rework(char *filename)
```

rework( ) 函数的功能是完成按照姓名搜索后进行通信记录各部分内容的修改，其中还调用两个子函数 int compare(char *s1,char *s2)、void sub(char *s1,char *s2,int pos,int len) 对字符串进行比较，以及包含关系的判断，最后将修改的内容保存到文件中。

有关程序实现和解释，请仔细阅读程序和注释。

程序源代码：

```
#include <stdio.h>
#include <stdlib.h>
#include <string.h>
typedef  struct Node
{  char name[20];            /*姓名*/
   char address[50];         /*住址*/
   char phone[20];           /*电话*/
   char email[25];           /*邮箱*/
   struct Node *next;
}add_list;
struct person
{  char name[20];
   char address[50];
   char phone[20];
   char email[25];
};
FILE *fp;
add_list *tail,*head;                              /*定义链表尾节点指针和头指针*/
```

```
/*从文件中读出数据生成通信录链表，如果文件不存在，生成空链表*/
add_list *load(char filename[])
{
    add_list *NEW,*head;
    struct person t;
    head=(add_list *)malloc(sizeof(add_list));
    tail=head=NULL;
    if((fp=fopen(filename,"rb"))==NULL)
      return head;
    else
      if(!feof(fp))
        if(fread(&t,sizeof(struct person),1,fp)==1)
        {
            NEW=(add_list *)malloc(sizeof(add_list));      /*加入链表第一个节点*/
            strcpy(NEW->name,t.name);
            strcpy(NEW->address,t.address);
            strcpy(NEW->phone,t.phone);
            strcpy(NEW->email,t.email);
            head=tail=NEW;
            NEW->next=NULL;                                /*加入链表其余节点*/
            while(!feof(fp))
            {
                if(fread(&t,sizeof(struct person),1,fp)==1)
                {
                    NEW=(add_list *)malloc(sizeof(add_list));
                    strcpy(NEW->name,t.name);
                    strcpy(NEW->address,t.address);
                    strcpy(NEW->phone,t.phone);
                    strcpy(NEW->email,t.email);
                    tail->next=NEW;
                    NEW->next=NULL;
                    tail=NEW;
                }
            }
        }
fclose(fp);
return head;
}
/****************************************************************************
****************************************************************************/
/*增加一条通信录记录*/
void insert(add_list **head)
{   add_list *NEW;
    NEW=(add_list *)malloc(sizeof(add_list));
    printf("\n 请输入姓名:"); getchar();gets(NEW->name);
    printf("\n 请输入住址:"); gets(NEW->address);
    printf("\n 请输入电话:"); scanf("%s",NEW->phone);
    printf("\n 请输入邮箱:"); scanf("%s",NEW->email);
    if(*head==NULL)
    {   *head=NEW;
```

```
                    NEW->next=NULL;
                    tail=NEW;
            }
        else
        {       tail->next=NEW;
                NEW->next=NULL;
                tail=NEW;
        }
        getchar();
}
```

/***/
/*将通信录链表中的内容保存到指定文件中*/
```c
void save(add_list *head,char filename[])
{       add_list *p;
        struct person t;
        if((fp=fopen(filename,"wb"))==NULL)
        {
            printf("error:cannot open file %s\n",filename);
            exit(1);
        }
        else
        {
            p=head;
            while(p!=NULL)
            {
                strcpy(t.name,p->name);
                strcpy(t.address,p->address);
                strcpy(t.phone,p->phone);
                strcpy(t.email,p->email);
                fwrite(&t,sizeof(struct person),1,fp);

                p=p->next;
            }
        }
fclose(fp);
}
```
/***
**/
/*显示通信录内容*/
```c
void display(add_list *head)
{       add_list *p;
        p=head;
        while(p!=NULL)
        {
            printf("**********************通信成员***************************** \n");
            printf("姓名: %-20s\t 住址: %-40s\n",p->name,p->address);
            printf("邮箱: %-25s\t 电话: %-15s\n",p->email,p->phone);
            printf("*********************************************************\n");
            p=p->next;
        }
}
```

```
/*************************************************************************
*************************************************************************/
/*按姓名查询通信录记录*/
int search(add_list *head)
{

    add_list *p;
        char name[20];
        int flag=0;
        printf("输入要查找人的姓名:\n ");
        getchar();
        gets(name);
        p=head;

        while(p!=NULL)
        {
            if(strcmp(name,p->name)==0)
            {
                    printf("姓名：%s\t 住址：%s\n",p->name,p->address);
                    printf("邮箱：%s\t 电话：%s\n",p->email,p->phone);
                    flag=1;
            }
            p=p->next;
        }
        return flag;
}
/*************************************************************************
*************************************************************************/
/*按姓名删除一条通信录记录*/
int Delete(add_list **head)
{
    add_list *p,*q,*t;
    char name[20],c;
    int flag=0;
    printf("请输入要删除人的姓名:\n");
    getchar();
    gets(name);
    q=p=*head;
    while(p!=NULL)
    {
        if(strcmp(name,p->name)==0)
        {
            printf("姓名：%s\t 住址：%s\n",p->name,p->address);
            printf("邮箱：%s\t 电话：%s\n",p->email,p->phone);
            printf("真的要删除吗？（Y：是 N：否）\n");
            c=getchar();getchar();
            if(c=='y'||c=='Y')
            {
                if(p==*head)
                   *head=p->next;
                else
```

```
                    q->next=p->next;
                    t=p;
                    p=p->next;
                    free(t);
                    flag=1;
                    printf("已删除确认项! \n");
                }
                else
                {
                    q=p;
                    p=p->next;
                }
            }
            else
            {
                q=p;
                p=p->next;
            }
        }
        return flag;

}
/*****************************************************************************
******************************************************************************/
/*判断 S1、S2 关系是否包含*/
void sub(char *s1,char *s2,int pos,int len)
{
int i,l2;
l2=strlen(s2);
if (pos<0||pos>l2||len<1||len>l2-pos)
{
    s1[0]='\0';
}
else
{
    for (i=0; i<len; i++)
    s1[i]=s2[i+pos];
    s1[len]='\0';
}
}
/*****************************************************************************
******************************************************************************/
/*比较两字符串是否相等*/
int compare(char *s1,char *s2)  //返回值为1是子串, 返回值为0不是
{
char cs[40];
int i,len1,len2,fan;
fan=0;
len1=strlen(s1);
len2=strlen(s2);
if(len1>len2)return(0);
if(len1==len2)
{
```

```
        if(strcmp(s1,s2)==0)
           return(1);
        else
           return(0);
}
    if(len1<len2)
    {
       for(i=0;i<=len2-len1;i++)
       {
        sub(cs,s2,i,len1);
        if(strcmp(s1,cs)==0){fan=1; goto end;}
       }
    }
    end: return fan;
}
/***************************************************************************
***************************************************************************/
/*修改通信成员资料函数*/
void rework(char *filename)
{
add_list *p;
int num;
long position;
char del[20],g,que;
p=head;
if((fp=fopen(filename,"rb"))==NULL)
{
   printf("不能打开文件!");
}
else
{
   printf("输入要修改旧记录的姓名:");
   scanf("%s",&del);
   num=0;
     while(!feof(fp))
     {
loop: position=ftell(fp);//返回当前指针的位置,用于设置修改位置
       fscanf(fp,"%s%s%s%s\n",p->name,p->address,p->phone,p->email);
       printf("%-20s%-10s%-25s%-40s\n",p->name,p->address,p->phone,p->email);
       if(compare(del,p->name)==1)
       {
fprintf(fp,"%-12s%-15s%-20s%-40s\n",p->name,p->address,p->phone,p->email);
         printf("是这条记录吗?(是按 y 键,不是按任意键!)\n");
         g=getchar();
         if(g=='y'||g=='Y')
         {
             printf("姓名:");scanf("%s",&p->name);
             printf("住址:");scanf("%s",&p->address);
             printf("电话:");scanf("%s",&p->phone);
             printf("邮箱:");scanf("%s",&p->email);
             printf("确实要修改为:");
```

```
printf("%-20s%-10s%-25s%-40s\n",p->name,p->address,p->phone,p->email);
            getchar();
            printf("确定按 Y 键,不是按任意键:");
            que=getchar();
            if(que=='y'||que=='Y')
            {
                fseek(fp, position,SEEK_SET);
fprintf(fp,"%s--%s--%s--%\n",p->name,p->address,p->phone,p->email);
                printf("修改成功!");
            }
             goto over;
        }
        else
goto loop;
        num++;
     }
     }
    if(num==0)printf("查找完毕,没有您想修改的记录!");
}
over:fclose(fp);
getchar();getchar();
}
/*****************************************************************************
****************************************************************************/
/*主函数*/
void main(void)
{     char filename[20];
      char c;
      int t;
      printf("请输入通信录文件名称(有效路径)\n");
      scanf("%s",filename);
      getchar();
      head=load(filename);
      if((fp=fopen("filename","ab+"))==NULL)
      printf("不能打开文件!\n");
      else
      {
        printf("===========================================\n");
        printf("===          欢迎使用通信录           ===\n");
        printf("===========================================\n");
        printf("===          1 插入通信成员           ===\n");
        printf("===          2 删除通信成员           ===\n");
        printf("===          3 查询通信成员           ===\n");
        printf("===          4 保存通信文件           ===\n");
        printf("===          5 显示通信成员           ===\n");
        printf("===          6 修改成员资料           ===\n");
        printf("===          0 退出本次操作           ===\n");
        printf("===========================================\n");
node:
        printf("请输入您选择的操作:\n");
```

```
            c=getchar();
            switch(c)
             {
               case '1':   insert(&head);
                           printf("请尽快保存!\n");
                           getchar();
                           goto node;
                           break;
               case '2':   t=Delete(&head);
                           if(!t)
                               printf("查无此人\n");
                           goto node;
                           break;
               case '3':   t=search(head);
                           if(!t)
                               printf("查无此人\n");
                           getchar();
                           goto node;
                           break;
               case '4':   save(head,filename);
                           printf("保存成功!\n");
                           getchar();
                           goto node;
                           break;
               case '5':   display(head);
                           getchar();goto node;
                           break;
               case '6':   rework(filename);
                           goto node;
                           break;
               case '0':   exit(0);
               default:  printf("输入指令无效!按任意键继续!");getchar();goto node;
             }
        }
    }
```

【例 13-8】编写将文本文件（.txt）内容转换成 html 格式的文件的转换程序 txt2html。程序命令行格式为

txt2html 文本文件名称（.txt）html 文件名称（.htm）

分析：html 文件内容由一系列标记控制内容在 Web 浏览器显示。在一个 html 文件中，内容包含在<body>…</body>中间。将文本文件内容转换成 html 格式，就是把文本文件内容嵌入到上述标记中间，如下。

```
<html>
<header>
    <title>
        标题
    </title>
</header>
<body>
        文本文件内容
</body>
```

```
</html>
```

在这里文件转换通过 3 步实现，关于转换流程的描述如下。

（1）打开 text 文件。

（2）创建 html 文件。

（3）将\<html\>、\<header\>等标记写入 html 文件。

（4）读入 text 文件内容。

（5）写入 html 文件。

（6）\</html\>等标记写入 html 文件。

（7）关闭所有文件。

程序如下：

```c
#include<stdio.h>
#include<string.h>
#include<ctype.h>

#define MAX_CHARNUM 128
int Convert(char *szTitle,FILE *fpText,FILE *fpHtml);
void Help();

int main(int agrc,char *agrv[])
{
    FILE *fpText,*fpHtml;
    char szTitle[MAX_CHARNUM];
    /* 检查命令行参数 */
    if(agrc!=3)
    {
        /* 提示使用方法*/
        Help();
        return 0;
    }
    /*打开 text 文件*/
    fpText=fopen(agrv[1], "rt");
    if(fpText==NULL)
    {
        printf("\n 不能打开文件%s",agrv[1]);
        return -1;
    }
    /*创建 html 文件*/
    fpHtml=fopen(agrv[2], "wt");
    if(fpText==NULL)
    {
        printf("\n 不能创建文件%s",agrv[2]);
        fclose(fpText);
        return -1;
    }
    /*输入 html 标题*/
    memset(szTitle,0,MAX_CHARNUM);
    printf("请输入标题: ");
    fgets(szTitle,MAX_CHARNUM-1,stdin);
```

```
    /*请读入 Text 文件内容写入 Html 文件*/
    Convert(szTitle,fpText,fpHtml);
    /*关闭*/
    fclose(fpHtml);
    fclose(fpText);
    return 1;
}

/* 函数: Convert()*/
/* 参数: */
/* char * szTitle -html 标题*/
/* FILE *fpText -Text 文件*/
/* FILE *fpHtml-HTML 文件*/
/* 说明: */
/* Convert 函数生成 html 格式文件内容 */
int Convert(char *szTitle,FILE *fpText,FILE *fpHtml)
{
    char szLine[MAX_CHARNUM];
    fputs("<html>\n",fpHtml);
    fputs("<header>\n",fpHtml);
    fputs("<title>",fpHtml);
    fputs(szTitle,fpHtml);
    fputs("</title>",fpHtml);
    fputs("</header>\n",fpHtml);
    fputs("<body>\n",fpHtml);
    while(fgets(szLine,MAX_CHARNUM-1,fpText)!=NULL)
    {
        fputs(szLine,fpHtml);
    }
    fputs("</pre>\n",fpHtml);
    fputs("</body>\n",fpHtml);
    fputs("</html>\n",fpHtml);
    return 1;

}

void Help()
{
    printf("\nTypeFile 转换文本文件为。使用方法：从命令行启动，格式\n");
    printf("\nTypeFile 文本文件名 html 文件\n");
    printf("\n 例如 TypeFile text.txt text.htm");
    printf("\n     TypeFile report.txt report.htm\n");
}
```

本章小结

　　本章通过具体的实例，介绍了 C 语言主要相关的技术在程序设计中的应用。对本书的知识点进行了综合复习和应用，同时通过在解决特定问题方面的应用，让读者掌握借助于 C 语言解决实际问题一般处理流程。

习　题

编程题

1. 设计程序，输入一个字符串，通过调用一个返回值为指针的函数 char *strupr(char*s)，将字符串 s 中所有小写字母全部变成大写字母，其余字符不变。函数返回值是处理后的字符串的起始地址。

2. 设计程序，输入两个字符串，通过调用自编函数 char *copy(char *s1, char *s2)，实现将串 s2 中的所有非空白字符复制到串 s1 中。函数返回值是串 s1 的起始地址。例如，若 s2 指向串 "a b c abc"，复制后，则 s1 指向串 "abcabc"。

3. 给一个整型数组输入 10 个整数，将其中最小的数与最前面数对换，将最大的数与最后面数对换，除主函数外，另设计 3 个函数，分别实现 3 个功能：（1）输入 10 个整数；（2）输出 10 个整数；（3）找出位置并交换。（可以使用指针法，也可以使用下标法）

4. 编写程序实现对由键盘输入的任意 10 个整数用"选择法"由大到小排序，并按排序后的顺序输出。

附录 A
常用字符与 ASCII 对照表

ASCII 全称是美国信息交换标准代码（American Standard Code for Information Interchange, ASCII）。下表是常用字符与 ASCII 的对照表。

Dec	Hex	Char	Dec	Hex	Char	Dec	Hex	Char	Dec	Hex	Char
32	20	(空格)	56	38	8	80	50	P	104	68	h
33	21	!	57	39	9	81	51	Q	105	69	i
34	22	"	58	3A	:	82	52	R	106	6A	j
35	23	#	59	3B	;	83	53	S	107	6B	k
36	24	$	60	3C	<	84	54	T	108	6C	l
37	25	%	61	3D	=	85	55	U	109	6D	m
38	26	&	62	3E	>	86	56	V	110	6E	n
39	27	'	63	3F	?	87	57	W	111	6F	o
40	28	(	64	40	@	88	58	X	112	70	p
41	29	)	65	41	A	89	59	Y	113	71	q
42	2A	*	66	42	B	90	5A	Z	114	72	r
43	2B	+	67	43	C	91	5B	[	115	73	s
44	2C	,	68	44	D	92	5C	\	116	74	t
45	2D	-	69	45	E	93	5D	]	117	75	u
46	2E	.	70	46	F	94	5E	^	118	76	v
47	2F	/	71	47	G	95	5F	_	119	77	w
48	30	0	72	48	H	96	60	`	120	78	x
49	31	1	73	49	I	97	61	a	121	79	y
50	32	2	74	4A	J	98	62	b	122	7A	z
51	33	3	75	4B	K	99	63	c	123	7B	{
52	34	4	76	4C	L	100	64	d	124	7C	|
53	35	5	77	4D	M	101	65	e	125	7D	}
54	36	6	78	4E	N	102	66	f	126	7E	~
55	37	7	79	4F	O	103	67	g	127	7F	

注：Dec 表示十进制，Hex 表示十六进制，Char 表示字符。

附录 B
常用头文件和函数分类详解

1. 头文件 ctype.h

字符处理函数：本类别函数用于对单个字符进行处理，包括字符的类别测试和字符的大小写转换。

（1）字符测试是否字母和数字 isalnum

（2）是否字母 isalpha

（3）是否控制字符 iscntrl

（4）是否数字 isdigit

（5）是否可显示字符（除空格外）isgraph

（6）是否可显示字符（包括空格）isprint

（7）是否既不是空格，又不是字母和数字的可显示字符 ispunct

（8）是否空格 isspace

（9）是否大写字母 isupper

（10）是否 16 进制数字（0～9，A～F）字符 isxdigit

（11）字符大小写转换函数转换为大写字母 toupper

（12）转换为小写字母 tolower

2. 头文件 local.h

地区化：本类别的函数用于处理不同国家的语言差异。

（1）地区控制、地区设置 setlocale

（2）数字格式约定查询，国家的货币、日期、时间等的格式转换 localeconv

3. 头文件 math.h

数学函数：本分类给出了各种数学计算函数，必须提醒的是，ANSI C 标准中的数据格式并不符合 IEEE754 标准，一些 C 语言编译器却遵循 IEEE754（如 frinklin C51）。

（1）反余弦 acos

（2）反正弦 asin

（3）反正切 atan

（4）反正切 2 atan2

（5）余弦 cos

（6）正弦 sin

（7）正切 tan

（8）双曲余弦 cosh

（9）双曲正弦 sinh

（10）双曲正切 tanh

（11）指数函数 exp

（12）指数分解函数 frexp

（13）乘积指数函数 fdexp

（14）自然对数 log

（15）以 10 为底的对数 log10

（16）浮点数分解函数 modf

（17）幂函数 pow

（18）平方根函数 sqrt

（19）求下限接近整数 ceil

（20）绝对值 fabs

（21）求上限接近整数 floor

（22）求余数 fmod

4．头文件 setjmp.h io.h

本分类函数用于实现在不同底函数之间直接跳转代码。

（1）保存调用环境 setjmp

（2）恢复调用环境 longjmp

5．头文件 signal.h

信号处理：该分类函数用于处理那些在程序执行过程中发生例外的情况。

（1）指定信号处理函数 signal

（2）发送信号 raise

6．头文件 stdarg.h

可变参数处理：本类函数用于实现诸如 printf( )，scanf( )等参数数量可变的函数。

可变参数访问宏：

（1）可变参数开始宏 va_start

（2）可变参数结束宏 va_end

（3）可变参数访问宏：访问下一个可变参数宏 va_arg

7．头文件 stdio.h

输入/输出函数：该分类用于处理包括文件、控制台等各种输入输出设备，各种函数以"流"的方式实现。

（1）删除文件 remove

（2）修改文件名称 rename

（3）生成临时文件名称 tmpfile

（4）得到临时文件路径 tmpnam

（5）关闭文件 fclose

（6）刷新缓冲区 fflush

（7）打开文件 fopen

（8）将已存在的流指针和新文件连接 freopen

（9）设置磁盘缓冲区 setbuf

（10）设置磁盘缓冲区 setvbuf

格式化输入与输出函数：

（11）格式输出 fprintf

（12）格式输入 fscanf

（13）格式输出（控制台）printf

（14）格式输入（控制台）scanf

（15）格式输出到缓冲区 sprintf

（16）从缓冲区中按格式输入 sscanf

（17）格式化输出 vfprintf

（18）格式化输出 vprintf

（19）格式化输出 vsprintf

（20）输入一个字符 fgetc

（21）字符串输入 fgets

（22）字符输出 fputc

（23）字符串输出 fputs

（24）字符输入（控制台）getc

（25）字符输入（控制台）getchar

（26）字符串输入（控制台）gets

（27）字符输出（控制台）putc

（28）字符输出（控制台）putchar

（29）字符串输出（控制台）puts

（30）字符输出到流的头部 ungetc

直接输入/输出：

（31）直接流读操作 fread

（32）直接流写操作 fwrite

文件定位函数：

（33）得到文件位置 fgetpos

（34）文件位置移动 fseek

（35）文件位置设置 fsetpos

（36）得到文件位置 ftell

（37）文件位置复零位 remind

错误处理函数：

（38）错误清除 clearerr

（39）文件结尾判断 feof

（40）文件错误检测 ferror

（41）得到错误提示字符串 perror

8. 头文件 stdlib.h

实用工具函数：本分类给出了一些函数无法按以上类别分类，但又是编程所必须的函数。

字符串转换函数：

（1）字符串转换为整数 atoi

（2）字符串转换为长整数 atol

（3）字符串转换为浮点数 strtod

（4）字符串转换为长整数 strtol

（5）字符串转换为无符号长整型 strtoul

伪随机序列产生函数：

（6）产生随机数 rand

（7）设置随机函数的起动数值 srand

存储管理函数：

（8）分配存储器 calloc

（9）释放存储器 free

（10）存储器分配 malloc

（11）重新分配存储器 realloc

环境通信：

（12）中止程序 abort

（13）退出程序执行，并清除环境变量 atexit

（14）退出程序执行 exit

（15）读取环境参数 getenv

（16）程序挂起，临时执行一个其他程序 system

（17）搜索和排序工具二分查找（数据必须已排序）bsearch

（18）快速排序 qsort

（19）整数运算函数，求绝对值 abs

（20）得到除法运算底商和余数 div

（21）求长整型底绝对值 labs

（22）求长整型除法的商和余数 ldiv

（23）多字节字符函数，得到多字节字符的字节数 mblen

（24）得到多字节字符的字节数 mbtowc

（25）多字节字符转换 wctomb

（26）多字节字符的字符串操作，将多字节串转换为整数数组 mbstowcs

（27）将多字节串转换为字符数组 mcstowbs

9. 头文件 string.h

字符串处理：本分类的函数用于对字符串进行合并、比较等操作。

（1）字符串复制、块复制（目的和源存储区不可重叠）memcpy

（2）块复制（目的和源存储区可重叠）memmove

（3）串复制 strcpy

（4）按长度的串复制 strncpy

（5）字符串连接函数 strcat

（6）按长度连接字符串 strncat

（7）串比较函数 memcmp

（8）字符串比较 strcmp

（9）字符串比较（用于非英文字符）strcoll

（10）按长度对字符串比较 strncmp

（11）字符串转换 strxfrm

（12）字符与字符串查找 memchr

（13）字符查找 strchr

（14）字符串查找 strcspn

（15）字符串查找 strpbrk

（16）字符串查找 strspn

（17）字符串查找 strstr

（18）字符串分解 strtok

杂类函数：

（19）字符串设置 memset

函数原型：void *memset（void *s,int c,size_t n）

作用：将已开辟内存空间 s 的前 n 个字节的值设为值 c

（20）错误字符串映射 strerror

（21）求字符串长度 strlen

10. 头文件 time.h

日期和时间函数：本分类给出时间和日期处理函数。

（1）时间操作函数，得到处理器时间 clock

（2）得到时间差 difftime

（3）设置时间 mktime

（4）得到时间 time

（5）时间转换函数，得到以 ASCII 码表示的时间 asctime

（6）得到字符串表示的时间 ctime

（7）得到指定格式的时间 strftime

附录 C
C语言库文件

C 语言系统提供了丰富的系统文件，称为库文件。C 的库文件分为两类，一类是扩展名为 ".h" 的文件，称为头文件，在前面的包含命令中我们已多次使用过。在 ".h" 文件中包含了常量定义、类型定义、宏定义、函数原型以及各种编译选择设置等信息。另一类是函数库，包括了各种函数的目标代码，供用户在程序中调用。通常在程序中调用库函数时，要在调用之前包含该函数原型所在的 ".h" 文件。

下面给出 C 的全部 ".h" 文件。

C 语言头文件：

1. ALLOC.H   说明内存管理函数（分配、释放等）。
2. ASSERT.H   定义 assert 调试宏。
3. BIOS.H   说明调用 IBM-PC ROM BIOS 子程序的各个函数。
4. CONIO.H   说明调用 DOS 控制台 I/O 子程序的各个函数。
5. CTYPE.H   包含有关字符分类及转换的各类信息（如 isalpha、toascii 等）。
6. DIR.H   包含有关目录和路径的结构、宏定义和函数。
7. DOS.H   定义和说明 MSDOS 和 8086 调用的一些常量和函数。
8. ERRON.H   定义错误代码的助记符。
9. FCNTL.H   定义在与 open 库子程序连接时的符号常量。
10. FLOAT.H   包含有关浮点运算的一些参数和函数。
11. GRAPHICS.H   说明有关图形功能的各个函数，图形错误代码的常量定义，正对不同驱动程序的各种颜色值及函数用到的一些特殊结构。
12. IO.H   包含低级 I/O 子程序的结构和说明。
13. LIMIT.H   包含各环境参数、编译时间限制、数的范围等信息。
14. MATH.H   说明数学运算函数，还定义了 HUGE VAL 宏，说明了 matherr 和 matherr 子程序用到的特殊结构。
15. MEM.H   说明一些内存操作函数（其中大多数也在 STRING.H 中说明）。
16. PROCESS.H   说明进程管理的各个函数，spawn…和 EXEC…函数的结构说明。
17. SETJMP.H   定义 longjmp 和 setjmp 函数用到的 jmp buf 类型，说明这两个函数。
18. SHARE.H   定义文件共享函数的参数。
19. SIGNAL.H   定义 SIG[ZZ（Z） [ZZ）]IGN 和 SIG[ZZ（Z） [ZZ）]DFL 常量，说

明 rajse 和 signal 两个函数。

20.	STDARG.H	定义读函数参数表的宏（如 vprintf，vscarf 函数）。
21.	STDDEF.H	定义一些公共数据类型和宏。
22.	STDIO.H	定义 Kernighan 和 Ritchie 在 UNIX System V 中定义的标准和扩展的类型和宏。还定义标准 I/O 预定义流：stdin，stdout 和 stderr，说明 I/O 流子程序。
23.	STDLIB.H	说明一些常用的子程序：转换子程序、搜索/排序子程序等。
24.	STRING.H	说明一些串操作和内存操作函数。
25.	SYS\STAT.H	定义在打开和创建文件时用到的一些符号常量。
26.	SYS\TYPES.H	说明 ftime 函数和 timeb 结构。
27.	SYS\TIME.H	定义时间的类型 time[ZZ（Z）[ZZ]]t。
28.	TIME.H	定义时间转换子程序 asctime、localtime 和 gmtime 的结构，ctime、difftime、gmtime、localtime 和 stime 用到的类型，并提供这些函数的原型。
29.	VALUE.H	定义一些重要常量，包括依赖于机器硬件的以及为与 UNIX System V 相兼容而说明的一些常量，包括浮点和双精度值的范围。

附录 D
C 语言常见编译错误信息

C 语言编译程序可检查的源程序的编译错误分为 3 类：致命错误、一般错误和警告。

致命错误通常是内部编译出错。在发生致命错误时，编译立即停止，必须采取适当的措施并重新进行编译。

一般错误指程序的语法错误、磁盘或内存存取错误或命令行错误等。编译程序将完成现阶段的编译，然后停止。

警告是指出一些值得怀疑的情况，而这些情况本身又可以合理地成为源程序的一部分。

编译程序首先输出错误信息，然后输出源程序文件名和发现出错的行号，最后输出错误信息的内容。编译程序产生检测的信息，它提示的出错误行号不一定是真正产生错误的行，而可能在前一行或几行。下面按字母顺序分别列出错误信息，并提供部分错误可能产生的原因和纠正方法。

1. 一般错误

（1）#operator not followed by macro argument name

#运算符后没有跟宏变量名。在宏定义中，#用于标识宏变量名，"#"后必须跟一个宏变量名。

（2）'xxxxxxxx' not an argument

'xxxxxxxx'不是函数参数。在源程序中将该标识符定义为一个函数参数，但此标识符没有在函数表中出现。

（3）Ambiguous symbol 'xxxxxxx'

二义性符号'xxxxxxx'。两个或多个结构的某一域名相同，但具有的偏移、类型不同。在变量或表达式引用该域而未带结构名时，将产生二义性，此时需修改某个域名或在引用时加上结构名。

（4）Argument # missing name

参数#名丢失。参数名已脱离用于定义函数的函数原型。

（5）Argument list syntax error

参数列表语法错误。函数调用的参数间必须以逗号隔开。

（6）Array bounds missing

数组的界线符"]"丢失。在源文件中定义了一个数组，但此数组没有以右方括号结束。

（7）Array size too large

数组长度太大。

（8）Assembler statement too long

汇编语句太长。

（9）Bad configuration file name

配置文件名不正确。

（10）Bad file name format in include directive

包含指令中文件名格式不正确。包含文件名必须引用（"filename.h"）或用尖括号（<filename.h>）括起来，否则将产生本类错误。

（11）Bad ifdef directive syntax

ifdef 指令语法错误。#ifdef 必须以单个标识符（只此一个）作为该指令的标识。

（12）Bad ifndef directive syntax

ifndef 指令语法错误。#ifndef 必须以单个标识符（只此一个）作为该指令的标识。

（13）Bad undef directive syntax

undef 指令语法错误。#undef 必须以单个标识符（只此一个）作为该指令的标识。

（14）Bit field size syntax

位字段长语法错误。一个位字段长必须是 1～6 位的常量表达式。

（15）Call of non-funtion

调用未定义函数。被调用的函数无定义，通常是由于不正确的函数声明或函数名拼写错误造成的。

（16）Can't modify a const object

不能修改一个常量对象。对定义为常量的对象进行不合法操作（如常量赋值）将引起本错误。

（17）Case outside of switch

Case 出现在 switch 外。编译程序发现 case 语句在外面，通常是由于括号不匹配造成的。

（18）Case statement missing

Case 语句漏掉。Case 语句必须包含以冒号终结的常量表达式。可能的原因是丢了冒号或在冒号前多了别的符号。

（19）Case syntax error

Case 语法错误。Case 中包含一些不正确的符号。

（20）Character constant too long

字符常量太长。

（21）Compound statement missing

复合语句漏掉。通常是由于大括号不匹配造成的。

（22）Conflicting type modifiers

类型修饰符冲突。

（23）Constant expression required

要求常量表达式。数组的大小必须是常量，本错误通常是由于#define 常量的拼写错误而引起的。

（24）Could not find file 'xxxxxxxx'

找不到 'xxxxxxxx' 文件。编译程序找不到命令行上给出的文件。

（25）Declaration missing;

说明漏掉 ";"。在源文件中包含了一个 struct 或 union 域声明，但后面漏掉了分号。

（26）Declaration needs type or storage class

说明必须给出类型或存储类。

（27）Declaration syntax error

声明出现语法错误。在源文件中，某个声明丢失了某些符合或多余的符号。

（28）Default outside of switch

Default 在 switch 外出现。编译程序发现 default 语句出现在 switch 语句之外，通常是由于括号不匹配造成的。

（29）Define directive needs an identifier

Define 指令必须有一个标识符。#Define 后面的第一个非空格符必须是一个标识符，若编译程序发现其他字符，则出现本错误。

（30）Division by Zero

除数为零。源文件的常量表达式中，出现除数为零的情况。

（31）Do statement must have while.

Do 语句中必须有 while。源文件中包含无 while 关键字的 do 语句时，出现本错误。

（32）Do-while statement missing（

Do-while 语句漏掉"（"。在 do 语句中，编译程序发现条件表达式后无左括号。

（33）Do-while statement missing）

Do-while 语句漏掉"）"。在 do 语句中，编译程序发现条件表达式后无右括号。

（34）Do-while statement missing ;

Do-while 语句中漏掉了分号。在 do 语句中的条件表达式中，编译程序发现右括号后面无分号。

（35）Duplicate Case

Case 的情况不唯一。Switch 语句的每个 case 必须有一个唯一的常量表达式值。

（36）Enum syntax error

Enum 语法出现错误。Enum 说明的标识符的格式不对。

（37）Enumeration constant syntax error

枚举常量语法错误。赋给 enum 类型变量的表达式值不为常量。

（38）Error directive:xxxx

Error 指令：xxxx。源文件处理#error 指令时，显示该指令指出的信息。

（39）Error writing output file

写输出文件出现错误。通常是由于表达式中操作符、括号不匹配或缺少括号、前一语句漏掉了分号等引起的。

（40）Expression syntax

表达式语法错误。通常是由于表达式中操作符、括号不匹配或缺少括号、前一语句漏掉了分号等引起的。

（41）Extra parameter in call

调用时出现多余参数。调用函数时，其实际参数个数多于函数定义中的参数个数。

（42）Extra parameter in call to xxxxxxx

调用 xxxxxxx 函数时出现了多余的参数。

（43）File name too long

文件名太长。#include 指令给出的文件名太长，编译程序无法处理。

（44）For statement missing（

For 语句缺少"（"。在 for 语句中，编译程序发现在 for 关键字后缺少左括号。

（45）For statement missing ）

For 语句缺少 "）"。在 for 语句中，编译程序发现在控制表达式后缺少右括号。

（46）For statement missing ;

For 语句缺少 ";"。在 for 语句中，编译程序发现在某个表达式后缺少分号。

（47）Function call missing ）

函数调用缺少 "）"。函数调用的参数表有几种语法错误，如左括号漏掉或括号不匹配。

（48）Function define out of space

函数定义位置错误。函数定义不可能出现在另一函数内。

（49）Function doesn't take a variable number of argument.

函数不接受可变的参数个数。源文件中的某个函数内使用 va-start 宏，此函数不能接受可变数量的参数。

（50）goto statement missing label

Goto 语句缺少标号。在 goto 关键字后面必须有一个标识符。

（51）If statement missing （

If 语句缺少 "（"。在 if 语句中，编译程序发现 if 关键字后面缺少左括号。

（52）if statement missing ）

If 语句缺少 "）"。在 if 语句中。编译程序发现测试表达式后缺少右括号。

（53）Illegal character ' （' (0xXX)

非法字符 "（"（0xXX）。编译程序发现输入文件中有一些非法字符。以十六进制方式打印该字符。

（54）Illegal initialization

非法初始化。

（55）Illegal octal digit

非法八进制数。编译程序发现在一个八进制常数中包含了非八进制数字。

（56）Illegal pointer subtraction

非法指针相减。这是由于试图以一个非指针变量减去一个指针变量而造成的。

（57）Illegal structure operation

非法结构操作。结构只能使用（.）、取地址（&）和赋值（=）操作符，或作为函数的参数传递。当编译程序发现结构体使用了其他操作符时，将出现本错误。

（58）Illegal use of floating point

浮点运算非法。浮点运算操作数不允许出现在移位、按位置逻辑操作、条件（？：）、间接（*）以及其他一些操作符中。

（59）Illegal use of pointer

指针非法使用。指针只能在加、减、赋值、比较、间接（*）或箭头（→）操作中使用。如用其他操作符，则出现本错误。

（60）Improper use of a typedef symbol

typedef 符号使用不当。源文件中使用了一个符号，符号变量应在一个表达式中出现。检查一下此符号的说明和可能的拼写错误。

（61）In-line assembly not allowed

内部汇编语句不允许。源文件中含有直接插入的汇编语句。

（62）Imcompatible storage class

不兼容的存储类。源文件的一个函数定义中使用了 extern 关键字，而只有 static（或根本没有存储类型）是允许的。

（63）Imcompatible type conversion

不兼容的类型转换。源文件中试图把一种类型转换成另一种类型。但这两种类型是不相等的，如函数与非函数间转换、一种结构或数组与一种标准类型转换、浮点数和指针间转换等。

（64）Incorrect command line argument:xxxxxxxx

不正确的命令行参数：xxxxxxxx。

（65）Incorrect configuration file argument:xxxxxxx

不正确的配置文件参数：xxxxxxx（-），编译程序认为此配置文件是非法的。

（66）Incorrect number format

不正确的数据格式。编译程序发现在十六进制中出现十进制小数点。

（67）Incorrect use of default

default 不正确使用。编译程序发现 default 关键字后缺少分号。

（68）Initializer syntax error

初始化语法错误。初始化过程缺少或多了操作符，括号不匹配或其他一些不正常情况。

（69）Invalid indirection

无效的间接运算。间接运算符（*）要求非空指针作为操作分量。

（70）Invalid macro argument seperator

无效的宏参数分隔符。在宏定义中，参数必须用逗号分隔。编译程序发现在参数名后面有其他非法字符，将出现本错误。

（71）Invalid pointer addition

无效的指针相加。源程序中试图把两个指针相加。

（72）Invalid use of arrow

箭头使用错误。在箭头（→）操作符后必须跟标识符。

（73）Invalid use of dot

点使用错误。在点（.）操作符后必须跟标识符。

（74）Lvalue required

需要逻辑值。

（75）Macro argument syntax error

宏参数语法错误。宏定义中的参数必须是一个标识符。编译程序发现所需的参数不是标识符的字符，则出现本错误。

（76）Macro expansion too long

宏扩展太长。一个宏扩展不能多于 4 096 个字符。当宏递归扩展自身时，常出现本错误。

（77）May compile only one file when an output file name is given

给出一个输出文件名时，可能只编译一个文件。在命令行编译中使用-o 选择，只允许一个输出文件名。此时，只编译第一个文件，其他文件被忽略。

（78）Mismatch number of parameters in definition

定义中参数个数不匹配。定义中的参数和函数原型中提供的信息不匹配。

（79）Misplaced break

break 位置错误。编译程序发现 break 语句在 switch 语句或循环结构外。

（80）Misplaced continue

Continue 位置错。编译程序发现 continue 语句在循环结构外。

（81）Misplaced decimal point

十进制小数点位置错。编译程序发现浮点常数的指数部分由一个十进制小数。

（82）misplaced else

else 位置错。编译程序发现 else 语句缺少与之匹配的 if 语句。

（83）misplaced elif driective（elif 指令位置错）

elif 指令位置错。编译程序没有发现与#elif 指令相匹配的#if、#ifdef 或#ifndef 指令。

（84）misplaced else driective（clif 指令位置错）

else 指令位置错。编译程序没有发现与#else 指令相匹配的#if、#ifdef 或#ifndef 指令。

（85）misplaced endif directive

endif 指令位置错。编译程序没有发现与#endif 指令相匹配的#if、#indef 或#ifndef 指令。

（86）must be addressable

必须是可编址的。取址操作符（&）作用于一个不可编址的对象，如寄存器变量。

（87）must take address of memory location

必须是内存地址。源文件中对不可编址表达式用了地址操作符（&），如对寄存器变量。

（88）no file name ending

无文件终止符。在#include 语句中，文件名缺少正确的双引号或尖括号。

（89）no file names given

未给出文件名。命令行编译中没有任何文件，编译必须有文件。

（90）Non-portable pointer assignment

对不可移植的指针赋值。源程序中将一个指针赋给一个非指针，或相反。但作为特例，允许把常量零值赋给一个指针。

（91）non-protable pointer comparison

不可移植的指针比较。源程序中将一个指针和一个非指针（常量零除外）进行比较。

（92）non-protable return type conversion

不可移植的返回类型转换。在返回语句中的表达式类型与函数说明中的类型不同。

（93）not an allowed type

不允许的类型。在源文件中说明了几种禁止的类型，如函数返回一个函数或数组。

（94）out of memory

内存不够。

（95）pointer required on left side of

操作符左边须是指针。

（96）redeclaration of 'xxxxxx'

'xxxxxx' 重定义。此标识符已经定义过。

（97）size of structure or array not known

结构或数组大小不定。在有些表达式（如 sizeof 或存储说明）中出现一个未定义的结构或一个空长度数组。

（98）statement missing;

语句缺少";"。编译程序发现表达式后面没有分号。

（99）structure or union syntax error

结构或联合语法错误。编译程序发现在 struct 或 union 关键字后面没有标识符或花括号。

（100）structure size too large

结构太大。源文件中说明了一个结构，它所需的内存区域太大以致存储空间不够。

（101）subscription missing]

下标缺少"]"。编译程序发现一个下标表达式缺少右方括号。可能是由于漏掉或多写操作符或括号不匹配引起的。

（102）switch statement missing（

switch 语句缺少"（"。在 switch 语句中，关键字后面缺少左括号。

（103）switch statement missing　）

switch 语句缺少"）"。在 switch 语句中，关键字后面缺少右括号。

（104）too few parameters in call

函数调用参数太少。对带有原型的函数调用参数太少。

（105）too few parameter in call to 'xxxxxx'

调用 'xxxxxx' 时参数太少。调用指定的结构时，给出的参数太少。

（106）too many cases

cases 太多。switch 语句最多只能有 257 个 cases。

（107）too many decimal points

十进制小数点太多。编译程序发现一个浮点常量中带有不止一个的十进制小数点。

（108）too many default cases

defaut 太多。编译程序发现一个 switch 语句中有不止一个 default 语句。

（109）too many exponents

阶码太多。编译程序发现一个浮点常量中有不止一个阶码。

（110）too many initializers

初始化太多。编译程序发现初始化比声明所允许的要多。

（111）too many storage classes in declaration

说明中存储类太多。一个声明只允许有一种存储类。

（112）too many types in decleration

说明中类型太多。一个声明只允许有一种下列基本类型：char、int、float、double、struct、union、enum 或 typedef 名。

（113）too much auto memory in function

函数中自动存储太多。当前函数声明的自动存储超过了可用的存储器空间。

（114）too much code define in file

文件定义的代码太多。当前文件中函数的总长度超过了 64KB，可以移去不必要的代码或把源文件分开来写。

（115）too much global define in file

文件中定义的全局数据太多。全局数据声明的总数超过了 64KB。

（116）two consecutive dots

两个连续点。因为省略号包括 3 个点（…），而十进制小数点和选择操作符使用一个点（.），所以在 C 语言程序中出现两个连续点是不允许的。

（117）type mismatch in parameter #

参数"#"类型不匹配。通过一个指针访问已由原型声明的参数时，给定参数#N 不能转换为已声明的参数。

（118）type mismatch in parameter # in call to 'xxxxxxx'

调用'xxxxxxx'时参数#类型不匹配。源文件中通过一个原型声明了指定的函数，而给定的参数不能转换为已说明的参数类型。

（119）type missmatch in parameter 'xxxxxxx'

参数 'xxxxxxx' 类型不匹配。源文件中通过一个原型声明了可由函数指针调用的函数，而所指定的参数不能转换为已说明的参数类型。

（120）type mismatch in parameter 'xxxxxxxxxx' in call to 'yyyyyyyy'

调用'yyyyyyy'时参数'xxxxxxxx'数型不匹配。源文件中通过一个原型声明了指定的参数不能转换为另一个已说明的参数类型。

（121）type mismatch in redeclaration of 'xxx'

重定义类型不匹配。源文件中把一个已经声明的变量重新声明为另一种类型。

（122）unable to creat output file 'xxxxxxxx.xxx'

不能创建输出文件 'xxxxxxxx.xxx'。当工作盘已满或有写保护时产生本错误。如果盘已满，删除一些不必要的文字重新编译；如果有写保护，把源文件移到一个可写的盘上并重新编译。

（123）unable to create turboc.lnk

不能创建 turboc.lnk。编译程序不能创建临时文件 turboc.$ln，因为它不能存取磁盘或磁盘已满。

（124）unable to execute command 'xxxxxxxx'

不能执行 'xxxxxxxx' 命令。找不到 TLINK 或 MASM，或者磁盘出错。

（125）unable to open include file 'xxxxxxx.xxx'

不能打开包含文件 'xxxxxxxx.xxx'。编译程序找不到该包含文件。可能是由于一个#include 文件包含它本身而引起的，也可能是根目录下的 config.sys 中没有设置能同时打开的文件个数（试加一句 files=20）。

（126）unable to open inputfile 'xxxxxxx.xxx'

不能打开输入文件 'xxxxxxxx.xxx'。当编译程序找不到源文件时出现本错误。检查文件名是否拼错或检查对应的磁盘目录中是否有此文件。

（127）undefined label 'xxxxxxx'

标号 'xxxxxxx' 未定义。函数中 goto 语句后的标号没有定义。

（128）undefined structure 'xxxxxxxxx'

结构 'xxxxxxxxx' 未定义。源文件中使用了未经说明的某个结构。可能是由于结构体名拼写错误或缺少结构说明而引起。

（129）undefined symbol 'xxxxxxx'

符号 'xxxxxxxx' 未定义。标识符无定义，可能是由于说明或引用处拼写错误，也可能由于标识符说明问题而引起。

（130）unexpected end of file in comment started on line #

源文件在某个注释中意外结束。通常是由注释结束标志（*/）漏掉引起的。

（131）unexpected end of file in conditional stated on line #

源文件在#行开始的条件语句中意外结束。在编译程序遇到#endif 前源程序结束，通常是由于#endif 漏掉或拼写错误引起的。

（132）unknown preprocessor directive 'xxx'

不认识的预处理指令：'xxx'。编译程序在某行的开始遇到 "#" 字符，但其后的指令名不是下列之一：define、undef、line、if、ifdef、ifndef、include、else 或 endif。

（133）untermimated character constant

未终结的字符常量。编译程序发现一个不匹配的省略符。

（134）unterminated string

未终结的串。编译程序发现一个不匹配的引号。

（135）unterminated string or character constant

未终结的串或字符常量。编译程序发现串或字符常量开始后没有终结。

（136）user break

用户中断。在集成环境中进行编译或链接时用户按了 Ctrl+Break 组合键。

（137）while statement missing （

while 语句漏掉 "（"。在 while 语句中，关键字 while 后缺少左括号。

（138）while statement missing ）

while 语句漏掉 "）"。在 while 语句中，关键字 while 后缺少右括号。

（139）Wrong number of arguments in of 'xxxxxxxx'

调用 'xxxxxxxxx' 时参数个数错误。源文件中调用某个宏时，参数个数不对。

2．警告

（1）xxxxxxxxx' declared but never used

说明了 xxxxxxxxx'，但未使用。在源文件中说明了此变量，但没有使用。当编译程序遇到复合语句或函数的结束符号时，发出本警告。

（2）xxxxxxxxx' is assigned a value which is never used

xxxxxxxxx' 被赋给一个不使用的值。此变量出现在一个赋值语句里，但直到函数结束都未使用过。当编译程序遇到结束的闭花符号时发出本警告。

（3）xxxxxxxxx' not part of structure

xxxxxxxxx' 不是结构体的一部分。出现在点（.）或（→）右边的域名不是结构的一部分，或者点的左边不是结构，箭头的左边不是结构。

（4）Ambiguous operators need paretheses

二义性操作符需要括号。当两个位移、关系或按位操作符在一起使用而不加括号时，发出本警告。

（5）Both return and return of a value used

（6）Call to function without prototype

调用无原型的函数，如果 "原型请求" 警告可用，且又调用了无原型的函数，就发出警告。

（7）Call to function 'xxx' without prototype

调用无原型的 'xxx' 函数。如果 "原型请求" 警告可用，且又调用了一个原先没有原型的函数 'xxx'，就发出本警告。

（8）Code has no effect

代码无效。当编译程序遇到一个含无效操作符的语句时，发出本警告。例如，语句 a+b；对每一变量都不起作用，无须操作，且可能引出一个错误。

（9）Constant is long

常量是 long 类型。当编译程序遇到一个十进制常量大于 32 767，或一个八进制常量大于 65 535 而其后没有字母"l"或"L"时，把此常量当作 long 类型处理。

（10）Constant out of range in comparision

比较时常量超出了范围。

（11）Conversion may lose significant digits

转换可能丢失高位数字。

（12）Functioin should return a value

函数应该返回一个值。源文件中说明的当前函数的返回类型既非 int 型也非 void 型，但编译程序未发现返回值。返回 int 型的函数可以不说明，因为在老版本的 C 语言中，没有 void 类型来指出函数不返回值。

（13）Mixing pointers to signed and usigned char

混淆 signed 和 unsigned 字符指针。没有通过显式的强制类型转换，就把一个字符指针转变为无符号指针或相反。

（14）No declaration for function 'xxxxxxxxx'

函数 'xxxxxxxxx' 没有说明。当"说明请求"警告可用，而又调用了一个没有预先说明的函数时，发出本警告。

（15）Non-portable pointer assignment

不可移植指针赋值。源文件中把一个指针赋给非指针，或相反。作为特例，可以把常量赋给指针。

（16）Non-portable pointer comparasion

不可移植指针比较。源文件中把一个指针和另一非指针（非零常量）进行比较。

（17）Non-portable return type conversion

不可移植的返回类型转换。Return 语句中的表达式类型和函数说明的类型不一致。

（18）Parameter 'xxxxxx' is never used

参数 'xxxxxx' 没有使用。函数说明中的某参数在函数体里从未使用，但不一定是个错误，通常是由于参数名拼写错误而引起。如果在函数体内，该标识符被重新定义为一个自动（局部）变量，也将发生本警告。此参数被标识为一个自动变量但未使用。

（19）Possible use of 'xxxxxx' before definition

在定义 'xxxxxx' 之前可能已使用。源文件的某表达式中使用了未经赋值的变量，编译程序对源文件进行简单扫描以确定此条件。如果该变量出现的物理位置在它赋值之前，就会产生本警告，当然程序的实际流程可能在使用前已赋值。

（20）Possible incorrect assignment

可能的非正确赋值。当编译程序遇到赋值操作符作为条件表达式（如 if、while 或 do-while 语句的一部分）的主操作符时发出本警告，通常是由于把赋值号当作等号使用了。

（21）Redefinition of 'xxxxxxx' is not identical

'xxxxxxx' 重定义不相同。源文件中对宏重定义时，使用的正文内容与第一次定义时不同，新内容将代替旧内容。

（22）Restarting compiler using assembly

用汇编重新启动编译。

（23）Structure passed by value

结构按值传送。如果"结构按值传送"警告可用，则在结果作为参数按值传送时产生本警告。通常是在编制程序时，把结构作为参数传递，而又漏掉了地址操作符（&）。因为结构可以按值传送，因此这种遗漏是可接受的。本警告只起一个提示作用。

（24）Suplerfluous&with function or array

在函数或数组中多余的"&"号。取消操作符（&）对一个数组或函数名是不必要的，应该去掉。

（25）Suspicious pointer conversion

值得怀疑的指针转换。

（26）Undefined structure 'xxxxxxxxxx'

结构 'xxxxxxxxxx' 未定义。在源文件中使用了该结构，但未定义。可能是由于结构体名拼写错误或忘记定义而引起的。

（27）Unkown assembler instruction

不认识的汇编指令。

（28）Unreachable code

不可达代码。break、continue、goto 或 return 语句后没有跟标号或循环函数的结束符。

（29）Void function may not return a value

void 函数不可以有返回值，源文件中的当前函数说明为 void，但编译程序发现一个带值的返回语句，该返回语句的值将被忽略。

（30）Zero length structure

结构长度为零。在源文件中定义了一个总长度为零的结构，对此结构的任何使用都是错误的。

优先级	运算符	名称或含义	使用形式	结合方向	说明
1	[]	数组下标	数组名[常量表达式]	左到右	
	()	圆括号	（表达式）/函数名(形参表)		
	.	成员选择（对象）	对象.成员名		
	->	成员选择（指针）	对象指针->成员名		
2	-	负号运算符	-表达式	右到左	单目运算符
	(类型)	强制类型转换	(数据类型)表达式		
	++	自增运算符	++变量名/变量名++		单目运算符
	--	自减运算符	--变量名/变量名--		单目运算符
	*	取值运算符	*指针变量		单目运算符
	&	取地址运算符	&变量名		单目运算符
	!	逻辑非运算符	!表达式		单目运算符
	~	按位取反运算符	~表达式		单目运算符
	sizeof	长度运算符	sizeof(表达式)		
3	/	除	表达式/表达式	左到右	双目运算符
	*	乘	表达式*表达式		双目运算符
	%	余数（取模）	整型表达式/整型表达式		双目运算符
4	+	加	表达式+表达式	左到右	双目运算符
	-	减	表达式-表达式		双目运算符
5	<<	左移	变量<<表达式	左到右	双目运算符
	>>	右移	变量>>表达式		双目运算符

优先级	运算符	名称或含义	使用形式	结合方向	说明
6	>	大于	表达式>表达式	左到右	双目运算符
	>=	大于等于	表达式>=表达式		双目运算符
	<	小于	表达式<表达式		双目运算符
	<=	小于等于	表达式<=表达式		双目运算符
7	==	等于	表达式==表达式	左到右	双目运算符
	!=	不等于	表达式!= 表达式		双目运算符
8	&	按位与	表达式&表达式	左到右	双目运算符
9	^	按位异或	表达式^表达式	左到右	双目运算符
10	|	按位或	表达式|表达式	左到右	双目运算符
11	&&	逻辑与	表达式&&表达式	左到右	双目运算符
12	||	逻辑或	表达式||表达式	左到右	双目运算符
13	?:	条件运算符	表达式1? 表达式2: 表达式3	右到左	三目运算符
14	=	赋值运算符	变量=表达式	右到左	
	/=	除后赋值	变量/=表达式		
	*=	乘后赋值	变量*=表达式		
	%=	取模后赋值	变量%=表达式		
	+=	加后赋值	变量+=表达式		
	-=	减后赋值	变量-=表达式		
	<<=	左移后赋值	变量<<=表达式		
	>>=	右移后赋值	变量>>=表达式		
	&=	按位与后赋值	变量&=表达式		
	^=	按位异或后赋值	变量^=表达式		
	|=	按位或后赋值	变量|=表达式		
15	,	逗号运算符	表达式,表达式,…	左到右	从左向右顺序运算

参考文献

[1] 许薇，武青海. C 语言程序设计. 北京：人民邮电出版社，2009.

[2] 谭浩强. C 程序设计. 北京：清华大学出版社，2005.

[3] 刘振安，等. C 程序设计课程设计. 北京：机械工业出版社，2005.

[4] 刘振安. C++ 与 Windows 可视化程序设计. 北京：清华大学出版社，2003.

[5] 裘宗燕. 从问题到程序——程序设计与 C 语言引论. 北京：机械工业出版社，2005.

[6] 霍罗威茨，等. 计算机算法（C++ 版）. 冯博琴，等译. 北京：机械工业出版社，2006.

[7] 解亚利，武雅丽，王永玲. C 语言程序设计. 北京：清华大学出版社，2007.

[8] 王贺艳. C 语言程序设计综合实训. 北京：科学出版社，2007.

[9] 秋建华. C 语言程序设计随堂实训及上机指导. 沈阳：东北大学出版社，2007.

[10] 丁亚涛. C 语言程序设计实训与上机指导. 北京：高等教育出版社，2006.

[11] 李春葆. C 语言程序设计. 北京：清华大学出版社，2007.

[12] 涂玉芬. 二级 C 语言程序设计及同步训练. 北京：中国水利水电出版社，2007.

[13] 张基温. 新概念 C 语言程序设计教程. 南京：南京大学出版社，2007.

[14] 教育部考试中心. 全国计算机等级考试二级教程 2008 年版 C 语言程序设计. 北京：高等教育出版社，2007.

[15] 曾令明. C 语言程序设计实用教程. 西安：西安电子科技大学出版社，2006.

[16] 王曙燕. C 语言程序设计实验指导. 北京：科学出版社，2006.

[17] 陈建铎. 实用 C 语言程序设计教程. 北京：中国水利水电出版社，2006.

[18] 宋爱民，贾学政. C 语言程序设计实训教程. 北京：中国铁道出版社，2006.

[19] 庞倩超，朱健. C 语言程序设计案例教程. 北京：北京交通大学出版社，2007.

[20] 陈慧，马杰良. 案例式 C 语言程序设计教程. 北京：中国铁道出版社，2011.